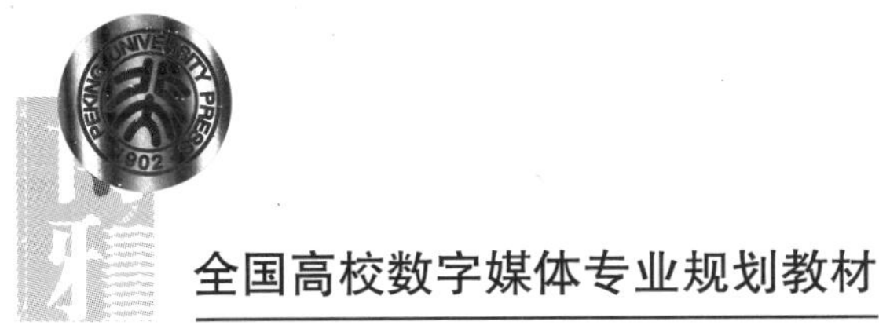

全国高校数字媒体专业规划教材

数字视频创意设计与实现（第二版）

王　靖 主　编

任颖子 副主编

陈卫东 陈正伟 刘志文 蒋雪明 田　毅 参　编

北京大学出版社
PEKING UNIVERSITY PRESS

图书在版编目 (CIP) 数据

数字视频创意设计与实现 / 王靖主编 .—2 版 . —北京：北京大学出版社，2016. 9
(全国高校数字媒体专业规划教材)
ISBN 978-7-301-26817-9

Ⅰ . ①数… Ⅱ . ①王… Ⅲ . ①数字视频系统—数字信号处理—高等学校—教材 Ⅳ . ① TN941.1

中国版本图书馆 CIP 数据核字 (2016) 第 023610 号

书　　名	数字视频创意设计与实现（第二版） SHUZI SHIPIN CHUANGYI SHEJI YU SHIXIAN
著作责任者	王　靖　主编
丛书主持	唐知涵
责任编辑	唐知涵
标准书号	ISBN 978-7-301-26817-9
出版发行	北京大学出版社
地　　址	北京市海淀区成府路 205 号　100871
网　　址	http://www.pup.cn　　新浪微博：@ 北京大学出版社
电子信箱	zyl@pup. pku. edu. cn
电　　话	邮购部 62752015　发行部 62750672　编辑部 62767857
印 刷 者	北京大学印刷厂
经 销 者	新华书店
	787 毫米 ×1092 毫米　16 开本　17. 25 张　400 千字
	2010 年 1 月第 1 版
	2016 年 9 月第 2 版　2018 年 2 月第 2 次印刷
定　　价	49.00 元（含光盘）

前言（第二版）

伴随着数字技术在影视制作领域中应用的飞速发展，影视制作作为传统媒介机构那种高投入、重装备的具有垄断色彩的媒介权利日益被瓦解，笼罩在其上的神秘面纱也逐渐被揭去。数字技术已经渗透到了影视制作的每一个环节，并从根本上改变了影视作品的质量和特性，具体看来，前期制作中使用的数字摄像机从价格低廉的便携机到高端的数字电影摄像机，种类空前繁多，而数码相机乃至手机的介入更是为不同层次的用户提供了多种选择，而在后期，CG（Computer Graphics）技术的繁荣更是为影视制作提供了无限可能性，特别值得一提的是，影视与互联网结合的重要产品——视频网站——为互联网用户在线流畅发布、浏览和分享视频作品提供了绝佳的技术平台。可以说，正是数字技术的应用促使数字视频制作不再限于专业影视领域，而是变得越来越常见，并广泛应用于教育培训、家庭娱乐、旅游、企业宣传、会议记录、喜庆活动等许多领域和场合。从好莱坞电影所创造的幻想世界，到电视新闻所关注的现实生活，到铺天盖地的电视广告，再到互联网上一夜蹿红的视频片段，无不深刻地影响着我们的世界。今天的数字视频制作进入了一个超越影视制作的时代，视频制作迎来了更为广阔的空间。在这一大背景下，参与数字视频制作的主体扩展到了每一个有意愿利用数字视频技术来充分表现自己的个体，因此，编写一本有别于一般影视制作的教材，能够使其具有更广泛的适应性就成为我们的初衷所在。

本书第一版出版到现在尽管只有不到五年的时间，但期间数字视频制作领域发展十分迅速。因此，作者对本书第一版内容进行了必要的修订，在保持第一版图文并茂、通俗易懂、实例丰富、体例结构新颖、内容体系完整的前提下，修订了以下三个方面：第一，在保持总体结构相对稳定的基础上，根据用户反馈对结构进行了微调，删除了一些过时的资料和冗余的内容，并对有关章节中的部分文字表述作了修改，以保持本书在内容表述方面的一致性和连贯

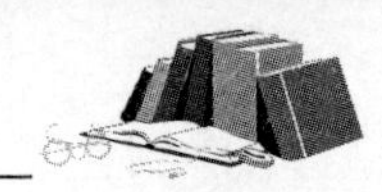

性。第二，根据实践和教学需要补充了新内容，如在基础知识中对数字视频技术中大量耳熟能详但又似是而非的概念作了必要的厘清，在数字视频素材获取章节中根据实践过程出现的具体情况，增加了数码单反相机视频拍摄的相关内容。第三，更新了书中的实例。

本书的修订工作是苏州科技大学传媒艺术学院影视教学团队集体智慧的结晶。其中王靖与任颖子拟定了修订方案并承担了第 1、2、3、4 章的修订工作，陈卫东、陈正伟承担了其余章节的修订任务，苏州科技大学传媒实验教学中心的部分老师也参与了修订工作，数字媒体艺术专业的部分同学提供了相关素材和实例，在此一并深表谢意。

在本书编写过程中参考了大量的相关文献，在参考文献中均已列出，谨向这些文献的作者表示谢意。由于编者水平和经验有限，书中难免有一些缺点和错误，诚望广大师生及参考本书的其他读者批评指正。

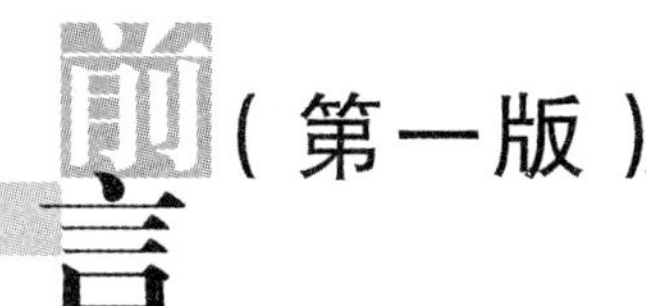

前言（第一版）

随着DV摄像机、非线性编辑设备及影视输出设备的不断普及与应用，数字视频制作不再仅限于专业影视领域，而是变得越来越常见，它广泛应用于教育、培训、家庭娱乐、旅游、企业宣传、会议记录、喜庆活动等许多领域和场合。与此同时，影视创作中的数字技术被越来越多地运用，一方面使影视制作的技术含量在增加，越来越“专业化”；另一方面，也使影视制作更为简便，越来越“大众化”。这不仅是对影视工业技术的变革，更重要的是对传统影视美学观念的一次重大的革命。可以说，今天的数字视频制作进入了一个超越影视制作的时代，视频制作迎来了更为广阔的空间。该书既适合数字媒体技术（艺术）专业的数字视频制作课程使用，也可供相关专业学生学习数字视频制作类课程使用，同时也适合数字视频制作爱好者自学使用。

全书分为基础知识、创意设计、制作实现、综合实例四大部分。其中，第1章介绍了数字视频制作的基本流程、数字视频的技术基础，并对数字技术对影视艺术的影响作了一定的探讨；第2章介绍了数字视频创意运作的一般过程，并分别就几种常见类型的数字视频作品的创意结合实例进行了分析；第3章介绍了数字视频稿本编写以及蒙太奇思维；第4章介绍了数字视频的画面构图；第5章介绍了数字视频素材获取的主要途径，重点介绍了摄像机的工作原理、种类、基本构造、摄像的基本要领与技巧以及摄像用光等内容；第6章介绍了编辑工作概述和非线性编辑系统构成及特点，并以Premiere软件为例介绍了非线性编辑的基本流程；第7章介绍了数字视频画面编辑的内容，包括剪辑点的选择、画面组接的一般原则以及画面组接中的节奏处理，并介绍了Premiere中的基本剪辑技术；第8章就数字视频作品中的场面转换（包括无技巧转场和技巧转场）结合典型实例分析作了介绍，并以具体实例介绍了Premiere中的转场特效的用法；第9章介绍了数字视频特效的作用、分类、特效应用要点及具体的应用实例；第10章介绍了字幕的传播功能，字幕的设计原则与运用技巧和典型实例等内容；第 11 章介绍了数字视频中声音的制作技术基础、声音蒙太奇以及与声音剪辑的技巧等内容；第 12 章专门介绍了数字视频制作输出的相关内容，包括输出的目标媒体选择以及具体的输出技巧；第 13 章分别以剧情片、专题片和 MV 三种不同类型的数字视频作品实例详细介绍了数字视频创意设计与制作实现的完整过程。

本书在编写过程中注意突出数字视频制作中技术与艺术紧密结合这一特点，图文并茂，通俗易懂，实例丰富且层次分明，力求整个内容体系完整、系统。在每一章节的体例结构上分为引言、学习目标、学习内容、思考题与实践建议，贴合教学实际。

本书是集体智慧的结晶，除了王靖担任主编外，参加本书编写的还有刘志文、蒋雪明、田毅。其中，王靖负责第 1、3、4、7 章的编写；刘志文负责第 2、5、8、10 章的编写；蒋雪明负责第 9、11、13 章的编写，田毅负责第 6、12 章的编写。在本书的编写过程中，苏州地区最具规模的综合性策略传播制作服务商——苏州创捷媒体传播有限公司提供了部分商用案例，苏州科技学院传媒科学与技术系 2007 届和 2009 届杨毅、崔晓元、任鹏等同学提供了部分素材和实例，使本书的实例类型更为丰富，在此深表谢意。

在本书编写过程中参考了大量的相关文献，在参考文献中均已列出，谨向这些文献的作者表示谢意。由于编者水平和经验有限，书中难免有一些缺点和错误，诚望广大师生及参考本书的其他读者批评指正。

录

基础知识篇

创意设计篇

制作实现篇

第 1 章

数字视频制作基础

本章主要介绍数字视频制作的主要方式、流程以及数字视频制作的技术基础知识，并就数字技术对传统影视艺术带来的冲击与变革做了一定的探讨。

学习目标

1. 了解数字视频的概念与特点。
2. 了解基于电视节目和基于多媒体的两种数字视频制作方式的差异。
3. 理解数字视频技术的基础知识。

1.1 数字视频的概念与特点

1.1.1 数字视频的基本概念

1. 视频

在人类接收的信息中，有70%来自视觉，其中视频是最直观、最具体、信息量最丰富的。当连续的图像变化每秒超过24帧（Frame）画面以上时，根据视觉暂留原理，人眼无法辨别单幅的静态画面；看上去是平滑、连续的视觉效果，这样连续的画面叫做视频。我们在日常生活中看到的电视、电影、VCD、DVD以及用摄像机、手机等拍摄的活动图像等都属于视频的范畴。就其本质而言，视频（Video）是内容随时间变化的一组动态图像，所以视频又叫做运动图像或活动图像。从技术层面来看，视频泛指将一系列静态影像以电信号方式加以捕捉、记录、处理、存储、传送与重现的各种技术。网络技术的发展也促使视频以流媒体的形式存在于互联网之上，并可被包括计算机在内的各种可联网终端接收与

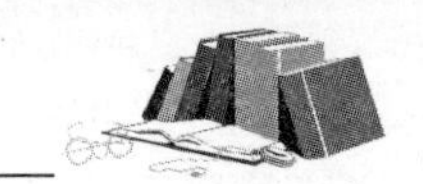

播放。

按照处理方式的不同，视频信号可分为模拟视频信号和数字视频信号两大类。所谓的模拟视频，就是采用电子学的方法来传送和显示活动景物或静止图像，也就是通过在电磁信号上建立变化来支持图像和声音信息的传播与显示。模拟视频信号是指每一帧图像是实时获取的自然景物的真实图像信号。模拟视频一般用电压的高低来表示，就像其他的电子学数据一样，需要不同的设备对它进行编码和解码，我们在日常生活中看到的电视、电影都属于模拟视频的范畴。模拟视频信号具有成本低、还原性好等优点，视频画面往往会给人一种身临其境的感觉。但是模拟视频有个很大的缺陷，就是不十分精确。对于存储的模拟数据，取出时就不能保证和原来存储时一模一样，经过长时间的存放之后，视频信号和画面的质量将大大降低；或者经过多次复制之后，画面的失真就会很明显。

2. 数字视频的概念

数字视频从字面上来理解，就是以数字方式记录的视频信号。而实际上它包括两方面的含义：一方面是指将模拟视频数字化以后得到的数字视频，另一方面是指由数字摄录设备直接获得或由计算机软件生成的数字视频。

第一层的含义我们可以在与模拟视频的比较中和从模拟视频转换成数字视频的角度上来理解。在数字视频中，不采用电流变化或波形变化的模拟量来记录视频，而是把模拟视频数字化，即把模拟波形转换成数字信号，使模拟信号转换为一系列的由 0、1 组成的二进制数，每一个像素由一个二进制数字代表，每一幅画面由一系列的二进制数字代表（即数字图像），而一段视频由相当数据量的二进制数字来表示。这个过程就相当于把视频变成了一串串经过编码的数据流。在重放视频信号时，再经过解码处理转换为原来的模拟波形重放出来。正是这个变化过程使视频信号的处理和加工发生了革命性的变化。因为视频转换为二进制数字代码后就能够被计算机所识别处理，所以这种变化过程称为视频信号的数字化，经过数字化处理的视频信号称为数字视频。

以上我们是从模拟视频转换的角度来理解数字视频，即模拟视频——数字视频——模拟视频。之所以需要这种转换过程，是因为早期存在的视频设备记录的都是模拟视频信号，需要进行数字化的处理。而现在随着数字摄录设备的发展，我们可以直接采集、记录数字化的视频信号。例如：现在使用的摄像机已经用 CCD 或 CMOS 作为光电转换单元，直接记录成数字形式的信号。这样，从信号源开始就是无损失的数字化视频，在输入到计算机中时也不需要考虑到视频信号的衰减问题，直接通过数字制作系统加工成成品。这是第二层意义上的数字化视频。还有一种更“纯粹”的数字视频，就是由计算机软件生成的数字化视频，典型的代表就是用三维动画软件生成的计算机动画。

1.1.2 数字视频的特点

上面我们谈到，对于模拟信号来说，它存储在一个有效的存储媒体上，如磁带。但是模拟信号有一个很大的缺陷，即不十分精确。对于存储的模拟数据，取出时就不能保证和原来存储时的一模一样，模拟信号一般用电压的高和低来表示，就像其他的电子学数据一样，需要不同的设备对它进行编码和解码。对于数字信号就不同了，不论被存取或者复制多少次，都不会发生任何变化，也就是说它的再生精度为100%。这就是视频信号进行数字化后带来的巨大变化，数字化是影视制作的必由之路。

从表面上看，数字视频只不过是将标准的模拟视频信号转换成计算机能够识别的位和字节，实际上这个过程并不简单，它要包括视频的存储和播放，使得数字视频在技术上显得更复杂，并不是那样吸引人。但是，一旦视频是以数字形式存在的，那么它就具备了许多不同于模拟视频的特点，可以做许多模拟视频做不到的事情。

首先，数字视频是由一系列二进位数字组成的编码信号，它比模拟信号更精确，而且不容易受到干扰。

其次，视频信号数字化后，视频设备在加工数字视频时只涉及视频数据的索引编排，对数字视频的处理只是建立一个访问地址表，而不涉及实际的信号本身。这就意味着不管对数字信号做多少次处理和控制，画面质量几乎不会下降，可以多次复制而不失真。

第三，可以运用多种编辑工具（如编辑软件）对数字视频进行编辑加工。

对数字视频的处理方式可以多种多样，可以制作许多特技效果。将视频融入计算机化的制作环境，改变了以往视频处理的方式，也便于视频处理的个人化、家庭化。

第四，数字信号可以被压缩，使更多的信息能够在带宽一定的频道内传输，大大增加了节目资源。数字信号的传输不再是单向的，而是交互式的。

1.2 数字视频制作

1.2.1 电视制作与视频制作

视频技术最早是为了电视系统而发展的，从电视诞生之后相当长的一段时间内，电视制作使用的一直是价格极端昂贵的专业硬件及软件，非专业的人员很难有机会见到这些设备，更不用说熟练掌握这些工具来制作自己的作品了。视频制作只是传统电视机构那种高投入、重装备的具有垄断色彩的媒介权利，普通大众基本无任何机会介入。因此，这一时期电视制作与视频制作属于同一概念。

但是，从20世纪80年代以来，首先是家用摄录像一体机的成功研发，到后来，特别是近十几年来，计算机逐步取代了许多原有的视频设备，在影视制作的各个环节发挥了重大的作用，数字技术全面进入影视制作过程。随着计算机性能的显著提升以及价格上的不断降低，影视制作从以前专业等级的硬设备逐渐向计算机平台上转移，原先身价极高的专业软件逐步移植到计算机平台上，价格也日益大众化。同时，影视制作的应用也从专业的电影电视领域扩大到计算机游戏、多媒体、网络、家庭娱乐等更为广阔的领域。在这一时

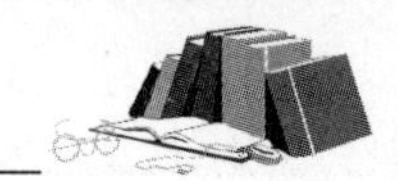

期，电视制作与视频制作之间的界限日益模糊。

1.2.2 数字视频制作流程

由于数字技术的飞速发展，视频制作不再是传统电视机构那种高投入、重装备的具有垄断色彩的媒介权利，而是成为普通大众也可以介入的一个领域。特别是数字摄像技术和非线性编辑技术的发展，视频制作的数字时代成为一个超越传统影视制作的时代，视频制作迈入了多元化发展的空间。正是基于此，我们在讨论数字视频制作流程时不再是简单遵从传统的电视制作流程，而是分为两种类型进行讨论：一种是基于电视节目的数字视频制作，这实际上是传统电视节目制作的数字化形式；另一种是基于多媒体的数字视频制作。

1. 基于电视节目的数字视频制作

电视节目制作包含节目生产过程中的艺术创作和技术处理两个部分。在制作的实践中，艺术创作和技术处理同属于一个完整的节目生产系统的不同部分，往往互相依存而不可分离，而且是相互渗透的。电视节目的制作是一项集体性的工作，也是一项涉及诸多环节的复杂工作。尽管因节目形态的不同，制作流程和摄制方式不同，侧重点也各不相同，但基本的思路却是一致的。

电视节目制作一般要经过构思创作阶段、摄录阶段和编辑合成三道程序。

构思创作是电视节目制作的第一阶段，是对电视节目进行总体设计，也是制作成功的关键，因为这个阶段涉及节目制作理念和意图的具体运作。节目构思是第一阶段的关键，即从宏观上设计电视节目方向，包括节目的主题，它所要表达和传播的核心思想与传递这些信息的具体风格样式和结构体系、节目视觉传达的可行性及其受众的需求状况等。在确立构思之后，制订节目制作计划，包括拍摄项目的具体描述和必要性分析、拍摄场地及布景、拍摄提纲、脚本或分镜头以及摄制预算等。

摄录阶段的重要工作是根据文案（分镜头稿本、拍摄大纲或故事板），进行现场拍摄和录制，将画面内容与现场音响录制下来。它是对第一阶段构思创作意图和设想进行实现，并加以具体化、形象化的记录过程。在正式开拍前，摄制组要按照分镜头稿本的要求分头开展各项工作：摄制组成员进一步明确自己的职责，准备相应的设备，包括摄像机、录音设备、灯光等；演员或主持人等进行彩排或走场。正式拍摄时，导演（或编导）是中心，负责现场调度和指挥，全体摄制人员协调一致，共同做好节目画面和声音的采集工作。

编辑合成阶段是后期制作的主要工作。制作人员在电子编辑系统或非线性编辑系统等设备上工作，可以按照分镜头稿本或拍摄大纲的提示和顺序来编辑，也可以按照对内容的新理解和新角度进行创造性思维构成。

当然，也有将电视制作的全过程分为“前期制作”和“后期制作”两个阶段。前期工作包括构思创作和现场录制，后期工作包括编辑和合成。

2. 基于多媒体的数字视频制作

基于多媒体的数字视频制作，尽管由于其面对的用户与作品发布的渠道、目的与方式和电视节目相比有了很大的不同，但其同样可以划分为包括“前期制作”和“后期制作”两个阶段，其各个制作阶段的工作任务与电视节目制作基本相似。其不同之处是：一般来说，电视节目制作要使用到很多设备系统，拍摄的素材全部记录在录像带上，然后通过编辑器编辑，需要时还要进行图文制作、特技制作和声音的混录等。而基于多媒体的数字视频制作环境则是将图像、声音及有关信息统一作为数字数据进行处理，同时一些基本的工作（如选材、合成和编辑）都是以综合方式完成的。图像、声音直接作为数字数据记录在服务器上；外景素材存储在磁盘存储器中，然后传送到服务器上，运用非线性编辑系统进行制作。基于多媒体的数字视频制作又至少包括了两种运作模式：一是专门工业化的集体性制作模式；二是业余作坊式的个人化制作模式，其所使用的制作设备可能会简单到只有一台 DV 摄像机加一台多媒体计算机。

在讲究创意设计的数字媒体时代，我们更倾向于把基于多媒体的数字视频制作划分为“创意设计”和“制作实现”两个阶段。创意设计是构思的过程；而制作实现是通过数字技术实现构思的过程，其中包括了获取素材（主要是利用摄像机摄录）和编辑合成。

需要说明的是，尽管上述两种类型并无根本性的差异，但是在本书关于数字视频制作的叙述中，我们更多的是从基于多媒体的数字视频制作的角度来阐述的。

1.2.3　数字视频制作团队的组成与职责

1. 编剧

编剧是剧本和文字撰稿的创作者，主要以文字表述的形式完成节目的整体设计，既可原创故事，也可对已有的故事进行改编，一般创作好剧本后，编剧会将剧本交付导演审核，若未通过审核，则可与导演一同进行二次创作。

2. 导演

导演负责将剧本中刻画的各个人物角色，利用各种拍摄资源（道具、场地、演员等）演绎出来，成片、拷贝等。

3. 摄像

摄像师从熟悉剧本到完成拍摄计划，从形成艺术构思到实施拍摄方案，都是从图像这个信息窗口利用光影、色彩、线条、密度和运动等手法创造出各种类型的画面气氛，并以此向观众传达特定的艺术思维内涵。

摄像师的工作开始于摄制组成立后的剧本主题、风格样式及导演的总体构思，以确定自己在图像艺术创作方面的风格和基础。拍摄阶段是他实践自己艺术设想的过程。画面拍完即“停机”后，他们工作便告结束。此外，摄像师还是摄像小组的负责人。摄像师领导小组的副摄像师、摄像助理、录像员和技术员等共同完成拍摄任务。

4. 场记

场记的主要任务是将现场拍摄的每个镜头的具体情况（镜头号码、拍摄方法、镜头长度、演员的动作和对白、音响效果、布景、道具、服装、化妆等各方面的细节和数据）详细、精确地记入场记单。由于一部影片是分割成若干场景和数百个镜头进行拍摄的，拍摄时不能按镜头顺序进行，因此，场记所作的记录有助于影片各镜头之间的衔接，为导演的继续拍摄以及补拍、剪辑、配音、洗印提供准确的数据和资料。场记最重要的任务就是协助导演合理规划镜头，防止穿帮、越轴等失误出现。影片完成后，这些记录还可供制作完成台本之用。

5. 场务（剧务）

剧务负责提供拍摄影片所必需的物品及便利措施，如准备道具、选择场景、维护片场秩序和搞好后勤服务工作等。

6. 灯光师

为达到电影艺术效果，灯光师应按照剧本及导演的要求布置片场灯光效果。

7. 编辑师（剪辑师）

在深刻理解剧本和导演总体构思的基础上，以分镜头剧本为依据，通过对镜头（画面与声音）精细而恰到好处的剪接组合，使整部影片故事结构严谨、情节展开流畅、节奏变化自然，从而有助于突出人物、深化主题、提高影片的艺术感染力。作为导演的亲密合作者，剪辑师要进行细致而繁复的再创作活动，对一部影片的成败得失起着举足轻重的作用。

1.3 数字视频技术基础

视频制作是一项技术与艺术并重的工作，进入数字时代的视频制作的一个重要特征是艺术与技术的结合显得更为紧密，技术在数字视频制作中的作用非常关键。因此，要进行数字视频的创作，了解和掌握数字视频相关的基础知识与原理就成为一项首先要做的工作。

1.3.1 数字视频技术的发展

1. 计算机与视频的结合

谈到数字视频的发展历史，不能不回顾计算机的发展历程，因为数字视频实际上是与计算机所能处理的信息类型密切相关的，自 20 世纪 40 年代计算机诞生以来，计算机大约经历了以下几个发展阶段。

第一阶段，数值计算阶段。这是计算机问世后的“幼年”时期。在这个时期，计算机只能处理数值数据，主要用于解决科学与工程技术中的数学问题。实际上，世界上第一台电子计算机 ENIAC 就是为美国国防部解决弹道计算问题和编制射击表而研制生产的。

第二阶段，数据处理阶段。20 世纪 50 年代发明了字符发生器，使计算机不但能处理数值，也能表示和处理字母及其他各种符号，从而使计算机的应用领域从单纯的数值计算进入了更加广泛的数据处理。这是由世界上第一个批量生产的商用计算机 UNIAC-1 首开先河的。

第三阶段，多媒体阶段。随着电子器件的进展，尤其是各种图形、图像设备和语音设备的问世，计算机逐渐进入多媒体时代，信息载体扩展到文、图、声等多种类型，使计算机的应用领域进一步扩大。由于视觉（即图形、图像）最能直观明了、生动形象地传达有关对象的信息，因而在多媒体计算机中占有重要的地位。在多媒体阶段，计算机与视频产生了"联姻"，数字视频也应运而生。

2. 数字视频的发展

数字视频的发展主要是指在个人计算机上的发展，可以大致分为初级、主流和高级几个历史阶段。

第一阶段是初级阶段，其主要特点就是在台式计算机上增加简单的视频功能，利用电脑来处理活动画面，这给人展示了一番美好的前景，但是由于设备还未能普及，都是面向视频制作领域的专业人员。普通电脑用户还无法奢望在自己的电脑上实现视频功能。

第二个阶段是主流阶段，在这个阶段数字视频在计算机中得到广泛应用，成为主流。初期数字视频的发展没有人们期望得那么快，原因很简单，就是对数字视频的处理很费力，这是因为数字视频的数据量非常之大，1 分钟的满屏的真彩色数字视频需要 1.5GB 的存储空间，而在早期一般台式机配备的硬盘容量大约是几百兆，显然无法胜任如此大的数据量。

虽然在当时处理数字视频很困难，但它所带来的诱惑促使人们采用折中的方法。先是用计算机捕获单帧视频画面，可以捕获一帧视频图像并以一定的文件格式存储起来，可以利用图像处理软件进行处理，将它放进准备出版的资料中；后来，在计算机上观看活动的视频成为可能。虽然画面时断时续，但毕竟是动了起来，这带给人们无限的惊喜。

而最有意义的突破是计算机有了捕获活动影像的能力，将视频捕获到计算机中，随时可以从硬盘上播放视频文件。能够捕获视频得益于数据压缩方法，压缩方法有两种：纯软件压缩和硬件辅助压缩。纯软件压缩方便易行，只用一个小窗口显示视频，目前有很多这方面的软件。硬件压缩花费高，但速度快。在这一过程中，虽然能够捕获到视频，但是缺乏一个统一的标准，不同的计算机捕获的视频文件不能交换。虽然有过一个所谓的"标准"，但是它没有得到足够的流行，因此没有变成真正的标准，它就是数字视频交互（DVI）。DVI 在捕获视频时使用硬件辅助压缩，但在播放时却只使用软件，因此在播放时不需要专门的设备。但是 DVI 没有形成市场，因此没有被广泛地了解和使用，也就难以流行。这就需要计算机与视频再作一次结合，建立一个标准，使每台计算机都能播放令人心动的视频文件。这次结合成功的关键是各种压缩解压缩 Codec 技术的成熟。Codec 来自两个单词 Compression（压缩）和 Decompression（解压），它是一种软件或者固件（固化于用于视频文件的压缩和解压的程序芯片）。压缩使得将视频数据存储到硬盘上成为可能。如果帧尺寸较小、帧切换速度较慢，再使用压缩和解压，存储 1 分钟的视频数据只需

20MB 的空间而不是 1.5GB，所需存储空间的比例是 20∶1500，即 1∶75。当然在显示窗口看到的只是分辨率为 160×110 的邮票般大小的画面，帧速率也只有 15 帧/s，色彩也只有 256 色，但画面毕竟活动起来了。

Quicktime 和 Video for Windows 通过建立视频文件标准 MOV 和 AVI 使数字视频的应用前景更为广阔，使它不再是一种专用的工具，而成为每个人计算机中的必备组成部分。而正是数字视频发展的这一步，为电影和电视提供了一个前所未有的工具，为影视艺术带来了影响空前的变革。

第三阶段是高级阶段。在这一阶段，普通个人计算机进入了成熟的多媒体计算机时代。各种计算机外设产品日益齐备，数字影像设备争奇斗艳，视/音频处理硬件与软件技术高度发达，这些都为数字视频的流行起到了推波助澜的作用。

1.3.2 数字视频压缩

1. 压缩的必要性

由于视频信号往往都是模拟信号，必须将其进行数字化处理，即经过采样、量化和编码转换成数字视频信号。视频图像经过变换成为数字图像后，就可用显示器来显示，也可以像数字图像一样进行处理。但视频信号与数字图像的根本不同在于：视频信号是连续的运动图像，如我国电视采用的 PAL 制式电视信号，每秒钟要播放 25 帧画面；对 NTSC 制式来说，要求每秒钟播放 30 帧画面。由于数字视频信号表示的是连续的运动图像，所以在将其数字化后产生了一系列问题。

(1) 存储方面

数字化后的视频信号的数据量非常大，需要大量的磁盘空间，这是因为每一个图像帧的每个像素的色彩和亮度的信息都必须被存储。不仅存储数字视频需要使用大量的磁盘空间，数字音频也需要存储空间。一部电影长度为一个半小时，电视节目的长度也是以小时计。显而易见，这是非常不经济的，也是不必要的。

(2) 传输方面

目前传输介质中的数据传输速度远远低于活动视频所需的存取速度，会导致大量数据的丢失，因而会影响到接收端的质量，会出现跳帧的现象。

(3) 实时播出方面

对于视频图像，因为它实际上是活动图像，我们要求电视以每秒 25 帧（PAL 制）或 30 帧（NTSC 制）的速度播放，这样根据人眼的视觉暂留现象，所看到的画面才能自然流畅。如果播放速度低于这个速度或者存在丢帧现象，那么图像效果都难以令人满意。我们经常在计算机屏幕上看到播放的画面有抖动或撕裂的现象，就是因为播放速度达不到这个要求。

2. 视频压缩编码的类型

视频压缩的目标是，在尽可能保证视觉效果的前提下，降低视频数据率。视频压缩比一般是指压缩后的数据量与压缩前的数据量之比。由于视频是连续的静态图像，因此其压缩编码算法与静态图像的压缩编码算法有某些共同之处；但是运动的视频还有其自身的特性，因此在压缩时还应考虑其运动特性才能达到高压缩的目标。

(1) 有损和无损压缩

在视频压缩中，有损（Lossy）和无损（Lossless）的概念与静态图像中基本类似。无损压缩指压缩前和解压缩后的数据完全一致。多数的无损压缩都采用行程编码（RLE）算法。有损压缩意味着解压缩后的数据与压缩前的数据不一致。在压缩的过程中要丢失一些人眼和人耳所不敏感的图像或音频信息，而且丢失的信息不可恢复。几乎所有高压缩的算法都采用有损压缩，这样才能达到低数据率的目标。丢失的数据率与压缩比有关，压缩比越小，丢失的数据越多，解压缩后的效果也就越差。此外，某些有损压缩算法采用多次重复压缩的方式，这样还会引起额外的数据丢失。

(2) 帧内和帧间压缩

帧内（Intraframe）压缩也称为空间压缩（Spatial Compression）。当压缩一帧图像时，仅考虑本帧的数据而不考虑相邻帧之间的冗余信息，这实际上与静态图像压缩类似。帧内一般采用有损压缩算法，由于帧内压缩时各个帧之间没有相互关系，所以压缩后的视频数据仍可以以帧为单位进行编辑。帧内压缩一般达不到很高的压缩。

采用帧间（Interframe）压缩是基于许多视频或动画的连续前后两帧具有很大的相关性，或者说前后两帧信息变化很小的特点。也即连续的视频的相邻帧之间具有冗余信息，根据这一特性，压缩相邻帧之间的冗余量就可以进一步提高压缩量、减小压缩比。帧间压缩也称为时间压缩（Temporal Compression），它通过比较时间轴上不同帧之间的数据进行压缩。帧间压缩一般是无损的。帧差值（Frame Differencing）算法是一种典型的时间压缩法，它通过比较本帧与相邻帧之间的差异，仅记录本帧与其相邻帧的差值，这样可以大大减少数据量。

(3) 对称和不对称编码

对称性（Symmetric）是压缩编码的一个关键特征。对称意味着压缩和解压缩占用相同的计算处理能力和时间，对称算法适合于实时压缩和传送视频，如视频会议应用就以采用对称的压缩编码算法为好。而在电子出版和其他多媒体应用中，一般是把视频预先压缩处理好后再播放，因此可以采用不对称（Asymmetric）编码。不对称或非对称意味着压缩时需要花费大量的处理能力和时间，而解压缩时则能较好地实时回放，也即以不同的速度进行压缩和解压缩。一般地说，压缩一段视频的时间比回放（解压缩）该视频的时间要多得多。例如：压缩一段 3 分钟的视频片段可能需要 10 多分钟的时间，而该片段实时回放时间只有 3 分钟。

3. 视频压缩编码的基本概念

(1) 码率（码流）

码率就是数据传输时单位时间传送的数据位数，一般我们用的单位是 kbit/s（即千位每秒)。也就是取样率（并不等同于采样率，采样率的单位是 Hz，表示每秒采样的次数)，单位时间内取样率越大，准确度就越高，处理出来的文件就越接近原始文件，但是文件体积与取样率是成正比的，所以几乎所有的编码格式重视的都是如何用最低的码率达到最少的失真，围绕这个核心衍生出来 cbr（固定码率）与 vbr（可变码率)。码率就是失真度，码率越高越清晰，反之则画面粗糙而多马赛克。

码率影响文件的大小，与文件大小成正比：码率越大，文件越大；码率越小，文件越小。

(2) 帧率

帧率就是在 1 秒钟时间内传输的图片的帧数，也可以理解为图形处理器每秒钟能够刷新几次。

帧率影响画面流畅度，与画面流畅度成正比：帧率越大，画面越流畅；帧率越小，画面越有跳动感。如果码率为变量，则帧率也会影响体积，帧率越高，每秒钟经过的画面越多，需要的码率也越高，体积也越大。

(3) 分辨率

分辨率影响图像大小，与图像大小成正比：分辨率越高，图像越大；分辨率越低，图像越小。

(4) 清晰度

在码率一定的情况下，分辨率与清晰度成反比关系：分辨率越高，图像越不清晰；分辨率越低，图像越清晰。在分辨率一定的情况下，码率与清晰度成正比关系：码率越高，图像越清晰；码率越低，图像越不清晰。

1.3.3 数字视频清晰度标准

(1) 高清（High Definition）

高清是我们目前相对比较熟悉的一个词语。高清是在广播电视领域首先被提出的，最早是由美国电影电视工程师协会（SMPTE）等权威机构制定相关标准，视频监控领域也广泛沿用了广播电视的标准。将“高清”定义为 720p、1080i 和 1080p 三种标准形式，而 1080p 又有另外一种称呼——全高清（Full High Definition)。关于高清标准，国际上公认的有两条：视频垂直分辨率超过 720p 或 1080i，视频宽纵比为 16∶9。

(2) 标清（Standard Definition）

标清是指物理分辨率在 720p 以下的一种视频标准。例如 480p 格式，480p 是指视频的垂直分辨率为 480 线逐行扫描。具体地说，是指分辨率在 400 线左右的 VCD、DVD、电视节目等“标清”视频格式，即标准清晰度。

(3) 超高清（Ultra High-Definition ）

超高清是这两年才出现的一个概念，来自国际电信联盟（International Telecommunication Union）最新批准的信息显示，“4K 分辨率（3840×2160 像素)”的正式名称被定为“超高清 Ultra HD（Ultra High-Definition）”。同时，这个名称也适用于“8K 分辨率（7680×4320 像素）”。CEA 要求，所有的消费级显示器和电视机必须满足以下几个条件之后，才能贴上“超高清 Ultra HD”的标签：首先，屏幕最小的像素必须达到 800 万有效像素（3840×2160）；在不改变屏幕分辨率的情况下，至少有一路传输端可以传输 4K 视频；4K 内容的显示必须原生，不可上变频，纵横比至少为 16∶9。与此同时，电视行业里，同对于高清电视机命名为 HDTV 一样，对于 4K 电视机的命名，美国消费者电子协会针对 4K 电视进行了一个官方的命名 UHDTV，这个命名也就是超高清电视。

1.3.4 数字视频格式

在计算机软、硬件技术和宽带互联网技术迅猛发展的同时，各种数字视频的录制和后期制作技术也得到了突飞猛进的发展。对于数字视频的发展和变化，我们可以从两方面进行分析：数字视频的超高清晰度当然是视频录制设备不断更新换代的结果；而影像视频体积的大幅减小和流式视频文件传输性能则得益于视频压缩技术和视频编辑处理技术的不断创新与改进，这种视频技术的创新和改进在宏观上的表现就是视频格式。

面对类型众多的视频格式，一个很容易混淆的概念就是文件封装格式和压缩编码格式。视频压缩格式是针对视频实体的编码方式，是决定视频压缩质量的主要因素；而视频封装格式是用于视频文件交换和播放识别的封装容器。同一种封装格式可以支持多种压缩编码格式，如同为 AVI 扩展名的视频文件，其压缩编码可以是 DV 格式，也可以是 mp4 或 H.264 格式。一个完整的视频文件是由音频和视频两部分组成的，H.264、Xvid 等是常见的视频编码格式，MP3、AAC 等是音频编码格式。文件封装格式一般由文件后缀名体现，如 AVI、MKV、FLV 等，视频数据的封装格式和实际视频与音频如何压缩编码没有直接关系。

1. 常见视频编码格式

（1）H.264

H.264 除了具有高质量、高效率的特点外，还设计了能够覆盖整个视频应用领域的分层分级编码结构，包括了基本应用、主应用、扩展应用和高级应用四大应用层，共 17 个应用类别（Profile）。其中，有用于低成本视频会议和移动视频的基本类（CBP 和 BP）；有用于标清电视的主类（Main Profile）；有用于网络流媒体视频的扩展类（Extended Profile）。随后 H.264 又增加了针对高清电视、数字电影和 3D 立体影视应用的高级应用类和附加应用类，如 10bit 应用的 High Profile，4∶2∶2、4∶4∶4 应用类以及与之相对应的全 I 帧编码类。H.264 采用数字代码来表示分辨率的分级（Level），每个级规定了相应类的分辨率标准。通过类与级的组合，就可以确定不同压缩方案下的图像分辨率（从 128×96 至 4096×2304）、帧频率和最大视频码率（从 64kbit/s 至 960Mbit/s）。

H.264 编码的系统架构分成视频编码层（VCL）和网络提取层（NAL），可将视频编码和对网络高度亲和的任务分别交由这两者来完成，因而能在实现高效率编码的同时增强

对编码差错的恢复能力，使 H. 264 能够更好地适应 IP 和无线传输的网络应用环境。

(2) VC-1

VC-1（WMV9）是微软在 Windows Media Video 9 的基础上开发的视频编码标准，后被命名为 SMPTE 421M，成为国际标准。VC-1 拥有三个大类（Profile）共 10 级（Level）的分层编码能力，可满足高清、标清电视和多媒体视频等不同分辨率的应用，码率选择范围在 96kpit/s～135Mpit/s 之间，详情见参考文献。WMV 格式的压缩效率是 MPEG2 的 2 倍，与 H. 264 基本相当，具有图像质量高、占用资源少和技术难度低的优点。因其出自微软的技术背景，在 PC 环境和互联网中得到广泛应用。尽管 H. 264 也可以应用在微软的 IPTV 平台上，但已经采用 WMV9 平台的用户会更倾向于使用完整的微软 IPTV 集成方案。VC-1 已成为蓝光 DVD 的强制性编码标准。

(3) MPEG

它的英文全称为 Moving Picture Expert Group，即运动图像专家组格式，家里常看的 VCD、SVCD、DVD 就是这种格式。MPEG 文件格式是运动图像压缩算法的国际标准，它采用了有损压缩方法减少运动图像中的冗余信息，说得更加明白一点，即 MPEG 的压缩方法依据是，相邻两幅画面绝大多数是相同的，把后续图像和前面图像中有冗余的部分去除，从而达到压缩的目的（其最大压缩比可达到 200∶1）。目前 MPEG 格式有三个压缩标准，分别是 MPEG-1、MPEG-2 和 MPEG-4，MPEG-7 与 MPEG-21 仍处在研发阶段。

MPEG-1 制定于 1882 年，它是针对 1. 5Mbit/s 以下数据传输率的数字存储媒体运动图像及其伴音编码而设计的国际标准。也就是我们通常所见到的 VCD 制作格式。使用 MPEG-1 的压缩算法，可以把一部 110 分钟长的电影压缩到 1. 2GB 左右大小。这种视频编码格式的文件扩展名包括 mpg、mlv、mpe、mpeg 及 VCD 光盘中的. dat 文件等。

MPEG-2 制定于 1884 年，设计目标为高级工业标准的图像质量以及更高的传输率。这种格式主要应用在 DVD/SVCD 的制作（压缩）方面，同时在一些 HDTV（高清晰电视广播）和高要求视频编辑、处理上面也有一定的应用。使用 MPEG-2 的压缩算法，可以把一部 110 分钟长的电影压缩到 4～8GB 的大小。这种视频编码格式的文件扩展名包括 mpg、mpe、mpeg、m2v 及 DVD 光盘上的. vob 文件等。

MPEG-4 制定于 1998 年，MPEG-4 是为了播放流式媒体的高质量视频而专门设计的，它可利用很窄的带度，通过帧重建技术压缩和传输数据，以求使用最少的数据获得最佳的图像质量。目前，MPEG-4 最有吸引力的地方在于它能够保存接近 DVD 画质的小体积视频文件。另外，这种文件格式还包含了以前 MPEG 压缩标准所不具备的比特率的可伸缩性、动画精灵、交互性甚至版权保护等一些特殊功能。这种视频编码格式的文件扩展名包括 asf、mov 和 AVI 等。

(4) DivX

这是由 MPEG-4 衍生出的另一种视频编码（压缩）标准，也即我们通常所说的 DVD rip 格式，它采用了 MPEG-4 的压缩算法，同时又综合了 MPEG-4 与 MP3 各方面的技术，即使用 DivX 压缩技术对 DVD 盘片的视频图像进行高质量压缩，同时用 MP3 或 AC3 对音频进行压缩，然后将视频与音频合成并加上相应的外挂字幕文件而形成的视频格式。其画质直逼 DVD，并且体积只有 DVD 的数分之一。

2. 常见视频文件封装格式

(1) AVI 格式

它的英文全称为 Audio Video Interleaved，即音频/视频交错格式。它于 1882 年被 Microsoft 公司推出，随 Windows3.1 一起被人们所认识和熟知。所谓音频/视频交错，就是可以将视频和音频交织在一起进行同步播放。这种视频格式的优点是图像质量好，可以跨多个平台使用，其缺点是体积过于庞大，更糟糕的是压缩标准不统一，最普遍的现象就是高版本 Windows 媒体播放器播放不了采用早期编码编辑的 AVI 格式视频，而低版本 Windows 媒体播放器又播放不了采用最新编码编辑的 AVI 格式视频，所以我们在进行一些 AVI 格式的视频播放时常会出现由于视频编码问题而造成的视频不能播放或即使能够播放但存在不能调节播放进度和播放时只有声音没有图像等一些莫名其妙的问题，如果用户在进行 AVI 格式的视频播放时遇到了这些问题，可以通过下载相应的解码器来解决。

DV-AVI 格式中 DV 的英文全称是 Digital Video Format，是由索尼、松下、JVC 等多家厂商联合提出的一种家用数字视频格式。目前非常流行的数码摄像机就是使用这种格式记录视频数据的。它可以通过 IEEE 1394 端口传输视频数据到计算机，也可以将计算机中编辑好的视频数据回录到数码摄像机中。这种视频格式的文件扩展名一般是 avi，所以也称为 DV-AVI 格式。

(2) MKV 格式

MKV 是 Matroska 的一种媒体文件，Matroska 是一种新的多媒体封装格式，也称为多媒体容器 (Multi-Media Container)。它可将多种不同编码的视频及 16 条以上不同格式的音频和不同语言的字幕流封装到一个 Matroska Media 文件当中。MKV 最大的特点就是能容纳多种不同类型编码的视频、音频及字幕流。

(3) MOV 格式

MOV 格式是美国 Apple 公司开发的一种视频格式，默认的播放器是苹果的 Quick Time Player，具有较高的压缩比率和较完美的视频清晰度等特点，但其最大的特点还是跨平台性，即不仅能支持 MacOS，同样也能支持 Windows 系列。

(4) FLV 格式

FLV 是 Flash Video 的简称，FLV 流媒体格式是随着 Flash MX 的推出发展而来的视频格式。FLV 是在 Sorenson 公司的压缩算法的基础上开发出来的。由于它形成的文件极小、加载速度极快，使得网络观看视频文件成为可能，被包括搜狐视频、新浪播客、优酷土豆和 Youtube 在内的众多新一代视频分享网站所采用，成为目前增长最快、使用最为广泛的视频传播格式。

(5) ASF 格式

它的英文全称为 Advanced Streaming format，它是微软为了和 Real Player 竞争而推

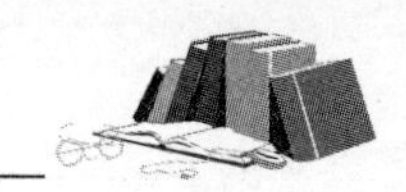

出的一种视频格式，用户可以直接使用 Windows 自带的 Windows Media Player 对其进行播放。由于它使用了 MPEG-4 的压缩算法，所以压缩率和图像的质量都很不错（高压缩率有利于视频流的传输，但图像质量肯定会损失，所以 ASF 格式的画面质量有时候不如 VCD 是正常的）。

(6) WMV 格式

它的英文全称为 Windows Media Video，也是微软推出的一种采用独立编码方式并且可以直接在网上实时观看视频节目的文件压缩格式。WMV 格式的主要优点包括本地或网络回放、可扩充的媒体类型、部件下载、可伸缩的媒体类型、流的优先级化、多语言支持、环境独立性、丰富的流间关系以及扩展性等。

(7) RM/RMVB 格式

Real Networks 公司所制定的音频/视频压缩规范称为 Real Media，简称 RM，用户可以使用 Real Player 或 Real One Player 对符合 Real Media 技术规范的网络音频/视频资源进行实况转播，并且 Real Media 可以根据不同的网络传输速率制定出不同的压缩比率，从而实现在低速率的网络上进行影像数据实时传送和播放。这种格式的另一个特点是用户使用 Real Player 或 Real One Player 播放器可以在不下载音频/视频内容的条件下实现在线播放。另外，RM 作为目前主流网络视频格式，还可以通过其 Real Server 服务器将其他格式的视频转换成 RM 视频，并由 Real Server 服务器负责对外发布和播放。RM 和 ASF 格式可以说各有千秋：通常 RM 视频更柔和一些，而 ASF 视频则相对清晰一些。

RMVB 是一种由 RM 视频格式升级延伸出的新视频格式，它的先进之处在于 RMVB 视频格式打破了原先 RM 格式那种平均压缩采样的方式，在保证平均压缩比的基础上合理利用比特率资源，就是说静止和动作场面少的画面场景采用较低的编码速率，这样可以留出更多的带宽空间，而这些带宽会在出现快速运动的画面场景时被利用。这样，在保证了静止画面质量的前提下，大幅地提高了运动图像的画面质量，从而使图像质量和文件大小之间达到了微妙的平衡。

思考题

1. 数字视频制作的主要流程是什么？
2. 比较基于电视节目制作和基于多媒体制作两种数字视频制作方式的差异。
3. 比较常见的数字视频格式的差异。

实践建议

1. 模拟设计数字视频制作计划，撰写各阶段的工作要求。
2. 观摩几部电视广告和数字电影，体会数字技术对影视艺术的冲击与改变。
3. 调研除电视台之外开展数字视频制作的部门或个人的主要工作内容和方式。

第 2 章

数字视频作品创意

数字视频作品的制作一般包括两个主要过程：创意设计和制作实现。创意设计是构思的过程，而制作实现是通过数字技术实现构思。在数字视频制作领域流行的一句话“不怕做不到，只怕想不到”，很好地反映了创意设计在视频作品制作过程中的重要意义。特别是在创意产业如火如荼发展的今天，好的创意更显得弥足珍贵。但是创意不能等同于胡思乱想、天马行空，它仍然有自己的一套方法与过程，不遵循这些基本方法与过程的创意设计往往是盲目的、低效率的，难以保证创作作品的质量。本章我们首先介绍了数字视频创意的一般过程，并结合实例就几种主要类型的数字视频作品的创意进行了探讨。

学习目标

1. 掌握数字视频作品创意的一般流程。
2. 了解创意形成的过程。
3. 掌握主要类型的数字视频作品的创意要点。

2.1 数字视频创意概述

2.1.1 创意

创意，从字面意思来看就是创造新意。将其稍作拓展就是打破常规，逆反常规，冲击平庸，创造新意，其核心与重点仍然离不开创造新意。创意既是一个静止的概念，又是一个动态的过程。静态的“创意”是指创意性的意念、巧妙的构思，更通俗的说就是“好点子、好主意”；动态的“创意”则是指，创意是思维活动，是“从无到有”的这一逻辑思想的产生过程。

2.1.2 数字视频创意

数字视频的创意是创意在数字视频领域的应用，具体说来就是确定数字视频作品要表达的信息主体和表达的方式。一般有两种创意方式：其一是根据要表现的主题去摄录、寻找合适的素材，然后编辑处理；其二是根据已有的素材创意设计出表达一定主题的数字视频作品。在实际操作过程中，一般根据条件和应用需要灵活掌握。数字视频作品制作的第一阶段的创意是对作品进行总体构思，是制作成功的关键，因为这一阶段涉及整个作品制作理念和意图的具体运作。

2.2 数字视频创意的过程

成功的创意是建立在完整而周密的策划基础之上，在詹姆斯·韦伯·杨教授的《产生创意的方法》中，对创意的产生过程与方法有着精彩的论述，他认为创意思维经历的过程应该经历六个步骤，并且绝对要遵循这六个步骤的先后次序：

1. 收集原始资料（信息）

一般来说，收集的资料（信息）应该有两种类型：一种是解决当前问题所需的特定资料，另一种则是平时不断积累起来的一般知识。因此，视频作品的创意策划人员应该对各方面的资料具有浓厚的兴趣，而且善于了解各个学科的资讯。创意思维的材料犹如一个万花筒，万花筒内的材料数量越多，组成的图案就越多。与万花筒原理一样，创意策划人员掌握的原始资料越多，就越容易产生创意。

2. 仔细整理、理解所收集的资料

资料收集到一定的程度，就要对所收集的资料进行认真的阅读、理解。这时的阅读不是一般的浏览，而是要认真地阅读，而且要带着一个宏观的思路去认真阅读。对所收集到的全部资料，包括历史的、专业的资料，一般性的资料，实地调查资料，以及脑海中过去积累的资料，统统都应像梳头一样，逐一梳理，进而理解、掌握。

3. 认真研究所有资料

研究是有一定技巧的。需要把一件事物用不同的方式去考虑；还要通过不同的角度进行分析；然后尝试把相关的两个事物放在一起，研究它们的内在关系配合如何。

4. 放开题目，放松自己

选取自己最喜欢的娱乐方式，如打球、听音乐、唱歌和看电影等，总之将精力转向任何能使自己身心轻松的节目，完全顺乎自然地放松。不要以为这是一个毫无意义的过程，实质上，这个过程是转向刺激潜意识的创作过程，转向自己所喜欢的轻松方式，这些方式均是可以刺激自己的想象力及情绪的极佳的方式。

5. 创意出现

如果在上述四个阶段中确已尽到责任，那么几乎可以肯定会经历第五个阶段——创意出现。创意往往会在策划人费尽心思、苦苦思索，经过一段停止思索的休息与放松之后出现。

阿基米德发现水中庞然大物的重量计算方法，是在极度疲劳时，放开思索去洗澡，沐浴完毕起身离开浴盆，哗哗一声水响，触动了他的灵感。

6. 对冥发的创意进行细致的修改、补充、锤炼、提高。

这是创意的最后一个阶段的工作，也是必须做的工作。一个创意的初期冥发，肯定不会很完善，所以要充分运用商务策划的专业知识去予以完善。这时，重要的是要将自己的创意提交创意小组去评头品足，履行群体创意、集思广益、完善细化的程序。

概括地说，创意要遵从以上六个程序，同时要把握五个要点：一是努力挣脱思维定势的束缚，二是紧紧抓住思维对象的特点，三是尽量多角度去思考问题，四是防止两个思考角度完全重合，五是努力克服思维惰性的影响。

2.3 数字视频创意的实例分析

不同类型数字视频作品的创意既具有共性，又具有个性。前面我们就数字视频创意中的共性部分进行了探讨。实际上，由于数字视频作品类型众多，而各种类型的作品的特点差异又比较大，因而在创意时往往要根据具体的作品类型去发挥自己的才智进行创意。在这里，我们就结合实例对广告、MV、专题片和剧情片这四种常见的数字视频作品的创意进行分析。

2.3.1 数字视频广告作品的创意

广告创意简单来说就是通过大胆新奇的手法制造与众不同的视听效果，最大限度地吸引消费者，从而达到品牌传播与产品营销的目的。

1. 视频广告创意的基本原则

虽然广告创意和所有创造性劳动的核心都是伟大的创造力和想象力，但广告创意的想象也还是要受限制的，它必须遵循以下几项原则来进行：

(1) 有效性

这是广告创意时首先要顾及的目的性原则，因为广告作品优劣的最终标准是要看它是否有效，这是由广告的本性所决定的。要知道广告主花了钱，就是要让自己的广告起作用，发挥效力，这一点容不得半点含糊。当然，广告是否有效并不是简单地、机械地一概以立即增进销售业绩为标准，而是看广告是否达到了广告策划中预订的广告目标，凡是能达到预定目标的创意就是成功的广告作品。科学的广告目标是分阶段、多层次的，因此只要广告创意能够准确地“命中”目标对象，在传达信息上准确无误就是有效的。而那种为创意而创意，不考虑广告的有效性，再奇妙的点子也是毫无意义的。

(2) 关联性

所谓关联性，就是指创意的点子必须与广告主题有关联，否则再新鲜的点子非但没有意义，反而会毁坏整个广告。优秀的广告创意必须是“意料之外，情理之中”。所谓“意料之外”，是指广告创意一定要新，一定要奇，一定要出人意料，一定要让人为之一震；所谓“情理之中”，就是这种新，这种奇，这种出人意料，又必须合乎情理，让受众能够接受，乐于接受。否则，意料之外就没有意义，所谓的“新”与“奇”就变成了怪诞与离奇。如果广告作品都是情理之中不能让人感到意料之外，那么就会让人感到枯燥乏味，毫无吸引力。广告创意中单纯的新、奇、怪、邪，并不难做到，单纯的科学化说服，有条有

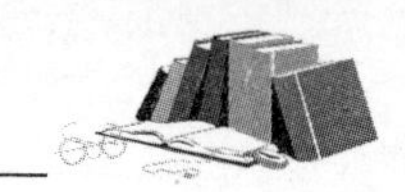

理也不难达到，广告创意最难以做到的是两者的巧妙结合，最难做到的创意是想出那种谁都能看懂，但谁都想不出来的，令人感慨万千的点子。

(3) 单一性

现代社会早已进入了信息爆炸的时代，消费者整天被包围在信息的海洋中，他们每天要接收和处理的信息实在是太多了。所以，只有简洁、单一的信息，才容易被识别、被记取，复杂的广告信息只会让人眼花缭乱，加重受众的负担。因此，广告创意必须善于将广告主题做得简洁单一。

2. 视频广告的创意要点

(1) 形象化，强化视觉效果

数字视频广告要以形传神。在创意的时候，要尝试着不用语言进行诉求——不要向消费者唠唠叨叨，应该用画面向他们讲故事。法国“超级三号”强力胶的电视广告就充分地发挥了它固有的视觉优势：将胶水涂在播音员的鞋底上倒贴于天花板上，使该产品一举成为强力胶市场的第一品牌。

非常简单的画面，创意简洁单一，但主题突出、新颖独特、引人注目。这种从产品本身引发出来的别开生面的创意构想，富于想象力和创造力的表现，充分发挥了广告强烈的感染力。

(2) 讲述精彩故事

一个精彩的故事，有时候会伴随我们一生，一个精彩的故事广告，往往会引起我们长久的回味与思索。不论科技如何发达，人类都需要精彩故事的陪伴。故事类的广告创意虽然放弃了从消费者利益点的角度进行陈述，但是这一类的广告创意表现的深度和广度远比理论评述大，商品广告、企业形象和公益广告等各种类别的广告诉求都能够找到特定的情节去诠释主题。

从表达人的情感的动机出发，故事型的广告多以互助、关怀、家庭生活为题材，为了强化故事情节的感性和表现力，故事型广告往往结合音乐型广告的表现形式来营造气氛，而且故事型的广告创意可以由名人担纲主角，充分利用名人效应。濮存昕版的奥运宣传公益广告——“相信篇”可以说是家喻户晓，濮存昕就像是我们身边的一个熟人，向我们讲述着文明的力量，他的每句话是那么的实在，每一个画面都让我们认识到，原来文明距离我们是这么近。

(3) 构筑巧妙的结构

一则好的视频广告应该具有以下特征：一开始就能吸引观众，拥有简明的记忆点，有一个强有力的结尾。

30 秒长的电视广告，如果开头 4 秒钟不能引起观众的兴趣，那么这条广告片就算完了。一个突出的记忆点会让整个广告创意鲜活起来。春兰空调广告中，台球高手一杆打进六个球；南方黑芝麻糊中，小男孩用舌头舔沾在碗边上的芝麻糊——这些都是精彩的记忆点。虽然广告已看过好几年了，然而想起这些精彩的记忆点，整个广告就又在脑子里蹦跳。广告片中的记忆点会让原本平淡的情节生动起来，立体起来。如果再在记忆点上加上诉求点，则不但能给观众留下深刻印象，还会清晰地达到诉求目的。

(4) 倾注感情色彩

广告要有人理，亲情必不可少。“美国贝尔电视公司”的广告创意，便是抓住亲情大做文章。

如果广告通过感情传递、感情交流、感情培养，令大众产生心灵上的共鸣，那么企业的产品、品牌就容易为顾客所理解、接受并喜爱。因此，广告创意要淋漓尽致地展现这些情感，在以理服人的同时，更以情动人。

(5) 利用娱乐因素

既然可以用娱乐因素改造经济，当然也可以用娱乐因素改造广告，而且娱乐因素应该可以是广告创意平庸的一个突破口。例如：一则啤酒降价广告，某人在喝某某牌啤酒，有人向他的债主告密，说他有钱喝“昂贵”的啤酒，却没钱还债，于是债主带着一帮人，以飞机和装甲车组成的庞大阵容直扑现场，最后的谜底是原本“昂贵”的某某啤酒现在已经降价了。该广告用了好莱坞战争大片的所有娱乐因素，以致有人感叹：广告如此壮观，真不希望它结束。

2.3.2　MV 创意

MV 是影视作品中艺术要求最高，而且也最具有难度与挑战性的一种独特的种类。MV 是以音乐作品作为承载的主体形象，依据音乐体裁不同的特性和音乐意向进行视觉创意设计，确立作品空间形象的形态、类型特征和情境氛围，使画面与音乐在时空运动中融为一体，形成鲜明和谐的视听效果。

1. MV 创意的要求

MV 的创意是指用恰当的视觉符号体系来表达音乐和歌词的形象与内涵，即对音乐进行“视觉化”构思与编码的过程。新颖的构思是成功的基础，是获得较高艺术质量的可靠保障。音乐电视的创意通常要注意以下几个问题：

(1) MV 创意的依据是把握音乐作品的风格特征

MV 创作是在音乐基础上的画面拓展和阐释，音乐是未来作品之魂，只有充分把握词曲的风格特征，包括音乐所描绘的气氛、意境、感觉、情绪和风格样式、旋律、节奏，才能确立画面的风格与结构样式，调度影视艺术手段，传达出词曲的神韵。例如：MV《思念是一种病》(张震岳) 通过几对情侣甜蜜拥吻的画面，勾勒出热恋中的恋人没有去珍惜，等到分手后才追悔莫及的情景，把对昔日爱人的思念以及“当你在翻山越岭的另一边，我在孤独的路上没有尽头”的意境演绎得淋漓尽致，触动观众内心最柔软的部分，作品主题得以凸显。

(2) MV 创意的关键是确立词曲形象的审美载体

优秀的 MV 不是画面对歌词的简单图解，不是超然词曲的抽象写意，也不是概念化形象的机械对应，而是在充分发挥想象力的基础上，选择具体的视觉形态，描绘音乐的情景与意境。例如：《落叶归根》(王力宏) 围绕着一片树叶讲述了一个催人泪下的故事。当男主人公还是孩子的时候，一次在街头拉小提琴，一位小女孩送给了他一片树叶，从此他一直珍藏着这份美好的回忆。直到长大以后，他故地重游，又一次在当初遇见小女孩的地方拉着小提琴，竟然又遇见了她，两人沉浸在重逢的喜悦中。可是现实又是那样的残酷，女孩再一次去找他的时候，一切美好却被滚滚的车轮无情地碾碎。在这个作品中，视觉形象及其情节化构造为音乐与歌词形象的客观载体，拓展了歌词的描述空间，渲染了音乐本身的情绪。

（3）MV创意的落脚点是处理好音乐与画面的关系

MV的画面构成不应该停留在生活原生态的展示上，而是经过多重抽象之后的形象组合，把具有跳跃性的时空转换、虚实相生的艺术场景、联想无穷的视听形象展现给观众。因此，MV中画面的创作思路应该是“源于音乐而不重复音乐，概括音乐而不脱离音乐”，在保留音乐韵味的基础上诠释音乐，在诠释音乐内涵的基础上升华音乐品质，并用强烈的视听冲击力和感染力引起观众的共鸣，从而达到其传播的目的。例如：MV《我们的大中国》利用很多富有概括力的视觉元素（京戏、大鼓、红绸、东方舞蹈以及天坛、黄闽、长江、喜马拉雅山等具有中国特色的形象元素），结合在一起形成视觉的流动，并结成一种情绪纽带，用情绪的冲击表达主题思想，使声画水乳交融。

2. MV创意的特点

（1）音画协调性

从音乐与画面的地位来看，MV首先是音乐，这是其本质特征。音乐是构成画面、动作的源泉和成因，音乐最重要、最本质的美，是利用旋律和节奏的组合，调动人的生理器官，激发人的情感反应，从而产生一种从生理到心理、由联想到幻觉的审美愉悦。画面则是依赖于音乐而存在的，是音乐的外化表现，画面赋予音乐以直观形态，画面对音乐抽象情绪的多元性开发与创造，彰显了影视这种综合性艺术本身无穷的潜力和魅力。MV中音乐旋律和歌词所提供的意境以及感情的表达，需要借助画面作进一步的诠释和再塑造。作为综合艺术，MV中的视觉与听觉是互为补充、相互协调的，音乐与画面的关系和谐、相得益彰，共同塑造完整、统一的艺术形象。

（2）时空交织性

从时空构成来看，MV中画面的时空是更广阔的艺术时空，是超自由的、任意运动的时空组合。音乐本身是看不见摸不着的时间艺术，但当它出现于不同的空间，也即具体的规定情境之中时，它便通过镜头的节奏、色调、造型带给观众某种非常具体或由具体导致的更加自由的联想和感受。MV中的时空通常是大跨度、大跳跃的交叉衔接，现在、过去、将来和回忆、想象、梦幻等所有时空状态在这里都是呈点状出现、点状辐射的，构成一种独特的叙述方式。多时空混合编排，将音乐的情绪、情感渗透进不同的表意元素，富有感染力和视觉冲击力。

（3）虚实相生性

从叙述方式来看，MV十分讲究意境，追求虚实结合，画面与歌词内容有分有合，不断激发观众的联想，保持音乐艺术的独特魅力。另一方面，营造音画意境，离不开歌词的意境，但在表现方式上，画面写实与写意的结合可以摆脱单纯叙事的直白性，也可以避免单一写意的模糊。

3. MV创意的模式

MV的创意模式是多种多样的，从画面与音乐的关系出发，可以概括为以下几种：

（1）对应创意

早期的MV创作基本追求画面与音乐在内容上的一一对应。这种模式最大的优点是容易理解、通俗浅显、雅俗共赏。缺点是画面处于音乐的从属地位，容易成为音乐音画同步内容与音乐情绪的直接图解，从而削弱画面的表现力，缩小受众的联想与想象空间，最终使画面失去了独立的叙述能力。MV作品《健康歌》，利用公众人物卡通形象的动画造型设计，与饶有趣味的喜剧性叙事因素完美结合，弥补了对应创意的局限性，实现了视听的张力结合。甘萍演唱的《三个和尚》，是将虚拟和现实两个通常不易兼容的空间重叠到了一起，亦虚亦实，亦真亦幻，形成一个“人偶同台”的奇异表现效果。

随着对 MV 创作思想理解的深入，创作者已经不满足于这种画面与词曲的机械图解，而是从词曲所传达的情绪、气氛、节奏上下工夫，寻求与之相适应的画面组合，从整体上达到形神兼备、情景交融。《白色恋歌》（S. H. E）在画面与歌词内容之间，寻找感觉上的一致，用白色的基调衬托出纯洁的意境。白色的衣服和雪花写意性地勾勒出少女初恋时的懵懂。在摆脱画面对音乐理解的束缚的同时，保留了形象明确、简单易懂的特点，而且有较大的联想空间，意蕴悠远。

（2）平行创意

平行创意是指音乐内容与画面内容各自独立发展，并遵循其内在的逻辑联系共同表达一个主题，达到观念、思想与情绪上的融合。音乐从与画面的同步之中彻底解放了出来，多角度、多侧面、多层次地表现歌曲丰富的情绪内涵。例如：齐秦的《一无所有》就是采用平行创意进行艺术创作的，它没有独立的故事情节，也没有因果关系的逻辑结构，只是通过画面的有机组合构成可以隐隐把握的线索，歌词与画面看似游离，但观众在欣赏音画时，会感到音乐与画面结合得是如此完美。

（3）组合创意

组合创意是指画面和音乐既对立又和谐，形成一种有机的联系，或积累某种情绪，或象征某种意义，或对比某种思想。即使音乐与画面在内容、情绪、风格和结构上的对比，对比也不是目的，而是一种共同表意的手段。例如：窦唯的《高级动物》在歌手演唱空间贯穿的基础上，运用两组具有隐喻功能的视觉符号进行对比，由各种年龄、不同身份的中国人群像和一系列人体各部位的特写镜头代表自诩为“高级动物”的人类群体，由各种鳞翅目和鞘翅目昆虫标本代表向人类进行客观审视和拷问的“低级动物”群体，摄像机镜头代表“低级动物”的主观视角在仿佛是“低级动物”口吻的歌词下，对人类进行辛辣的揭露和讥讽。又如，迈克尔·杰克逊的《治愈这世界》（*Heal The World*），这部作品以反对战争、歌颂和平为主题，歌曲的温柔述说与画面残酷的现实形成强烈的反差，这种音画对立使作品充满着撼人心魄的力量，使欣赏者不得不陷入严肃而沉重的理性思考，强烈的对立冲突又促使这些思考向最为本质的哲学方面延伸，从而使创作者的创作意图得以充分实现。

事实上，任何一种创意方式都不是孤立的，在实际的 MV 创作中，各种创意模式常常不可分割，或者以某种模式为主，或者彼此交融。但有一点却是明确的，那就是，创意是变化无穷、不断推陈出新的。

2.3.3　专题片创意

专题片是运用现在时或过去时的纪实，对社会生活的某一领域或某一方面，给予集中的、深入的报道，内容较为专一，形式多样，允许采用多种艺术手段表现社会生活，允许创作者直接阐明观点的纪实性影片，它是介乎新闻和电视艺术之间的一种电视文化形态，既要有新闻的真实性，又要具备艺术的审美性。专题片的分类从风格上分为纪实性专题片、写意性专题片和写意与写实综合的专题片；从内容上分为城市形象专题片、企业形象专题片和产品形象专题片；从文体上分为新闻性专题片、纪实性专题片、科普性专题片和

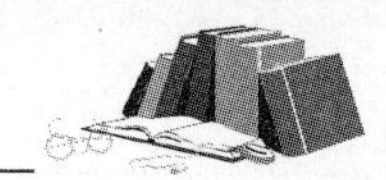

广告性专题片。

1. 专题片的创意程序

（1）选题背景调查

选题背景调查是对选题进行全面的调查和了解，需要收集大量相关信息的资料，必要时要做一些科学性的调查，对其思想深度、表达方式、投入成本和回报以及传播效果有一个心理预期。

选题背景调查是成功的创意必做的功课，对选题背景资料掌握的程度直接关系到下一步策划的视野和水平。

（2）目标观众定位

目标观众定位是确定专题片的受众指向，即专题片做给谁看，明确这一点对于整个专题片的功能指向具有重要意义。

专题片的受众不同，收视习惯、思想审美、关心话题和接受能力必然不同，策划案中由此确定的专题片内容、传播方式、编排节奏甚至播出时间、专题片包装等都截然不同。

（3）主题定位

主题定位是确定专题片的主题内容，也是策划的指导思想。只有主题定位准确，才能保证策划的顺利进行，因为后面所有的策划工作都要围绕着这个主题来进行，专题片的宗旨是什么，专题片要表达一个什么主题，要告诉观众什么，创作者必须要有清晰的认识，以保证策划有一个明确的思路。

（4）样式和风格

样式和风格定位是确定专题片的表达方式，是策划的艺术创新部分，要求策划人在遵循电视艺术规律的基础上集思广益、大胆创新，寻找到最能烘托主题的表现方式，彰显节目个性，打造精品节目。

（5）宣传推广的定位

专题片既是精神产品，也是文化产品，具有社会效益和经济效益的双重属性。为了实现其双重属性的最大化，争取高收视、高回报，要针对专题片的商业卖点进行宣传创意。但要避免急功近利，要在保证社会效益的前提下进行经济效益的操作，要有长远考虑，要与专题片的品质相匹配。

2. 专题片创意的关键点

（1）占领高度

无论题材大小，创意的关键之一是能否挖掘出有时代意义的思想和人性的光辉，关键之二是要找到与主题表达最契合的表达方式，内容和形式的完美结合是创作精品佳作的必备条件。

要想在同一类题材里突现个性，就必须在思想内容上和电视语言的掌握上占领高度，同时在题材的知识储备上占领高度，并对业内创作情况了如指掌，这才能保证策划的高起点。

（2）选择角度

所谓角度，是创意者站在什么位置、选择什么方向去观察和反映社会生活。同一个主题有着多种创作角度，有了明确的专题片主题定位和风格定位，那么以什么样的角度去挖掘主题、展现主题是策划的难点也是关键点。

对一个思想内涵深刻的主题，以什么为平台叙述，怎么说才能让观众想看并且能看下去，很大程度上取决于这个角度。

（3）最佳切入

要找到最佳切入点，需要大量的案头工作和前期采访，只有对主题有了深刻的理解，对主题背景有了宏观的把握，对表现主题有了细致、入微的了解，才可能找到这个点的最佳设计，以便由点及面展开篇幅，进入到片中的叙述系统。

（4）把握细节

细节是表现人物、时间、社会环节和自然景物的最小单位，典型的细节能以少胜多，以小见大，起到画龙点睛的作用，从而给观众留下深刻的印象。

成功的创意策划要给细节提供契机和空间，要让编导在采访中把握住细节，尤其是关键性的细节。

（5）视觉创新

视觉艺术、画面思维是专题片创作者应有的基本思维方式。在创意策划专题片的主题定位和风格定位的同时，不要忽略了视觉定位，即专题片的艺术性和观赏性，任何视觉传播都必须以接受者的注意力为前提，视觉创新会提升专题片的艺术水平，让专题片看起来更新颖、更精致、更好看。

2.3.4 剧情类作品的创意

剧情是指故事的情节发展。剧情类作品，顾名思义，即主要以叙述故事为主的影视作品，剧情类作品首先是“剧”——叙述故事。因为我们常常如体验小说叙事似的经历我们的梦，并以故事的方式回忆和复述它们。或许，叙事是人类弄懂世界的一个基本途径。因此，剧情类影片的创作往往是影视学院的学生或 DV 爱好者最先尝试的影视制作领域之一，无论是电影或电视剧，用镜头语言讲故事都是其基本的特质。然而，用镜头语言表达一个故事并不如用话语讲述一般容易。耳闻不如一见，如何使看见的内容精彩动人，正是影视剧创作不断探求的真理。

剧情类作品的创意实际上贯穿于整个作品的所有制作环节，甚至包括最后的发行放映，包括剧本创意、结构创意、拍摄手法的创意、剪辑创意等。我们在这里主要讨论前期创意。在前期创意过程中，要重点解决主题的确立和叙事结构的安排这两点。

（1）确立主题

确立主题是要明确创作目标和方向，最棘手的就是主题的“选择”问题，就如对同一事件的新闻报道，因为各个电视台确立的新闻主题不同，报道出来的问题可能完全不一样。对素材的选择、事件的描述、人物关系的结构都围绕着自身的主题展开。怎样确立主题是我们首先要面临的问题。

对于自创类故事，对主题的确立就有两方面：一方面是导演要确认自己能够诠释的主题。对于大多数人来说，并没有戏剧性的人生经历，个人的人生经验都来源于自己的生活。每个人的生活方式都有其“特有的标志”，这个标志往往是由生活中深深打动我们的因素凝结而成的，可能是种族或阶级的划分、童年被嘲笑的缺点、家庭原因等，这些潜移默化地决定了一个人过什么样的生活及追求什么，对我们创造自己的命运起主要作用。回忆这些成长经历或在别人身上看见相似的生活方式，将唤起强烈的、有偏袒的感情。仔细探究这些经验，往往会深深地触动自己内心，这也将是打动观众的核心。从中国新生代导

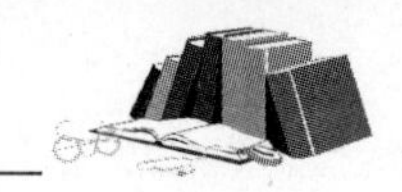

演身上，我们就可以学到这样的创作经验。新生代导演是在几十年来中国文化最为开放和多元的背景下接受教育的，同时也是在中国电影面对最复杂的诱惑和压力的境遇中拍摄电影的。这样的成长经历带来的是他们对成长的渴望和对社会的焦虑——这种困惑也正是处于社会多元化时期的我们所共有的，像贾樟柯的《小武》《三峡好人》，章名的《巫山云雨》，张扬的《洗澡》等都突出地表现出这个时代中个人在社会洪流下的无奈和无可把握，通过对普通人的日常人生、喜怒哀乐和生老病死的原生态的刻画引起观众的共鸣，将导演个人对生活的关注和对社会的人道责任感贯穿其中。

另一方面，确认自己主题后并不是生搬硬套地在框架中填满素材，而是灵活地通过情节设置、人物表演等树立起形象。因为人与物所产生的联想所具有的意义和感染力来源于真实生动的场景，所以艺术家总是要指导如何控制手臂进行运动，甚至如何用脚把头脑中的形象真实地呈现在画布上。

(2) 叙事结构的安排

戏剧式结构又称为传统结构，是影视剧作一开始就广泛采用的基本结构样式。以一个主要冲突的迅速发生、发展和解决来完成作品的建构，包括开端、发展、高潮和结局四要素。好莱坞的影片大多采用这样的结构，《罗马假日》《乱世佳人》《魂断蓝桥》等都是经典的剧情片。

小说式结构的基本特点是用场面的积累来构架事件。与戏剧式结构明显不同的是，小说式结构以描写人物情感的细致变化为目的，着眼于场面的积累而不是紧张的戏剧冲突。通过对人物的感情描写、细节和场景的积累，把人物和事件表现得更加感人、亲切，逐步将剧情推向高潮。代表作有《芙蓉镇》《花样年华》等。

散文式结构吸取了文学的散文样式“形散而神不散”。散文式结构强调纪实性，要求以纪实的手法表现生活；强调情感的真实性，要求真情流露。它没有激烈的矛盾冲突，在事件安排上按照生活本身的自然顺序，很少有时空的交错。代表作品有《凤凰琴》《城南旧事》等。

心理式结构以人物内心活动为线索来构建人物关系和组织情节。其主要特点是表现人物的内心世界，剖析人物的内在感情，刻画人物的心理活动。代表作有《小花》《沉默的羔羊》等。

思考题

1. 如何理解创意的概念？
2. 数字视频创意的一般过程包括哪些环节？
3. 结合实例阐述创意运作的一般流程。
4. 简述几种主要类型的数字视频作品的创意要点。

实践建议

1. 观摩各种类型的经典数字视频作品，体会其创意要点。
2. 分别从广告和MV两个角度分析MV广告作品《康美之恋》。

第 3 章

稿本创作

数字视频制作的前期创作中涉及多项工作，从创意、立意、选材到撰写文案，诉诸文字形成未来数字视频作品的内容框架、拍摄方法和结构技巧等。在这一系列工作中，精彩的创意、构思以及节目形象的设计最后都要落到以文字为主体的稿本上，以此为拍摄和后期制作提供工作蓝图。稿本创作包括作品核心思想的确立、设计方案及摄制计划的拟订等。可以说，数字视频作品的稿本是前期创作的结晶，同时也是后期制作的依据和蓝图，它对最终作品的制作质量和传播效果具有举足轻重的作用。本章主要介绍稿本的主要形式及分镜头稿本创作的过程、方法和所应用的软件，并就影视创作的重要基础——蒙太奇思维作简要的阐述。

学习目标

1. 熟悉文字稿本的写作格式与创作要点。
2. 结合实例阐释镜头的内涵、类别与作用。
3. 掌握分镜头稿本的格式及创作要点。
4. 了解分镜头画面稿本的创作及相应软件的使用方法步骤。
5. 掌握蒙太奇的含义、形式及其作用。
6. 结合数字视频作品制作实例，阐述蒙太奇的表现形式。

3.1 稿本的类型与作用

在数字视频作品制作开始之前，一般都会形成具体的文字材料提交给摄像主体以及其他主创人员。这种为数字视频的摄制提供基本依据的文字材料，就是稿本。

稿本也称为台本，是指在数字视频作品摄制时需要遵循的，以书面文字形式体现作品各种要求，并对摄制工作进行具体规定的文本。从创作的理论角度来看，稿本是对节目演进过程进行的预先安排和统筹，是对节目创作进行纲要性归纳的文本。

按照稿本内容侧重点的不同来划分，稿本一般分为节目策划稿本、台词稿本、文字稿本和分镜头稿本等。我们在这里重点介绍文字稿本和分镜头稿本。

3.2 文字稿本的创作

3.2.1 文字稿本的格式

文字稿本是数字视频作品的雏形,也称作文学稿本。文字稿本一般有专门的编剧负责改写,它不同于一般的文学作品,但也区别于分镜头稿本,文字稿本要求内容具有较强的可视性。

1. 文字稿本的格式

(1) 提纲式

这种文字稿本一般用于以记录为主的作品中。严格地说，这不算是文字稿本，只能说是一个拍摄提纲。它主要是详细的拍摄计划，包括具体的拍摄对象、拍摄场景、采访话题、线索的安排以及结构的设计等。

(2) 声画式

这种格式的稿本适用于类似专题片的数字视频作品。它的编写包括详细的画面和解说词两部分，一般来说，画面与解说词分开左右两边写，相应一组画面有对应的解说词。

表 3-1　声画式文字稿本

画面	解说词
一个气垫的侧面，中心是拉链入口，一个女工走过来，蹲下去，拉开拉链，钻进去了。	有一家新建的工厂，这个工厂想了一个使工人精力充沛的新方法。

3.2.2 文字稿本实例

《鱼洗之谜》文字稿本节选：

画面	解说词
（片名）鱼洗之谜 向鱼洗内注入水 示范者入画…… 鱼洗喷水 （字幕）结构	鱼洗是古人祭祀天地用的一种盛器，但是谁能料到这酷似洗脸盆的鱼洗，竟然还有如此惊人的魔力呢！ 伴随着古铜盆的悦耳声，水流似珠光四溅，俨如泉涌，盆底的四尾游鱼着魔似的跃然欲活，赞叹之余，给了您多少知识、智慧和启迪呢？
转动着的鱼洗，停转，慢慢推成特写：鱼洗底部四尾游鱼，进而推成一尾游鱼。	用铜铸造而成的薄壁器皿鱼洗，其盆廓两边没有提携用的对称耳环。底部镌刻着形象逼真的四条鱼纹，鳞尾早肖，口沟清晰，栩栩如生。
一只耳环，示范者的手放到耳环上，并接触摩擦，盆内之水飞溅。	对称的耳环又称为“两弦”，自有更为变化莫测的奥秘隐藏其中。
水珠飞溅，达到 30cm（高于盆口面）	听，用手摩擦两耳时，鱼洗犹如拉弦琴弦，悦耳动听，同时水起波澜，犹如泉涌，蔚为奇观。

3.3　镜头的作用与类别

3.3.1　镜头的类别

1. 镜头的类别

● 根据视觉距离的不同，有不同景别的镜头：远景、全景、中景、近景和特写等。

● 根据拍摄角度的不同，有平拍、仰拍、俯拍和倾斜的镜头。

● 根据拍摄方位的不同，有正面、侧面和背面的镜头。

● 根据镜头焦距的不同，有标准镜头、长焦距镜头和短焦距镜头。

● 根据摄像机镜头运动方式的不同，有推镜头、拉镜头、摇镜头、移镜头、跟镜头和升降镜头等。

● 根据镜头时间长短的不同，有长镜头和短镜头。

● 根据表现方法的不同，有主观镜头和客观镜头。

● 还有只拍自然景物的“空镜头”。

2. 景别的区分与作用

景别是画面中表现出来的视域范围。不同的视域镜头，形成不同的景别。景别的划分可以根据主体在画框内的大小划分，也可以根据成年人的身体来划分。通常情况下采用第二种方法，如图 3-1 所示。

(1) 远景镜头可以细分为大远景和远景两种镜头形式

大远景镜头特指那些被摄主体与画面高度之比约为 1∶4 的构图形式，它主要有提供空间背景、暗示空间环境与主体间的关系以及写景抒情、营造特定气氛等作用。

远景镜头则特指那些被摄主体与画面高度之比约为 1∶2 的构图形式，它相对突出的是具体性、叙事性等实在功能。

(2) 全景镜头同样可以细分为大全景和全景两种

大全景镜头中人物主体约占画面的四分之三的高度，全景镜头中人物与画面的高度比例几乎相等。

大全景里人物与景物平分秋色。景物主要是为人物动作提供具体可及的活动空间，而人物的举动占镜头的中心地位，而且表现更为具体、清晰；全景里人物是画面的绝对中心，而有限的环境空间则完全是一种造型的必要背景和补充。而且，全景镜头着意展示人物完整的形象、人物形体动作及动作范围空间。

(3) 中景取景范围比全景小，表现人物膝部以上的活动

它使用较多，因为它不远不近位置适中，非常适合观众的视觉距离，使观众既能看到环境，又能看到人的活动和人物之间的交流。

(4) 近景取景范围是由人物头部至胸部之间

近景主要用于介绍人物，展示人物面部表情的变化，用来突出表现人物的情绪和幅度不太大的动作。

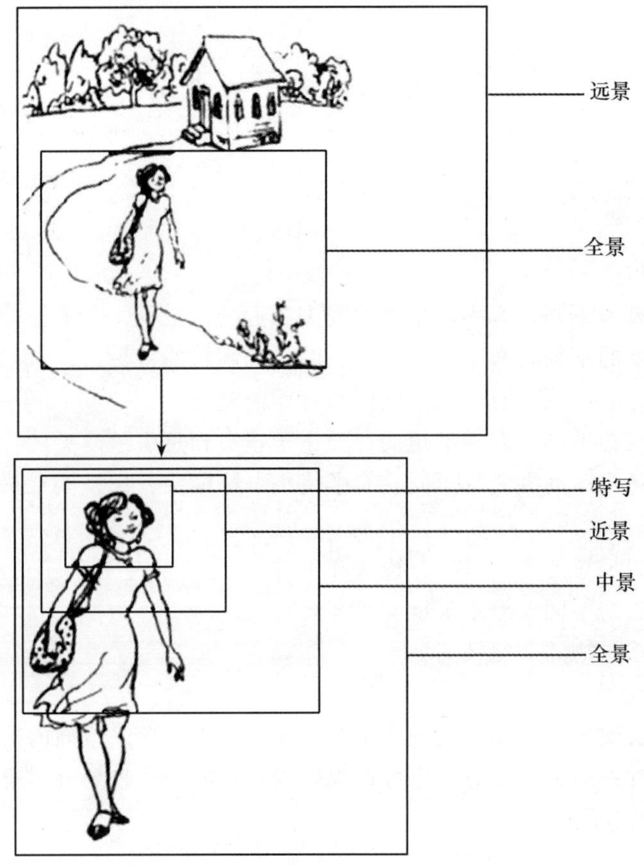

图 3-1　根据成年人的身体来划分景别

(5) 特写镜头也分为特写和大特写两种

从画面结构形态看，特写的取景范围由肩至头部，主要用来突出刻画被摄的对象，观众能清楚地看到人物由肌肉颤动和眼神变化而表露出来的感情。这种表情比语言更富于表现力，更能感染观众。大特写则完全是人物或景物的某一局部或编辑部的画面，在视觉上更具强制性、造型性，产生的表现力和冲击力也更强。

3. 运动镜头

(1) 推镜头

推镜头是指被摄主体位置不动，摄像机机位或镜头焦距逐渐推近被摄主体，焦点也随之改变的镜头运动。

推镜头可以有效突出主体和重点形象，突出细节，起到强调作用，引导观众的视线进行观察，是一种主观性较强的镜头。

(2) 拉镜头

拉镜头是指摄像机位置远离被摄主体或通过焦距变化将镜头从被摄主体拉开的运动，表现人物即将开始的行动以及人物之间、人物与环境之间的关系。

拉镜头主要表现主体与环境的关系，有利于调动观众的兴趣和想象，制造悬念和增加戏剧性效果，有利于产生余韵，形成情感氛围，经常作为结论性的结尾，是转场的契机。

(3) 摇镜头

摇镜头是指机身不动，镜头光轴线作水平或垂直方向的运动。

摇镜头是一种主观性较强的镜头，接近人们日常生活中转头观察环境，介绍环境、跟踪人物以及表现各被摄主体之间的关系，有利于展示空间，扩大视野，在小景别中增加信息量，同时有利于表现主体运动。

(4) 移镜头

移镜头是指随着摄像机机位的横向水平移动而变化的镜头运动。

移镜头符合人们日常生活中边走边看的感受，有利于展现大场面、大纵深、多层次的复杂场景。

(5) 甩镜头

甩镜头是指一种快速的摇镜头。甩镜头有利于造成强烈的动势和紧张感，在转场的时候经常使用。

(6) 跟镜头

跟镜头是指摄像机始终跟随被摄主体进行运动的拍摄，在行动中表现被摄对象的运动、动作、表情。跟镜头在突出主体的同时，交代主体与环境的关系。从被摄主体背面跟拍，在纪实性拍摄中具有重要作用。

(7) 升降镜头

升降镜头是指摄像机从平摄慢慢升起形成高角度的俯拍，或者从高角度下降的运动。升降镜头带来画面视域的扩展或收缩，展现多层次、多角度的空间，常用来表现场景的宏大气魄，有助于增添戏剧效果和气氛渲染、环境介绍。

3.3.2 镜头的作用

任何一部视频作品都是由具有不同艺术效果的镜头组合在一起的。一方面，不同景别代表着不同的画面结构方式，其大小、远近、长短的变化都会造成不同的造型效果和视觉节奏；另一方面，不同景别是对被摄对象不同目的的解析，会传达不同性质的信息。镜头的主要作用一般可以归纳为如下几种：

1. 分割作用

一些镜头可以把现实事件的过程进行分隔，并加以省略、扩张或分段。

2. 解析作用

对现实事件进行解析，如选择细部、强化细部等，可以使用特写镜头对其进行强化。

3. 对立作用

把形式内容截然不同的镜头连接在一起，能产生出新的效果，进而利用对比、比喻、暗示等各种关系，便可揭示形象之间的有机联系。

3.4 分镜头稿本创作

分镜头是指作品所要表现的内容分成的许多准备拍摄的镜头。这些镜头一般都分别注明镜头序号、镜头拍摄内容、镜头景别、镜头运行方式、镜头时间长短以及镜头相对应的配音内容等。

3.4.1 分镜头稿本的性质与作用

分镜头稿本是指根据作品创意构思拟定的，针对镜头拍摄作出内容分解和具体表述，提出各项要求和规定的稿本。它的内容包括：

- 将文字稿本的画面内容加工成一个个具体形象的、可供拍摄的画面镜头。
- 排列组成镜头组，并说明组接的技巧。
- 相应镜头组或段落的音乐与音响效果。

依据文字稿本加工成分镜头稿本，不是对文字稿本的图解和翻译，而是在文字稿本基础上进行画面语言的再创造。虽然分镜头稿本也是用文字书写的，但它已可以在脑海里“放映”出来，获得了某种程度可见的效果。

分镜头稿本的意义可归纳如下：

- 用可见的造型形象、造型流思考和完成影视片的全部构思。
- 明确树立影视片在内容上的整体观念，追求内容与形式的统一。
- 确立影视片内容本身与风格样式的认识价值和审美价值。
- 发挥摄录技艺对表现内容与形式的特殊功能。

分镜头稿本的作用，就好比建筑大厦的蓝图，是为产品的摄制提供依据，全体摄制人员根据分镜头稿本，分工合作，协调进行摄、录、制的各项工作。

3.4.2 分镜头稿本格式

分镜头稿本一般按照如表 3-2 所示的表格形式书写。

表 3-2　分镜头稿本格式

镜号	机号	景别	技巧	时间	画面（解说）	音响	音乐	备注

1. 镜号

镜号即镜头顺序号，按组成节目的镜头先后顺序，用数字标出。拍摄时不必按这一顺序拍摄，而编辑时必须按这一顺序进行编辑。

2. 机号

机号主要用于现场多机同时拍摄的场合，机号代表镜头由哪一号摄像机拍摄。现场录制导演可根据此处的机号在特技机上进行现场编辑和切换。若是采用单机拍摄和后期编辑的方式，则机号就没有意义了。

3. 景别

景别有远景、全景、中景、近景、特写等，它代表在不同距离观看被拍摄的对象。

4. 技巧

技巧包括镜头的运动技巧，如推、拉、摇、移、跟等，以及镜头之间的组接技巧，如切换、淡入/淡出、叠化、圈入/圈出等。

5. 时间

时间是指镜头画面的时间，表示该镜头的长短，一般以秒标明。

6. 画面（解说）

画面（解说）用文字阐述所拍摄的具体画面。为了阐述方便，推、拉、摇、移、跟等拍摄技巧也在这一栏中与具体画面结合在一起加以说明。

7. 音响效果

音响效果是在相应的镜头标明使用音响的效果。

8. 音乐

注明音乐的内容及起止位置。

9. 备注

备注是方便导演作记事用，导演有时把拍摄外景地点和一些特别要求写在此栏。

当然，并非每个分镜头稿本都有完整的要素栏。在一些分镜头稿本中，有些要素栏经常被省略。只有序数栏和内容栏，才是任何分镜头稿本里必不可少的要素栏。

3.4.3 分镜头稿本范例

在各种体裁的作品中，其分镜头稿本有着不同的侧重，其要素栏的设立也不尽相同。以下是一些分镜头稿本的常见样例：

1. 专题片的分镜头稿本

专题片的分镜头稿本基本要素栏一般有序号栏、画面内容栏、音效栏、拍摄技法栏以及备注栏等。专题片的要素栏比较少，是因为专题片拍摄的机动性较大，随机应变的情况很多，一些要素栏的内容不宜作出限定。

在专题片的分镜头稿本中，序号栏里标明的未必就是单个镜头的序号，在更多的情况下，专题片的分镜头稿本中序号栏里的数字往往是一个段落一组镜头的序号。同样，专题片画面内容栏里的内容也并非就是一个镜头的画面内容，往往是一个段落的画面内容。之所以这样，是因为专题片的镜头拍摄虽然可以拟定内容，却未必能够完全按照要求拍到所有拟定的镜头。在实际拍摄中，一些镜头拍不到，只能以其他能够拍到的镜头替代。这种镜头数量的不确定性以及实际拍摄后镜头替换、替代的普遍性，导致专题片序号栏和画面内容栏都以段落为单位，这样有利于摄像主体根据实际拍摄情况，以段落为单位，调整镜头的数量、长短以解决问题。

例如，专题片《长江三角洲》的分镜头稿本开头部分是这样的：

序号	拍摄方法	画面内容	解说	音效	备注
01	航摄	坦荡的平原，绿色的田野，河湖交错，密如蛛网。村镇广布，宛若繁星。画面为衬景，叠出片名：《长江三角洲》。	长江三角洲是我国美丽富饶的地方，也是世界上人口密度较大的地区。	舒缓的音乐衬底。	

在这个分镜头稿本中，画面内容栏里的“坦荡的平原，绿色的田野，河湖交错，密如蛛网。村镇广布，宛若繁星。”一般很难用一个镜头全面表现到位，因此，这是一个段落的内容。

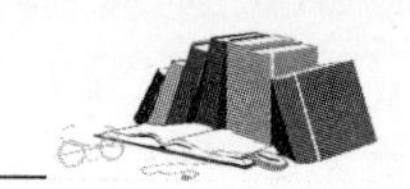

如果在具体航拍的时候无法拍到足够的、理想的画面效果，也可以去资料库里找一些以往航拍的老镜头，与新拍的镜头混合编辑在一起使用。

在这个分镜头稿本中，备注栏实际上就是“拍摄情况”栏，在备注栏里，摄像主体（或场记人员）将记下实际拍摄的具体情况。记录内容包括拍摄的镜头数量和画面效果，还包括拍摄的镜头处于哪盘录像带的什么位置，包括主创人员讨论的如何弥补拍摄不足的意见等。

2. MV/MTV的分镜头稿本

MV的分镜头稿本基本要素栏一般有序号栏、画面内容栏、歌词栏、长度栏、技巧景别栏以及拍摄情况栏等。

例如，《歌唱祖国》的分镜头稿本可以是下面这样的：

镜号	景别	技巧	画面（解说）	长度	歌词	备注
01	近景	切	飘扬的国旗	3″	五星红旗迎风飘扬	
02	近景	叠	歌手歌唱	3″		
03	近景	叠				
04	远景	切	巍峨的长城	4″	革命歌声多么响亮	
05	全景	叠	大阅兵队列	2″		
06	中景	叠	歌手歌唱	3″		

在这个MV的分镜头稿本中，不仅对画面内容作了比较详细的描述，对镜头之间的衔接技巧、镜头的景别以及大致的镜头时间长度，都作了明确的规定。空白的拍摄情况栏可以注明实际的拍摄情况和所拍镜头在录像带的具体位置。

在现代较规范的MV拍摄中，歌词栏里一般以一个或几个镜头对应一段歌词。一句歌词结束，一个镜头也就切换掉。当然，拍摄的画面创意能与歌词相符也是非常重要的。不过，把歌词内容进行画面的图解，并非较高的创意层次。好的拍摄创意，应该是对歌词进行表现上的补充或延伸，这并非摄像工作所能涵盖的，需要包括导演、主演、化妆、舞美、道具等各方面的共同努力。

MV的分镜头稿本内容栏的内容在许多时候都不是不可变化的，唯一不变的只是歌词。如果在拍摄现场发现激动人心的却是分镜头稿本内容栏里没有的画面，摄像尽可以放开手去拍。只要获得歌手的认同，摄像完全可以超越分镜头稿本去拍摄。这种自由性在剧情类作品或广告片的拍摄中，一般是不允许的。

3. 广告片的分镜头稿本

广告片的分镜头稿本基本要素栏一般有序号栏、画面内容栏、音效栏、镜头长度栏和技巧景别栏等。

在广告片的分镜头稿本中，每个分镜头的具体时间长度一般有着精确的规定。在一些超短的广告片的分镜头稿本中，分镜头的长度甚至精确到帧。

4. 剧情类作品的分镜头稿本

剧情类作品的分镜头稿本，是篇幅较长的一种分镜头稿本。在连续剧的分镜头稿本中，镜头数量甚至可以上万。

剧情类作品的分镜头稿本基本要素栏一般有序号栏、总号栏、技巧景别栏、画面内容及对白栏、音效栏、镜头长度栏等。

剧情类作品的分镜头稿本与电影分镜头稿本十分接近，以下以电影《原野》的分镜头稿本（片段）为例：

序号	总号	景别	内容及对白	音效	长度（秒）
01	282	近	金子坐在水边梳头。		4
02	283	近—特	虎子扒开树叶偷看。		3.5
03	284	近—特	金子侧脸后景是光斑，（推）簪子插在头上。		3.5
04	285	特	虎子注视着。		3
05	286	特	金子侧脸特写，背景是光斑。		4.5
06	287	近—全	虎子扔掉烟，走过去（跟摇），前景树叶滑过，虎子到水塘边在她面前停下。		10
07	288	近	金子抬起头向虎子一笑，羞涩地低头。		6
08	288	近—特	虎子出神地看着金子，觉得她像天仙。		3.5
09	300	特—特	虎子蹲下（入画），成二人特写，虎子拿出一支首饰晃了两下，（推）插到金子头上。		11
10	301	特—近	首饰由虚变实，（拉）金子向水中望去。		11
11	302	近	水中金子倒影，她看了一眼，取下首饰。		8
12	303	特	金子觉得自己完全变了，有些不自在地轻声骂："丑八怪，要是这样打扮，你就更不配了。"		10
13	304	特—近—特	一朵花由虚变实，金子（画外音）："给我。"（拉）虎子拿花逗金子，金子欲拿，虎子把手闪开，然后又慢慢把花插到金子头上，金子甜蜜地依偎在虎子胸前，（推）金子头上的花特写变虚。		27

在上述分镜头稿本中，镜头运行方式和人物对白都在"内容及对白"栏里，是随着对画面情节进程的描述而插入的。

在"技巧景别"栏里，用"特"来表示"特写镜头"；用"近"来表示"近景镜头"；用"中"来表示"中景镜头"；用"全"来表示"全景镜头"；用"远"来表示"特写镜头"；用"—"来表示景别变化的镜头不间断性。

3.5　分镜头稿本创作软件

在数字视频创作中，数字技术的应用不仅仅体现在后期制作中，同样也给前期创意设

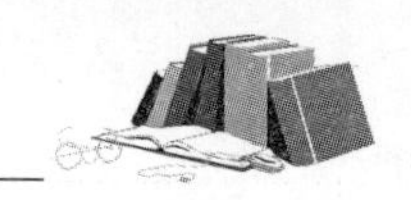

计工作带来了极大的便利。包括剧本的写作、制片预算计划和制作时间表的产生，都可以由计算机完成。剧本写作和文字处理程序有效地帮助创作人员形成和修改剧本。特别是剧本创作软件可以帮助作者规范格式，节约时间。

剧本创作软件种类比较多，如国内的完全中文版的编剧家软件，以及国外的 Final Draft、Script Thing、Movie Magic Screenwriter 等。这里我们主要介绍一下 Storyboard Quick 这个软件。这是一个容易使用的形象化预审视的专业电子工具，是专门用作快速、有效地设计制作连续的情节示意图（情节串联图板）的软件；更通俗地说，是一个制作画面分镜头稿本的电子工具。

导演、摄影师、美工师、剧作家、制片人可以使用这个软件很快地作出示意图和网上浏览示意图。制作示意图的目的就是便于在前期摄制就可以预见到未来影片中各个元素的情况，做到心中有数和具体的视觉方案的互相沟通。这将使他们在提高创造力、节约时间方面受益匪浅。我们以 Storyboard Quick4.0 版本为例介绍一下其使用的基本步骤：

1. 主画面视窗

图 3-2

启动软件后便会自动打开主画面视窗，在视窗画框内使用内装工具和预装人物、道具的内/外景图库，非常方便地制作你所需要的画面，如图 3-2 所示。

视窗画框的宽高比可以由你任选。缺省值设定为美国遮幅。在（画面菜单：屏幕宽高比）选择：电视 1∶1.33、欧洲遮幅 1∶1.66 、高清晰电视 1∶1.78（16×8）、美国遮幅 1∶1.85、宽银幕 1∶2.35。

每一个你放置在画框里的目标对象（包括输入的）可以随意调整大小、位置、裁切和分层处理。分层和压条法系统非常容易使用。构图和制作一个镜头画面非常快捷、方便。

2. 加入角色

图 3-3

单击任何一个人物图标就会出现自动打开的人物画格菜单，移动光标在头像图标，自动出现人物动作预览，非常方便地选定并加入角色，如图 3-3 所示。预制的图像的每一个人物都有不同的动作（站/走、坐、跑、跳和平躺）以及不同的旋转，可以立即使用。单击你所选定的画格，人物图像就自动放入画面视窗。

每一个人物预制的五个动作：站/走、坐、跑、跳、躺。每一个动作都可以进行如下的旋转：正面 1/4 右侧、右侧面、背面、左侧面、1/4 左侧。

3. 缩放功能

在工具栏里单击［＋］或［－］号图标，可以缩放模拟摄影机寻像器的视角效果进行推拉和缩放处理，如图 3-4 所示。人物所在位置和比例很容易处理。如果要调整个屏幕比例，处理过的画面中的目标就自动调整比例。可以复制画面，然后在下一个画面再继续调整大小进行新的处理。

4. 旋转功能

选定目标人物或物体，当单击旋转图标时，目标人物就会旋转，如图 3-5 所示。

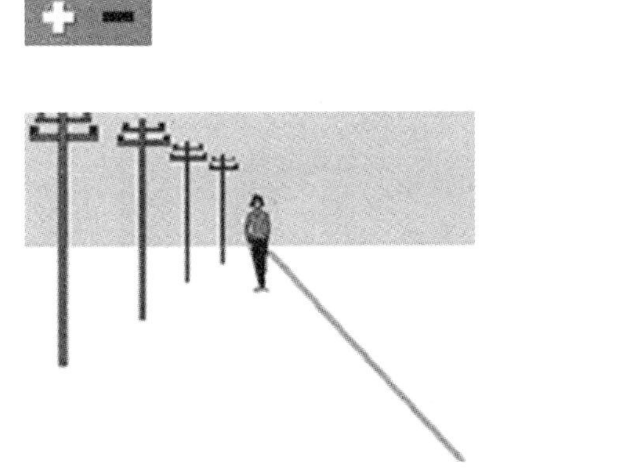

图　3-4

图　3-5

5. 加入背景

利用滚动选取画面，选定后单击预览窗口背景自动覆盖画面制作视窗，如图 3-6 所示。背景也是目标图像，可以改变大小和牵引/拖曳到任何位置。可以将采景时用数码相机拍摄下来的真正的外景拍摄场地，输入到相应的画框替换背景提示画面。

图 3-6　加入背景

6. 加入道具指示箭头

在道具选择栅格里，分类提供了几百个小道具以及指示箭头、摄影机移动提示符。我们支持 GIF 图像，所以你可以大量地使用网上的资源。道具图库里有树、马、汽车、电话、沙发、人群、飞机甚至河流等，还有编导提示摄影机运动的各种符号，如图 3-7 所示。

图　3-7

7. 显示摄影机运动

许多导演箭头指示和摄影机运动指示（推拉、移动、升降图标），不同的运动指示图标，将更加清楚地传达你的镜头想法，如图 3-8 所示。

8. 加上说明文字

可以用文字描述镜头画面：具体的对白、场面和摄影机运动的说明提示，如图 3-9 所示。

9. 制作新画面

在画面菜单里可以发现新的画面指令。只做完一个画面后，单击新的画面即可以再加入人物和道具制作新的画面了。

如果你的下一个镜头画面仅仅是上一镜头的外延，使用复制画面功能，这将节约你大量时间，原有的目标都在画面里，只需要重新变动它们的位置即可。

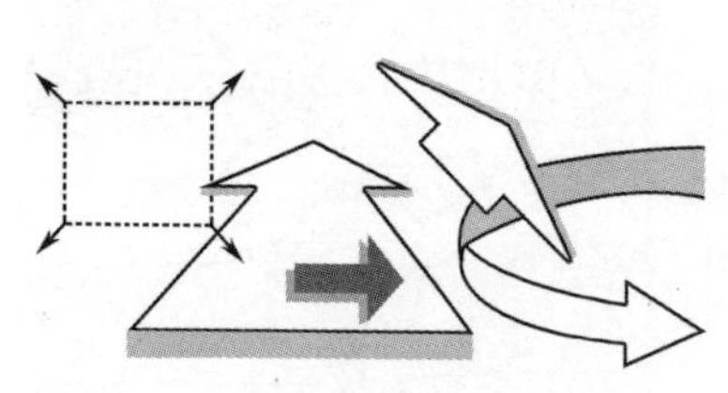

图 3-8

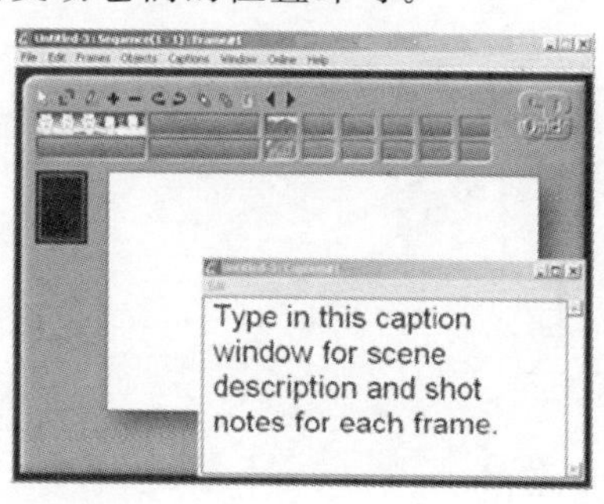

图 3-9

图 3-10

10. 任意改变顺序

制作完成的每个画面都自动按顺序排列，但是可以在总浏览画面窗口里使用拖曳功能任意将画面拖到你满意的新位置，文字将自动跟随画面，如图 3-10 所示。

11. 输入剧本

可以输入编剧软件或文字处理软件的 TXT 或 FCF 版本文件。

选择识别剧本的分析功能，更加方便地组织剧本的输入，如每一个场景分为一个画面单元等。支持所有编剧软件和微软 Word，如图 3-11 所示。

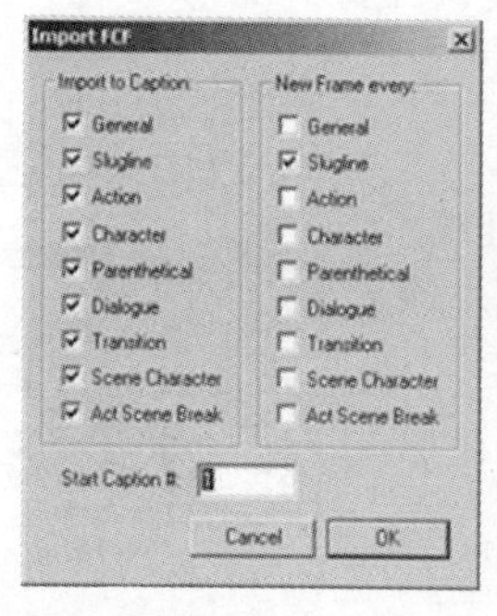

图 3-11

12. 选择打印版式

当完成了全部或部分的情节示意图想要打印时，单击打印可以选择打印方式和版式。

在下拉菜单里有多种版式（垂直的或横的）供你迅速选择，以便适合你的需要：你可以一页一个画面到一页二十五个画面；你可以选择带文字，或不带文字，或单纯文字；你可以将文字放在下面或右面。

3.6　蒙太奇思维

镜头是构成影视节目的最基本单位，它记录的是客观事物某个局部的运动形象，具有一定的分散性、独立性，如果把它们随意组织在一起，则不能表达任何意义，所以必须按照一定的思维规律组织起来，才能完成交代问题的任务。这种镜头组织的语法就是蒙太奇。

3.6.1　蒙太奇的含义

蒙太奇（montage）原为建筑学上的术语，意为“组合”“构成”“装配”，引申到影视中意为“剪辑”“组合”。蒙太奇的效果，简而言之即中国文字中的“会意”，可以靠剪辑将不同地方的人景物事前后排序，让你以为彼此有关联。

蒙太奇不仅是镜头之间的组接技巧和排列，也是整个节目的场面和段落的结构法，蒙太奇是一个完整的概念，其内涵包括两层意义：

第一层，蒙太奇是影视创作中的基本结构手段、叙述方式和镜头组合技巧的总称。它既指影片的总体结构安排（包括时空结构、段落布局和叙述方式等），也指镜头的分切组合、镜头的运用和声画组合等技巧。

第二层，作为一种影视创作思维方式，蒙太奇是指电影、电视所具有的时空高度自由的形象化思维方式，是创作者从高层次把握创作风格和运用创作技巧的出发点，是影视艺术构成形式和方法的总和。

蒙太奇的内涵和形式是在探索中不断丰富和发展的。随着技术的进步和观念的更新，人们对蒙太奇的理解和解释也在不断变化，如数字合成技术在影视制作中的应用就催生出了“像素蒙太奇”这一新概念，但蒙太奇作为画面组接的基础技巧和影视创作的基础因素，仍被人们所公认。

3.6.2　蒙太奇产生的依据

1. 蒙太奇的画面视觉基础

(1) 影视画面具有直观性、直接性

画面给人以强烈的现实感、真实感和亲近性。但是，单一的镜头画面只适于展现具体的人和物，而不适于表达抽象的概念。

(2) 画面意义的延伸

画面并非只有一种意义，经过人的思考，会引申出比直接的形象含义更为丰富的意义。蒙太奇会使画面的含义更加丰富。

(3) 画面解释的随机性

尽管一幅画面拥有形象上的准确性，但解释上却有着极大的灵活性、随机性。需要通

过画面与画面之间的组合搭配以及解说词、声音的综合使用消除歧义。

(4) 画面造型的审美性

影视画面造型的构成因素丰富，它既纳入了传统平面绘画或摄影所具有的构图、色彩、影调等造型因素，同时又包括了运动、景别、节奏、剪辑以及声音等。丰富的画面造型手段为画面表意提供了更广阔的空间，它们是作品传达情感与理念，树立个性风格的重要元素。影视画面除了具有叙事功能之外，还具有造型的表意功能。叙事与造型结合才能创造出立体的影像世界。

2. 蒙太奇的心理基础

画面是蒙太奇实现的物质基础，然而，单一画面或者单一镜头都是难以独立承担叙事表意任务的，因为意义的产生需要通过上下文关系由若干镜头组成镜头段落来实现。

观众一般不会把几个形象割裂来理解，观众会努力寻找上、下形象之间的联系。在这一过程中，形象设计、镜头选择（包括造型安排）以及连接顺序都是以调动观众特定的心理感受和视觉连贯效果为前提的。视觉的连贯使不同的镜头间看起来像一个整体，这是影视镜头重构制造真实生活幻象的奥秘。这种视听的连贯运动是心理感受的外化表现。由此可以说，蒙太奇的心理基础是观众的视听感受。

蒙太奇能够被观众所理解，关键在于它符合人们的心理感受和事物之间的逻辑关系。在蒙太奇的镜头连接中，每一个镜头都在为下一个镜头做准备，前一个镜头所呼唤或缺少的内容，会在后续镜头里得到答案，观众的疑问或注意也是在后续镜头中得到解决或证实。在蒙太奇中，每一个镜头都是不完整的单元，需要在某种关联下互为作用，这样才能在视觉上和心理上形成一个整体。

3.6.3 蒙太奇的作用

蒙太奇的作用主要有：

● 通过镜头、场面、段落的分切和组接，对素材进行选择和取舍，以使表现内容主次分明，达到高度的概括和集中。

● 引导观众的注意力，激发观众的联想。每个镜头虽然只表现一定的内容，但按一定顺序组接的镜头能够规范或引导观众的情绪和心理，启迪观众思考。

● 创造独特的影视时间和空间。在影视节目中，可以说每个镜头都是对现实时空的记录，经过剪辑，又可以实现对时空的再造，形成独特的属于该影视内容的时空。

3.6.4 蒙太奇的表现形式

在影视艺术发展的历史长河中，人们总结出了蒙太奇艺术的两大类别，这就是画面蒙太奇和声音蒙太奇。其中，画面蒙太奇根据内容的叙事方式和表现形式，可以分为叙事蒙太奇和表现蒙太奇。

1. 叙事蒙太奇

这种蒙太奇由美国电影大师格里菲斯等人首创，是影视片中最常用的一种叙事方法，它的特征是以交代情节、展示事件为主旨，按照情节发展的时间流程、因果关系来分切组合镜头、场面和段落，从而引导观众理解剧情。这种蒙太奇组接脉络清楚、逻辑连贯、明白易懂。叙事蒙太奇包括平行蒙太奇、交叉蒙太奇、重复蒙太奇、颠倒蒙太奇和连续蒙太奇。

(1) 平行蒙太奇

平行蒙太奇类似“花开两朵，各表一枝”的手法，以不同时空（或同时异地）发生的两条或两条以上的情节线并列表现、分头叙述而统一在一个完整的结构之中。这种手法是几条线索平列表现，相互烘托，形成对比，节省时间和篇幅，加快节奏，渲染气氛，形成对比、呼应，有利于情节展开，增加信息容量，易于产生强烈的艺术感染效果。例如：美国电影《指环王》里，阿拉贡一行帮助人类王国抵抗魔军与小矮人去魔都毁坏魔戒两条线索同时进行，相互照应。人类王国被袭加速了故事的进程，同时也说明了小矮人任务的重要性。

(2) 交叉蒙太奇

交叉蒙太奇又称为交替蒙太奇，将同一时间不同地域发生的两条或数条情节线索迅速而频繁地交替剪接在一起，其中一条线索的发展往往影响另外的线索，各条线索相互依存，最后汇合在一起。

这种剪辑技巧极易引起悬念，造成紧张、激烈的气氛，加强矛盾冲突的尖锐性，是掌握观众情绪的有力手法，惊险片、恐怖片和战争片常用此法制造追逐和惊险的场面。

(3) 重复蒙太奇

重复蒙太奇相当于文学中的复述方式或重复手法，在这种蒙太奇结构中，具有一定寓意的镜头在关键时刻反复出现，以达到刻画人物、深化主题的目的。例如：《战舰波将金号》中的夹鼻眼镜和那面象征革命的红旗，都曾在影片中重复出现，使影片结构更为完整。

(4) 颠倒蒙太奇

颠倒蒙太奇先出现结果后出现原因，类似于倒叙和插叙的手法。例如：日本电影《罗生门》就是通过罗生门躲雨的三个人（一个小偷、一个和尚、一个强盗）亲身经历的讲述，抨击了人与人之间那种赤裸裸的、自私自利的关系，映射出当时日本社会关系的沦丧。

(5) 连续蒙太奇

连续蒙太奇不像平行蒙太奇或交叉蒙太奇那样多线索地发展，而是沿着一条单一的情节线索，按照事件的逻辑顺序，有节奏地连续叙事。

这种叙事自然流畅、朴实平顺，但由于缺乏时空与场面的变换，无法直接展示同时发生的情节，难于突出各条情节线之间的对列关系，不利于概括，易有拖沓冗长、平铺直叙之感。

2. 表现蒙太奇

表现蒙太奇是以镜头对列为基础，通过相连镜头在形式或内容上相互对照、冲击，产生单个镜头本身所不具有的丰富涵义，以表达某种情绪或思想。其目的在于激发现众的联想，启迪观众的思考。表现蒙太奇包括对比蒙太奇、比喻蒙太奇和积累蒙太奇。

(1) 对比蒙太奇

对比蒙太奇类似文学中的对比描写，通过镜头或场面之间在内容（如贫与富、苦与乐、生与死、高尚与卑下、胜利与失败等）或形式（如景别大小、色彩冷暖，声音强弱、动静等）的强烈对比，产生相互冲突的作用，以表达创作者的某种寓意或强化所表现的内容和思想。

(2) 比喻蒙太奇

比喻蒙太奇通过镜头或场面的对列进行类比，含蓄而形象地表达创作者的某种寓意。

这种手法往往将不同事物之间某种相似的特征突现出来，引起观众的联想，领略事件

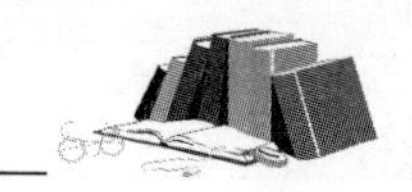

的情绪色彩。比喻蒙太奇将巨大的概括力和极度简洁的表现手法相结合，往往具有强烈的情绪感染力。

例如：普多夫金在《母亲》一片中将工人示威游行的镜头与春天冰河水解冻的镜头组接在一起，用以比喻革命运动势不可挡。

(3) 积累蒙太奇

积累蒙太奇把一系列内容相关或有内在相似性联系的镜头并列连接在一起造成某种效果的积累，可以达到渲染气氛、强调情绪、表达情感和突出含义的目的。

例如："枯藤老树昏鸦，古道西风瘦马，小桥流水人家，夕阳西下，断肠人在天涯"（马致远《天净沙·秋思》），表面上互不关联的景物被一条统一的情绪线贯穿，组成一幅"一切景语皆情语"的生活图景，既逼真地再现了秋野夕照、萧瑟苍凉的意境底蕴，又烘托出天涯孤旅飘零异乡的愁苦形象。它们的组合使每个镜头都成了一种情绪的延伸，为确立主题奠定逻辑的线索。

又如：张艺谋在摄制北京 2008 申奥片时给电视片确定的基本定位是以人心换人心，从人的情感角度，力求展现普通的中国人对于奥运的期盼。其中，有一段关于现代北京人温馨、和睦的生活写照给人留下了深刻印象。这段长 25 秒的段落中，有 15 个镜头，几乎每个镜头都反映的是中国人（少女、恋人、老者、男孩、婴儿等）各种各样的笑容，运用积累式剪辑。尽管每个镜头平均才一秒半，但是，整个段落通过这些镜头在内容、景别、连接方式和切换速度等方面的相似性，积累了笑容的感染力，造就了整体的和谐。因为这一段是表现普通中国人洋溢着欢笑的生活，所以如果其中插入表现中国人在工作或者现代化的街景等镜头，则显然不合适，由于它不是主题的外延，"微笑着生活"的主题就会被削弱。笑脸是全世界人民的共同语言，它更能够表现中国人民对奥运会的呼唤，用笑脸来贯穿始终，最大限度地凸显"公众的关注与支持"这一北京申奥的优势，这的确是创作者的高明选择。

图 3-12　北京 2008 申奥片：积累蒙太奇的使用

3.6.5 蒙太奇句子

蒙太奇句子，就是由一组单个镜头连接成的具有完整意义的画面片段。这里的每一个单独的镜头好比是语言文字中的“词”。它是场景和段落的构成因素，取决于某个任务的要求。如同语文中造句一般，一个蒙太奇句子通常表现为一个特定的任务、一个完整的动作或一个事件的局部，能说明一个具体的问题，是镜头组接中组织素材、揭示思想和塑造形象的基本单元。蒙太奇句子除了要考虑每一个镜头的内容、长度、摄影造型（用光、视角、构图等）、拍摄方法（固定的或运动的）等因素之外，还要特别注意视距（景别）的变化规律，它是决定蒙太奇句子句型的根本因素。不同的景别带给观众的视觉刺激有强有弱，一组镜头构成的句子，由于景别发展、变化形式的不同就形成了不同的句型，产生了不同的感染力和表现效果。

1. 前进式句型

前进式句型即由远视距景别向近视距景别发展的一组镜头。基本形式是全景—中景—近景—特写。这是一种最完整的句法，它根据人的视觉特点把观众的注意力从整体逐渐引向细节，顺序地展示某一主体的形象或动作（表情）、事件的进程。对主体形象而言，它是先用全景交代主体及其所处环境，再用中、近景强调主体的细部特征；对动作而言，它是先用全景建立动作的总体面貌，再用中、近景强调动作的实际意义；对事件而言，它是先用全景建立总体的环境氛围，再用中、近景把注意力引向具体的物体，突出细节。前进式句型的特点是渲染越来越强烈的情绪和气氛，使人的视觉感受不断加强。

2. 后退式句型

后退式句型即由近视距景别向远视距景别发展的一组镜头。基本形式是特写—近景—中景—全景。与前进式句子相反，它把观众的视线由局部引向整体，给人逐渐远离、逐渐减弱的视觉感受。例如：韩国电视剧《天国的阶梯》中男主角在海边弹钢琴怀念女主角的情景，镜头从男主角弹琴的手指的特写继而转到面部特写、近景，逐渐变为海滩上男主角和琴的远景，直至影像在画面中变得模糊。如图 3-13 所示，这一段所表现出来的气氛、情绪是越来越低沉、忧伤，充满怀念。运用后退式句子可以把最精彩或最具戏剧性的部分突显出来，造成先声夺人的效果，先引起观众的兴趣，再让观众逐步了解环境的全貌。运用后退式句子还可以制造某种悬念，先突出局部，使观众产生一种期待心理，再交代整体。

图 3-13　《天国的阶梯》片段：后退式句子

3. 环型句型

环型句型是前进式和后退式句子的复合体，即一个前进式句子加一个后退式句子。其基本形式是全景—中景—近景特写—近景—中景—全景。必须指出的是，所谓两种句子的结合，并不是说镜头组接时必须严格按照不同景别的顺序“逐步升级”或“逐步后退”，也不是要求所有前进式句子必须从全景开始，以特写结束（反之，后退式句子也一样，并非要从特写开始而到全景结束）。各句子所包含的镜头景别不一定要那么完整，个别景别之间也不是不允许有跳跃、间隔、重复甚至颠倒。所谓前进式、后退式，都只是对景别变化、发展的总的趋势而言。事实上，景别的发展、变化还可以根据影片内容的需要，做一些急剧跳跃的处理，如一个大特写同一个大全景相接。环型句子所表达的情绪呈现由低沉、压抑转到高昂，又逐步变为低沉的波浪式发展过程；或者先高昂转低沉，然后又变得更加高昂。

4. 穿插式句型

穿插式句型的景别发展不是循序渐进的，而是时大时小、远近交替，从而形成波浪起伏的节奏。除了两极镜头（远景—特写）以外，一个句子当中，根据内容的需要，景别可随意变换。如全景—中景—近景—中景—近景—特景—中景—全景—近景等。

5. 跳跃式句型

跳跃式句型的镜头也称为两极镜头，适用于情绪大起大落、事件的跌宕起伏等场合，如远景—特景—远景—特景—全景—近景—远景。

6. 等同式句型

等同式句型就是在一个蒙太奇句子中内容在变化，但是表达这些内容的景别基本保持不变，如特景—特景—特景—全景—全景—全景等。这样的句子具有“等同”“并列”“对比”“隐语”“累积”等意思。这类句型有加深印象、产生情绪、积累思想等效果，最终达到突出一个主题的目的。

思考题

1. 分析文字稿本和分镜头稿本的写作特点。
2. 举例分析蒙太奇的内涵和功能。
3. 试举例说明蒙太奇的主要表现形式。
4. 什么是蒙太奇句子？常见的蒙太奇句型有哪些？

实践建议

1. 构思拍摄一部剧情类DV短片，撰写稿本，完成分镜头稿本，并体会各种文案在作品创作中的作用。

2. 观摩专题片或MV作品，试着记录分镜头稿本，分析其主题和结构形式；分析蒙太奇叙述方式。

3. 如果有正版Storyboard Quick软件（或利用该软件的试用版本），尝试将实践1中完成的分镜头稿本制作成画面分镜头稿本。

第4章 画面构图

构成视频作品最基本的单元是镜头，最基本的元素是画面。在数字视频作品的前期拍摄时，摄像师应根据导演的分镜头稿本，通过摄像机的运动（角度和距离的不断变化），获得不同构图形式与造型特征的画面。在视频作品的后期剪辑过程中，剪辑师应通过镜头画面的运动、景别与角度的多变等诸多画面构图因素，结合主体动作和时空关系来组接镜头画面，这样才能达到蒙太奇语言的准确、通顺和流畅。因此，不论是导演、摄像师还是剪辑师，都应该研究画面构图，应当把它视为从事视频创意与设计工作应有的素质与修养。

学习目标

1. 了解数字视频画面的构图要素。
2. 掌握画面构图的法则与构图方法。
3. 掌握画面景别的造型功能。

4.1 画面构图元素与画面特征

数字视频作品的画面是由影像构成的，画面的构图即在一定的画幅格式中，通过精心筛选和组织对象，处理好被摄对象的方位、运动方向、透视关系，以及对线条、光线、影调、色调等造型元素的配置，形成画面表现中心，生动、突出地表现主体形象，并由此表达作品的主题思想和深刻含义。

4.1.1 画面构图的形式元素

所谓形式元素，是指画面的构图中画面形象的组成和表现形式，它们最终通过这些形式，以视觉形象的结果出现在观众眼前，被观众感知。所以，了解画面的形式元素是我们了解画面构图基本原理的首要内容。

光线、色彩、影调、线条和形状等元素是电视画面构图中的几个重要形式元素。这些元

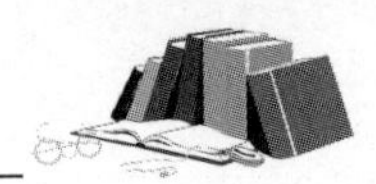

素具有各自鲜明的特点和表现力，合理地运用这些元素成为完成一个优秀构图不可或缺的必要条件。

1. 光线

只有存在光线，才可能存在画面，也才能存在画面构图之说，如果没有光线或者光线不能满足画面拍摄的要求，那么画面构图也就无从谈起；而光线是变化的，画面的构图效果和艺术氛围也会发生改变。在构图时，正确运用光线是决定画面构图质量的首要因素。

2. 色彩

我们很难想象眼前的世界失去色彩是怎么样的；对于视频画面来说，也是一样。色彩本身就具有自身的表现力，冷暖色调、深浅浓淡、色系搭配等不同的色彩表达着不同的含义，可以这么说，是色彩给视频画面注入了情感。在画面中，对于主体而言，通过颜色的设计和搭配，可以给主体赋予一定的感情基调，增强主体的表现力；而对于环境和陪体而言，虽然我们所处的环境是五颜六色，但拍摄者却可以通过主观上的选择和提炼形成一定的色彩基调，从而从侧面烘托出电视画面所需要的氛围，更加突出主体。色彩作为电视画面的重要构成元素之一，在画面中起着重要的作用，充分挖掘色彩的作用，在画面的表现力上可以起到事半功倍的效果。

3. 影调

影调包括两个方面的内容：画面中景物形象的明暗对比和明暗过渡，也就是对比度和层次。影调是揭示景物明暗关系、形成画面可视性效果、参与画面构图、表达感情和创作意图的重要体现。

任何被摄对象，无论是人物还是景物，都存在着一定的明暗和反差；而在电视画面中，必须将这种反差关系表现出来。需要注意的是，在画面中我们并不需要忠实还原景物的实际亮度值，而关键是要把景物中存在的实际亮度关系表现出来，这样就可以带给观众一种与景物亮值上接近的对比关系，形成适合的视觉印象。这也就是要把景物的明暗差别和它们之间差别的层次做一体现。影调就是这种差别和差别层次在屏幕上的反映。

画面影调和影调结构将受到环境、光线照明、景物本身的明暗状况和轮廓状况以及景别角度等多方面的影响。在本书“光线造型”这一章里，也将着重讨论影调在画面构图和造型表现中的作用。

4. 线条

线条是构图的重要组成部分，它是指画面形象（影像）所表现出的轮廓线和形象之间的连接线。每一个物体都有自己的边沿存在形式——线条，反映到电视画面中同样会表现为由视觉所能感知的景物轮廓线、相类似的景物的连线等，如地平线、公园里的小径、马路上的隔离栅栏组成的连线等。通过某种或者某些线条的组合，人们就能够联想到相关物体的存在和运动状态，所以线条是造型艺术的重要方法之一。

线条可以分为如下几类：

● 水平线条，如地平线、海平面等。水平线易使视线横向运动，产生宽阔、延伸、舒展的感觉，在拍摄大地、海洋、湖泊、草原等时，常以水平线作为构图的主线条。水平线条可以用作拍摄风光片、抒情片中的镜头，以强调画面的辽阔、舒展、秀美和宁静的气氛。

● 垂直线条，如大树、烟囱、塔楼等。垂直线易传达高耸、刚直之感，在拍摄如英雄人物、高大形象、经济建设繁荣发展等类型节目的时候，使用垂直线条可以得到雄伟、向上、挺拔的艺术效果，突出人物的精神面貌和场景的巍峨气势。

● 斜向线条，如穿过屏幕对角线的斜线条。这种斜线线条易导致视线从一端向另一端扩张或者收缩，产生动感和纵深感，当构图以斜线作为主导线条时，画面会显得活跃或动荡不安等。例如：拍摄车水马龙的交通要道、整装待发的部队阵列等常以斜线条来构图。

● 曲线条，曲线则是指一个点沿着一定的方向移动并发生变向后所形成的轨迹，如山上的羊肠小路、俯拍的“九曲黄河”以及雄伟的万里长城等构图。曲线具有流动感、韵律感与和谐感。当构图的主线条为曲线时，会使画面表现出生动活泼、起伏舒展的美感。常见的曲线有圆形线条、S 形线条和弧形（C 形）线条等。

画面构图中的线条分成两种：一种是实线条，如山脉、道路、电线等诸如此类具体可见的景物的轮廓，它构成了景物的结构和表现姿态，揭示了主体形象和轮廓，制造了影调和色调的分野，描绘了景物之间的区别；另一种是虚线条，是指与此相对的画面上并不是具体可见的线条，如人物运动轨迹和方向、视线方向、人物之间关系线条等。尽管虚线条在画面中并不直接存在于视觉、感觉当中，但是对于观众视觉心理的影响，却是不可低估的。它可以影响到画面的构成，影响到观众观察画面的重点和预期，从而左右观众对画面形势和结果的判断。例如：我们用画面中主人公的视线作为这个虚线条路径，会诱使观众沿着他的视线方向对画面某一位置或者下一镜头中某一对象进行观察和预期。这个作用是实线条所不能取代的。

线条在构图中的作用主要体现在以下几个方面：

● 线条可以作用于画面整体结构和主观形象的总的姿态。无论是自然现象，还是人物生活工作的具体场景，都可以根据其线条存在的情况选择合理的横、竖、斜、曲的线条形式加以表达，在画面中发挥重要的作用。

● 线条通过对主体、陪体、前景、背景等细节和轮廓的刻画，造成不同的质感、量感和空间感。

● 线条在造成一部作品的旋律、节奏和意境等方面也有不可忽视的作用。线条在构图中就像一副骨架一样，支撑起整个画面的结构。在拍摄中，被摄对象的线条可能是杂乱的、没有规律的、没有突出重点的，作为摄像师，必须在这些线条中找到最应当向观众表现的主要结构，建立起整个画面的框架，这样才能把主体与其他对象联系起来，得到合格的构图。

4.1.2　画面构图的结构成分

画面的结构成分是指作为被观众视觉所接受的一幅画面构图中，各个被表现的对象在画面中依照表现重点程度的不同和被视觉重视的程度不同而产生的不同结构上的区分。构图的结构成分大致可以分为主体、陪体、前景、后景和环境等。如前所述，画面构图中一项基本的要求就是要突出画面的主体，那么对摄像师的要求就是要处理好画面内这几项结构之间的关系，关键在于主体与陪体以及其他结构成分之间的位置安排、对比衔接和层次结构等方面的组织，这样才能使画面尽可能表达完善、主次分明。

1. 主体

主体，顾名思义，就是在一个画面中要表达的最主要的对象。在我们进行拍摄之前，往往这个对象就已经被确定了。主体通常处在画面的中心位置，是画面中要着重表现的重点内容，也是拍摄取景、调焦和感光的主要对象。主体具有极大的包容性：可以是某一个被摄对

象，也可能是一组被摄对象；可能是人，也可以是物。例如：拍摄一个会场时，如果镜头推至某一位领导的中景画面，那么他就是画面的主体；若镜头表现的是主席台上众位领导的大全景画面，则众多领导人物构成了画面的主体。

2. 陪体

陪体是画面中与主体具有呼应关系的对象，它可以起到突出主体，美化、修饰、平衡画面和渲染气氛的作用。陪体一般包括前景和背景。陪体是相对于主体而言的，它也是画面的有机成分和构图的重要对象。

陪体可以是人物，也可以是其他景物。例如：在拍摄二人对话镜头时，可能画面内说话一方作为主体，而另一方就可以作为陪体出现，以倾听者的身份来烘托说话的主体地位。又如：拍摄一朵娇艳的红花时，它周围的绿叶就可以作为典型陪体出现，这正像我们通常所说的“红花还需绿叶扶”一样，陪体之于主体，就像绿叶之于红花的作用。但是，并不是在每一个画面中都存在陪体，如在一些近景和特写的小景别画面中，由于画面范围和主体形象大小尺寸关系，并不需要陪体出现，否则反而会画蛇添足。

由于陪体在画面中的表现意义上属于从属地位，所以它出现在画面中的时候通常要求不能够和主体占据相当的地位，甚至超越主体占据主要地位，否则会喧宾夺主，使观众在观看画面的时候不能分清主次，影响主题意义的表达。

3. 环境

环境是指画面主体周围的人物、景物和空间构成情况。从某种意义上来讲，陪体也可以算是环境组成的一部分，但是我们通常不把它当做环境成分来看待。环境包括前景、后景和空间背景三个组成部分。

环境是画面中的重要组成部分，一切主体和一切画面主题的表达都必须依托于一定的环境中。环境是主体人物和表现对象所生活的、存在的空间，是叙事的基本场景，是剧情发生和发展的具体地点，是构图的重要的结构成分。

4. 前景

处在主体与摄像机之间的景物称为前景。它们处在主体前，在画面上非常突出、醒目，是画面构图和艺术表现的重要元素，前景不仅能增加景物层次，还能塑造画面空间感。前景不仅能表现出环境的特征，而且作为前景的物象要求线条、形状、体积和色彩等具有较强的形式美，是装饰画面的手段。

5. 后景

相对于主体而言，如果说前景指的是存在于它前方的人物或者景物的话，那么后景与前景相对应，是指那些位于主体之后的人物或景物。有的时候，后景是环境组成中的一部分，但不能说后景就是环境。

6. 背景

背景在实践中有时可能与后景混淆，但它们指的并非是相同的概念。一般来讲，后景的概念是相对前景而言的，二者分别在纵深方向上处于主体的前后位置，它的主要作用并不是表现主体所处的环境和空间，而且这前后的位置关系，还可以随着场面调度的要求而有所变化。而背景是画面中距离最远的一个层次的景物。它对一切处于其前面的景物、人物起衬映作用。通常在外景中，背景是由山峦、天空、大地和建筑物等组成；而在内景中，背景可以是房间整体环境，也可以是局部环境，如窗户、墙壁或者其他景物。背景对展现主体所处的时间环境、时代背景、地域和空间环境、地形地貌特色等有着很强烈的表现作用，有助于帮助主体阐述画面内容。

4.1.3　画面特征

画面一般是指屏幕上的图像，既指单个图像，也指整个节目的图像。画面是传播媒介的表现形态，也是构成节目的基础。运动的、有声的、有色的画面是屏幕框架内所再现和表现的含有一定信息内容的具体、生动的直观影像。画面有先进的光电声像等摄录工具和当代传播技术作为基础和强大后盾。画面由框架、影像、构图、色彩、声音、文字、影调和运动等构成。

影视画面这个词借用于绘画艺术，和绘画、单幅照片（摄影作品）在外观上都同样受画幅框架的限制，在矩形空间内进行构图，但绘画、摄影作品是选择被表现对象的某一运动瞬间，把它静止地固定下来、长留不动，可供观众反复观赏、揣摩和思考。画面具有四种特性：

1. 运动性

画面是一个动态结构，运动是画面必不可少的因素。画面的运动包括一切有生命的被摄体的自身运动，也包括大自然潜在的和自然力外在的运动，还包括艺术的旋律、表情、动作、特技、光影和声像等特殊的运动，以及摄像机的运动、特技技巧运动等。

在画面的连续展示中，由于被摄主体的运动，摄像机的运动，将不断地改变画面构图的结构，改变画面构图形式，改变画面中叙事的重点，改变画面中人物、景物的位置，改变画面构图中的背景关系和透视关系。此时，画面中的所有造型元素都处于一个有序的变化过程中，会形成不同的结构效果和视觉流效果。

2. 时间性

画面离不开镜头，但镜头并不等于画面。在运动的画面中，镜头运动的开始称为“起幅”，结束（镜头的落点）称为“落幅”（又称为止幅），这中间有一个调整画面的时间过程，有“长镜头”和“短镜头”之分，有切、挠、化、划、甩、圈、叠之别。一个镜头或画面必须在有限的时间内，把它所要表现的特定内容准确地传达给观众。

3. 连续性

影视画面都是连续的。看是目不暇接于屏幕，动则存，不动则成了呆照，不连续运动就没有完整的节目和艺术形象。但是，镜头的衔接和连续运动不能各行其是地孤立存在，必须是整个节目和整体形象的有机组成部分。画面的大小、光线的强弱、影调的软硬、色彩的冷暖、气氛的浓挠、意境的虚实和显隐等都要服从全片、整个节目的总体创作意图，以保持画面的连续性和完整性。

4. 画幅比例的固定性

一幅绘画的画幅形式和大小尺寸、横幅/条幅等，画家是可以根据表现的题材、创作意图、流派风格和个人爱好等自由选择的，张择端的《清明上河图》选择的是横幅，张大千、齐白石和徐悲鸿笔下的松、虾、蛙、马等则大多选择条幅。框架不同的长宽比形成不同的画面规格。但是，影视艺术家不能享受画家选择纸型、画幅的自由性，只能根据固定的屏幕画幅比例去构图和组织画面，在固定框架中去施展才智和谱写艺术的篇章。

4.2 影响画面构图的因素

影响画面构图的镜头元素主要包括镜头的景别、焦距、运动和角度的运用。

4.2.1 景别的运用

景别反映了镜头与被拍摄物体的距离。景别主要分为远景、全景、中景、近景和特写等。不同的景别具有不同的叙事功能，并能使画面产生不同的视觉效果。

1. 远景

远景主要用来介绍环境、渲染气氛、展现场面，观众往往通过远景画面了解故事的空间状态和感受宏观场面，如图 4-1 所示。

图 4-1 远景

远景是视距最远的景别，是摄影机摄取远距离景物和人物的一种画面。这种画面能展示巨大的空间，表现的范围相当宽广，用来交代事物发生的地点及其周围的环境；也用来表现宽广、辽阔的场面，展示雄伟壮观的气势；也可用来描写景物，使之富有意境和诗意，从而抒发作者或人物的感情。大远景则更适宜展现更加辽阔、深远的背景和浩渺苍茫的自然景色。人物出现在这种大远景中一般只见黑点，除了巨物的移动，其他都看不清楚。例如：无边沙海，远远出现一队“沙漠之舟”，在缓缓跋涉……

2. 全景

全景主要用来展示一个特定的叙事空间，可以用来表现人与特定环境的关系，表现人或物体的运动和行为，观众可以通过全景对被拍摄主体和主体所处的环境产生完整认识，如图 4-2 所示。

图 4-2 全景

3. 中景

中景主要用来表现处在特定空间环境中被拍摄主体的状态，观众通过中景将注意力集中于被拍摄主体，如图 4-3 所示。

图 4-3　中景

中景取景范围比全景小，包容景物的范围有所缩小，环境处于次要地位，是摄影机摄取人像膝盖以上部分的两种画面，重点在于表现人物大半身的形体动作。因为中景不远不近位置适中，所以非常适合观众的视觉距离，使观众既能看到环境，又能看到人的活动和人物之间的交流。中景画面为叙事性的景别，在影视作品中占的比重较大。

4. 近景

近景主要集中于被拍摄主体的局部，可以观察到被拍摄主体的细微特征和变化，常常用来表现大量的对话和主体的细微变化，如图 4-4 所示。

图 4-4　近景

近景的屏幕形象是近距离观察人物的体现，所以近景能清楚地看清人物的细微动作，也是人物之间进行感情交流的景别。近景主要用来表现人物的容貌、神态、衣着和仪表等，或用来突出表现人物的情绪和幅度变化不太大的动作，是刻画人物性格最有力的景别。

5. 特写

特写用放大或夸张的方式突出特定局部或细节，主要用来创造一种强烈的视觉效果，如图 4-5 所示。

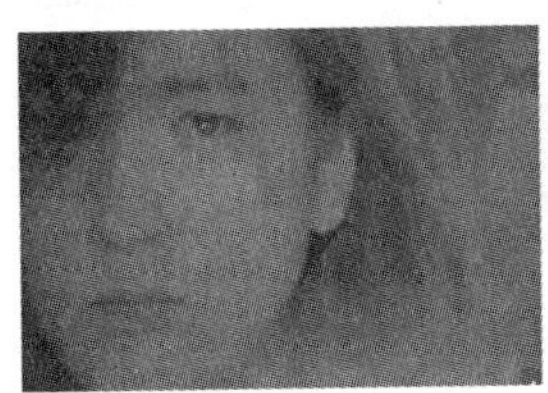
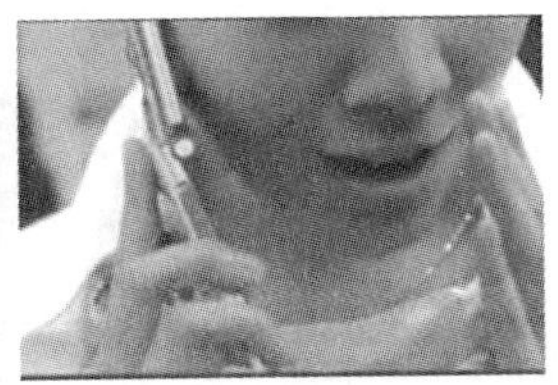

图 4-5　特写

特写是视距最近的镜头，它的取景范围一般是人的两肩以上部分，或把所要突出和强调的物件、景物占满屏幕。视距再近、取景还小的叫大特写或细部特写。特写的表现力是极为丰富的。特写镜头呈现在银幕上，可以造成强烈、清晰的视觉形象，从而得到突出和强调的效果。

6. 大特写

大特写用画面的全部来表现人或物的某一生动或重要的局部细节，如人的一双眼睛、一只拳头、汽车转动的车轮，它能给观众留下深刻的印象，并具有强烈的感染力，如图 4-6 所示。大特写在需要突出事物的局部和强调某些情绪时运用。纪录片《家在我心中》父女俩地铁分别，以大特写拍摄泪珠从女儿脸颊滑落的细节，像重音叩击着观众的心弦，如图 4-6 之左图所示。

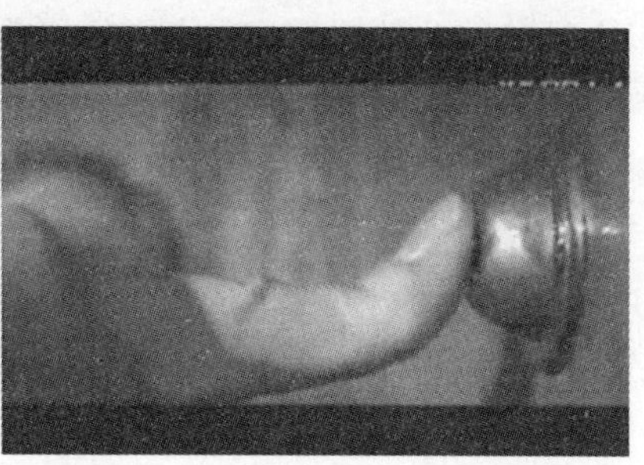

图 4-6 大特写

4.2.2 焦距的运用

焦距的长短直接决定了镜头的视野、景深和透视关系，使影像产生不同的视觉效果。按焦距可以把镜头分为标准（焦距）镜头、长焦镜头和短焦镜头三种。

1. 标准镜头

标准镜头拍摄的画面接近于人的肉眼感觉和视野，其影像效果更强调对现实物像的还原。

2. 短焦镜头

短焦镜头（广角、鱼眼镜头）拍摄的画面被横向扩张，画面景深加大，前、后景体积对比鲜明，可造成深远的纵深感。在表现横向的场面时，可以强化场面的宏伟性；在拍摄纵向运动时，可以增强运动的速度感。

3. 长焦镜头

长焦镜头可以将远距离物象拉到近处，纵深被压缩，使深度空间被压缩为平面空间，视野小，景深感也小。

4.2.3 镜头运动

镜头运动造成画面空间关系和空间内容的变化，产生一种运动感，从而引导观众注意力的变化。运动镜头在影视拍摄中频繁使用，不仅可以用来描写人物、环境，叙述故事，而且可以创造节奏、风格、意蕴，是一种重要的艺术表现形式，是影视艺术审美创造的重要手段。运动镜头包括推、拉、摇、移、跟五种基本形式。

● 推镜头：能够突出被摄物的细节，突出画面的中心，常常被用来引导观众的观赏注意力，强化视觉的冲击效果。

● 拉镜头：常常被用来表现被拍摄主体与环境之间的关系和引导观众将被拍摄主体放置在一定的参照环境中进行观察。

● 摇镜头：可以用来改变拍摄角度和拍摄对象，也可以对拍摄对象进行追踪，具有更大的自由度和灵活性。

● 移镜头：可以扩展画面的空间容量，造成画面构图的变化。当与物体同时运动时，由于背景的变化，可以造成强烈的运动效果。

● 跟镜头：可以在运动中跟踪被拍摄的物体，使观众能够细致地观察在运动状态中被拍摄主体及其环境的变化。

4.2.4　镜头角度的运用

镜头的角度一般分为三种类型，即平视镜头、俯视镜头和仰视镜头。

● 平视镜头：比较接近于常人视角，画面效果也接近于正常的视觉效果，如图 4-7 所示。

图 4-7　平视镜头

● 俯视镜头：使被拍摄物体呈现一种被压抑感，使观众产生一种居高临下的视觉心理，展示比较开阔的场面和空间环境，从特定角度展现运动线条，通过影像压缩变形来制造特殊效果，如图 4-8 所示。

图 4-8　俯视镜头

● 仰视镜头：使影像体积夸大，使被拍摄物体更加高大、威严，观众会产生一种压抑感或崇敬感，也可以创造一种悲壮和崇高的效果，有时候也被用来模仿儿童的视角，如图 4-9

所示。

图 4-9 仰视镜头

4.3 画面构图的法则与方法

4.3.1 画面构图的法则

1. 构图的比例原则

画面的空间（即长和宽的比例关系）是构图首先遇到的课题，人们沿用已久，普遍认为最美且易于布置图文的比例是黄金分割比率 1∶0.618（宽∶高或高∶宽）的竖或横长方形。而正方形必须使其高略大于宽，才能克服感觉上似乎宽了一些的视错觉，使之看上去朴素、公正、客观。其他的比例还有 3∶4 的形式，它有着一种坚固、舒适、可靠的感觉。1∶2 的形式比较文雅、高尚，另外还有 2∶3、5∶8 等形式的比例，而处在这些比例中间和以外的其他比例空间，一般是缺乏明确性格和表现力的。

2. 构图的视觉力场

力场（地心引力）的存在，使我们对同一平面空间各个部分的感觉不同。首先，同一平面的上半部分给人一种轻松、飘动和自由的想象，越是向上看，这种感觉就越强烈；而平面的下半部分则给人一种压抑、束缚、受限制但稳定的感觉。这种对高低位置的感觉特性是人的眼睛在平面上受到万有引力（重力）的影响而形成的习惯。其次，类似的特性也存在于平面的左、右两部分：一般左半部感觉轻松、流动和自由，右半部感觉紧密、固定。最后，平面上的这种力场还使我们视线很快地从边缘四角上的点移到平面的中心，这个中心区域给人的感觉最为自然和稳定，因而也最醒目。力场所产生的视觉规律引导受众的视线，完成视觉信息反映流程，最终使受众注意力集中于主体形象。

3. 构图的中心确定

平面的几何中心和视觉中心并不在同一点上，视觉中心往往要比几何中心稍高一些，而几何中心却常常给人一种偏下、不太舒服的感觉，这也是力场和人们在自然中形成的视觉习惯所造成的。因此，如果想将重要的内容放在中心突出的部分，则必须把它安排在中心稍稍偏上的位置。

4. 构图的方向确定

画面构图中，线的运动方向可以归纳为水平、垂直和倾斜三种形式。自觉运用这种形式规律进行安排，会给结构图带来不同的倾向性，从而避免一般化的感觉。一般来说，垂直和水平的构图安排会给人一种安稳、固定的感觉，是最常见的一种安排形式。而倾斜则给人一种由一端向另一端的运动感、汇聚感或三度空间感，使构图因具有动势而显得十分活跃。

5. 构图的均衡法则

在造型艺术中，平衡是组成视觉形象的诸因素组合达到的一种美的分布关系。画面左右两侧的造型元素在大小、形状、色彩和位置上完全一样而方向相反时的一种状态称为绝对平衡。绝对平衡具有统一的、正面的、对称的性质，能产生规律性的视觉和心理效果，使人有和平、安稳、沉着、镇定、严肃的感觉。例如：我国的故宫建筑、戏曲舞台、主角与龙套、队列与行进等都讲究对称，自有其传统审美特色。画面左右两侧的造型元素不等，但通过各因素的相互支持和相互抵消而构成整体平衡，其最大特征是既有变化，又有统一。拍摄中实现平衡构图的处理方法有：

第一，确定被摄主体的位置和主体在画面中的面积大小，其次再处理相应的陪体、前景和背景等其他被摄对象的位置，最终求得画面平衡。

第二，视线方向、线条走向和运动指向易给人较重的量感，构图中要将视线、线条和运动的前方留有较大的空间来获得平衡，如果单一主体物象视线前方空白较小，则会失去平衡。

第三，在光影配置上，阴影在画面中同样占有一定的空间，具有一定的面积和量感。为此，可合理安排阴影或倒影的位置、大小，利用其获得画面平衡。

第四，静态构图中，前景有很多作用。例如：主体被安排在画幅的一角，配置适当的前景，对达到画面平衡非常有效。

第五，利用色彩搭配、影调调整起到平衡画面的作用。摄像者要根据现场的情况，将物象的色彩、明暗与物象位置、大小合理搭配，分清层次来获得平衡。

第六，多元素构成画面中实现画面平衡主要运用以下方法：

● 中央平衡：画面中央的物象在面积上大于两侧或高于两侧物象，画面易获得平衡。

● 上下平衡：下面物象在面积上应大于上方物象，画面易达到平衡。

● 左右平衡：画幅内左侧物象在面积上大于右侧物象，符合人们的阅读习惯和视觉心理。

第七，摄像构图可采用的平衡形式有以下几种：

● 轴心式平衡：以画面焦点为中心对象，如以一个人或一组人为中心，其余的作为平衡对象，多用于中、近景镜头。

● 中心式平衡：从画面中心向四面散射，用中心点同散射点进行平衡，多用于全景镜头。

● 两极式平衡：画面由两组并列的物象构成，但整体上是完全统一的，可用于中景或全景。

6. 构图的空白运用

观者一般只对平面上的文、图感兴趣，很少有人注意空白。其实，从美的观点上看，空白与文、图实体有着同等重要的意义。它好比音乐中的休止符，可以说，没有空白也就没有

了文、图。空白的形状、大小、方向和运动的比例关系决定着构图质量与格调高低，画面设计中留有适当的空白有时能大大提高画面的视觉效果，对这一规律需要给予充分的认识和研究。

7. 构图的节奏法则

节奏是指画面中相同或相似因素有秩序地重复或有规则地交替而带给人们视觉上的印象。节奏具有时间性和空间性，需要通过一定的镜头长度来实现，同时需要观者通过欣赏空间来感知。节奏是形成画面形式美的主要法则，精心设计节奏并表现出来是构图的一个重要方面。

(1) 影响构图节奏的因素

摄像者应了解影响画面构图节奏的一些因素，如情节的发展、镜头运动的速度、景别的变化，乃至剪切的频率、音乐、音响、光线与影调等。摄像过程中，主体运动的缓急、叙事情节发展起伏、镜头运动速度、画面景别变化、光线与影调的处理是确定画面节奏需考虑的主要因素，摄像者应注意结合运用各种因素来表现构图节奏。

(2) 构图节奏的表现方法

节奏一般由画面内部视觉元素的组合所产生或摄像机运动时的快、慢、停顿所产生。就画面内部视觉元素组合产生的节奏而言，构图时利用客观物象中线条的长与短或强与弱、色彩面积的大与小或强与弱等视觉元素相互呼应、相互配合，有规律地变化和重复，就可以获得前进与后退、膨胀与收缩、紧张与宁静等视觉变化和节奏效果。相同的线、形或色彩、影调等形象元素的重复和变化，生成的节奏明确、清晰、富有规律性。现实生活中有许多重复具有节奏感的事物，如成排的柱子、田野里收割成堆的庄稼等，它们常常成为摄像者摄取表现的对象，以产生出富有节奏感的画面。

8. 构图的对比法则

对比是摄像中根据造型要素间形成的区别和差异而进行的构图。对比是造型艺术中最富有活力、最有效的法则，其作用主要有：对画面因素中不够显露的外形和内涵，通过对比能更加突出、醒目；对比带来变化和动感；对比可产生新的含义。构图中主要运用以下对比方法：

● 大小对比：画面空间各因素排列形状相同，但有一因素大于或小于其他因素就成为视觉重点，形成大小对比。例如：利用镜头中物象的近与远或短焦镜头形成透视关系进行大小对比。例如：一则哈飞松花江汽车的广告“大面包与小面包”，画面上一个硕大的面包上停放着一辆小面包车，奇特的对比给人留下深刻的印象。

● 形状对比：画面中物象大小和明暗不变，改变形状形成的对比关系。构图中主体形状与其他物象形成差别，造成视觉重点突显。形状对比易吸引观众的求美和求异心理。

● 明暗对比：镜头画面上的物体之所以被视觉到，都包含有不同程度的明暗对比。运用明暗对比造成主体与背景的分离，能形成视觉中心和某种特定效果。

● 方向对比：改变方向所产生的对比，可以使其中一方具有明显的吸引力。俯拍走在大街上的主体，如主体运动方向和人群运动方向稍有不同，便可形成鲜明的对比关系，使主体突现出来。运用方向对比构图要注意对比双方在神态、姿势和动作上的相互呼应。

● 疏密对比：画面上各个成分多与少的布局所形成的对比关系。镜头画面的疏往往是指天空、地面、墙壁等空白部分，密往往是指人物、树木、建筑等实体景物，运用疏密对比要注意使画面形成清楚的主次关系。

● 动静对比：在镜头画面表现中以静衬动或动静互衬来突出所要表现的主要物象，摄像者应抓住人们寻求动感物象的心理，主动构建画面中主体与背景的动静关系，达到对比效果。

● 色彩对比：摄像中应主动构建色彩的对比关系，尽可能形成主体与背景的差异，造成对比。同时，注意在对比中求得和谐，方法是：纯度高，面积宜小；纯度低，面积宜大；用黑色、灰色或白色与各色相调和；用对比两色混合成的中间色相调和。因此，实景拍摄中要建立色彩的秩序，有重点表现，实现色彩的和谐与统一，真正起到装饰、美化画面，传递情感的作用。

4.3.2 画面构图的方法

要摄取好的画面构图，就必须首先从视点（机位）入手，以选择出最富表现力的视点位置。视点是观察认识事物的出发点，不同的视点可以产生不同的视觉观察方式，形成事物的初步概念；视点也是画面透视关系与布局的根本依据，不同的视点可以形成不同的画面透视图，造成不同的视觉空间结构。另外，由于视点的能动作用，还可形成画面各物象之间的多种关系，或掩或映、或遮或蔽、或聚或散、或取或舍、或侧或正、或仰或俯等，都可通过视点的选择来构建画面内容，形成一定的构图形式。

摄像机的视点决定画面的透视关系，影响构图，有机地反映物象的光影关系及内容的空间属性。视点对于被表现物象，它的远近、前后、高低，是形成画面"语言"的先决条件。例如：垂直于物象的机位，最易取得平行透视的画面效果，画面构图多对称均衡；斜侧的机位，画面物象多呈角透视，构图中立体感明确且富于重心变化；高视点易表现俯视透视，构图中出现的场面大，视像内容丰富；低视点又易表现仰视透视，构图简洁，主体物显得高大。各种与被拍物象呈不同角度的机位，在不同光照条件下，还能表现不同的画面基调和光影关系，如逆光、侧光、顺光和顶光等，通过光的选择和利用，表现时间、深度空间等。通常采取以下几种构图方法：

1. 合理运用景别

取景构图是指被表现主体物象与环境空间的关系，也是画面四条边线内的物象内容的结构关系。镜头画面造型是固定于景别之内的，景别的划分和确定是以被表现主体物象为依据的，可以划分为远景、全景、中景和特写等。远景适合表现场面环境气氛，结构远景需要大的画面视觉材料，如地平线、山河和高大建筑物等，远景对主体物象气氛起烘托作用。全景表现主体物象整体概况，有一定的环境空间衬托，用来说明主体物象与环境的联系。中景部分地表现主体物，排除了空间环境的说明作用，有一定的细节性。主体物象的次要部分被分割在画外，主题性较强，影像较清晰。特写是对主体物象局部特征和细节的刻画，完全舍去了环境，影像很清晰，有集中注意力的作用。在镜头表现中，画面取什么样的景别完全取决于内容需要。

2. 确定拍摄技巧

技巧的表现方式决定画面构成效果。画面的构图很多是在技巧运用中完成的，不同的技巧运动所造成的画面视感也不尽相同，包括"推""摇"等。其中，推是指画面景别由大到小而主体物象由小到大。摇是指画面连续展开，画面空间环境不断变化。

在技巧运用中进行构图，要考虑视觉心理的发展，很多技巧画面要通过记忆和视觉印象将内容合构为一个整体。因此，运用技巧的镜头画面要从画面主题思想、主体物象出发，结合视觉运动和感知心理效应去安排画面。运用技巧构图，同样要考虑视觉美感效果，要考虑视觉寻求的方式，要考虑视觉的稳定性和画面整体协调的问题。

3. 考虑镜头衔接

节目的内容由镜头画面的相互冲激、积累和衔接构成。因此，镜头画面不同于一般的图片展出。其中，镜头画面与镜头画面之间，存在着视觉平衡问题和形式美感的问题。要想通过多幅画面构成一个视觉整体，需要前一镜头画面与后一画面构图形式相互契合、相互照应，才能达到视觉感知的流畅视觉形式的整体均衡，达到协调之美。

4. 调整画面布局

画面构图，虽不介入客观或使用笔墨颜色等物质材料，但从造型意义上讲，摄像机仍是一种工具，依靠摄像机完成形体与空间的表现还必须借助于光色。摄制过程的来光与布光，必须研究画面的整体基调、明暗、分布、光影关系和色影还原等问题。这些问题，又无一不牵涉到构图，如暗比亮更趋于重感、明比暗更趋于扩张感、鲜明的色彩比晦暗的色影更有临近感，更能引起视觉区分与注意等。画面调整就是利用光色的可调因素，在不介入客观的情况下创造尽可能完美的构图效果和视觉效应。

4.3.3 画面构图的形式

由摄像机与被摄对象之间的动静变化及取景构图所产生的画面结构，形成各种构图形式。构图形式是为内容和主题而产生的，是各种视觉因素在画面中的布局形式，根据画面构图形式的内在性质的不同，可将其分为静态构图与动态构图、综合构图、单构图、多构图、肖像构图、风景构图等。根据画面构图形式的外在线形结构的区别，可将其分为水平线构图、垂直线构图、斜线构图、曲线构图、黄金分别式构图、九宫格式构图、圆形构图、对称构图、非对称构图等。

1. 常见的内在性质的构图形式

(1) 静态构图

静态构图是在固定的视点上拍摄静止的被摄对象和暂时处于静止状态的运动对象。构成静态构图的基本条件是镜头类型为固定镜头，也就是在同时满足机位不动、镜头焦距不变化、镜头光轴不变化的条件下拍摄的画面。而此时又由于景物处于相对静止状态，所以画面内的构图关系是相对固定的，画面基本组成情况是不发生变化的。这点与图片摄影和绘画有相似之处，但它们之间还是有明显的区分的，最大的不同就在于电视画面可以表现一种时间上的连续，而前二者则不能。另外，在电视画面中，所谓“静态构图”可能随时产生各种形式的运动，形成非静态构图结构。

在静态构图中，被摄主体的位置基本不发生变化，画面景别和透视关系不发生变化，造型因素不发生变化。画面构图组合形式基本不变，而且多为单构图形式。这种构图组合是动、静两种势力暂时的均衡，而不是真正的静止。它能在相对运动的前后画面中给人宁静、稳定的感觉，同时又是一种视觉铺垫和参照。

静态构图的作用有以下几点：

● 展现静止的、无运动的拍摄对象的性质、形状、体积、规模、空间位置和与其他对象之间的关系。

● 展现人物或者其他运动的拍摄对象处于静止状态时候的神态、心态、情绪。

● 稳定的画面形态，从视觉到心理上都给观众一种强调的意味，而其本身更是具有一定的象征性与写意性。

● 以画面的静态构图形式结束对前面若干镜头的运动表现，有结束的意味，也是为后面的镜头在视觉上作铺垫。

● 表示观众固定的观察视角。

静态构图在电视画面中的处理和运用需要注意以下一些方面：

● 全片静态画面构图中要表现出内容、形式、风格的统一，使全片的场景风格整体上能够做到的处理，对影片叙事与写意有很大帮助。

● 主要表现对象的行为动作的表现形式是静态的，其情意含义也是通过静止状态表现的，静态构图运用可达到形式与内容的统一；行为动作形式是静态的，但内在思绪、情绪变化都是复杂、激烈的，而采取简单静态表现形式，将使内容不受干扰地表现出来。

● 对景物的静态构图，要注意景物与空间的造型关系，要有背景衬托。构图的时候可以处理为客观景物的直接展示，也可以处理得将画面美化，赋予一定的情感，产生一定的象征意义。

● 对人物的静态构图，要在构图上富于装饰性，利用人物在画面中的位置、朝向、角度、姿态和光线等元素在构图中反映出人物的心态、情态、神态。

● 充分考虑视觉心理需要，安排好光线、色彩，控制好镜头的时间长度，以免让观众视线分散和视觉呆板，同时也要防止由于构图本身的作用，使连贯的静态构图有拼贴图案的视觉感觉。

(2) 动态构图

动态构图中，画面的形式元素和结构成分发生了变化。并非需要画面中所有的成分发生变化，只要被摄对象和摄像机位置，或者镜头的焦距以及光轴这些因素同时或者分别发生运动，在这个过程中拍摄得到的画面，视觉形象、结构元素、元素间相互关系就将发生改变，我们就称这时候得到的是一种动态构图形式。

动态构图是一个广义的概念，不能笼统地说动态构图就是运动镜头，它是包括了运动镜头在内的画面内部和外部运动变化综合结果的体现。

在以下几种情况下，我们可以得到动态构图画面：

● 拍摄固定画面，但被摄对象发生运动。固定画面中，画框不发生运动和改变，但是这时候，画面内的对象发生内部运动。虽然这时候还是一个固定画面形式，但却表现为一个动态构图。例如：在转播体育比赛短跑项目的时候，将机位设置在运动员正前方，拍摄他们向镜头跑来的场面，表现他们之间的竞争关系的画面，就是这样的一种构图形式。在这样的构图中，环境不变，随着主体的运动，拍摄距离发生变化，因此景别相应地发生变化，利于更好地表现人物或者表现人物与环境之间的关系。

● 在被摄对象静止的情况下拍摄运动画面。静止的被摄对象包括静止的人物、风景和静物等。拍摄时利用摄像机的运动、镜头焦距的改变或者光轴的转动，拍摄推、拉、摇、移、升、降等运动镜头。这样在运动中实现构图，主体的位置、尺寸、与环境的关系，甚至透视效果、照明状况、影调关系都可能相应地发生变化，产生新的组合。画面在同一个镜头中产生了变化的多量的视觉中心，丰富了构图样式，也适于多方位地表现一些比较复杂的对象的状况，给画面赋予了极强的生命力。

● 在拍摄运动镜头的同时，被摄对象也发生一定的运动。这时，画面空间关系是变化的，而画面内的被摄对象与画框之间的关系是可能变化的，也可能是不变的。一切构图元素的组织、安排及运动的节奏规律，将决定于要表现的对象的实际运动形态的要求和表现形式的要求。

(3) 综合构图

综合构图是前述两种构图形式的结合。它的特点是在一个镜头中，集中对象静止存在、运动过程及静止和运动交替变化，用固定和运动相结合的拍摄方法，将进入镜头的各种造型元素进行综合处理。综合构图在拍摄过程中，对象有时运动、有时静止，摄像机位置也是如此。

综合构图多用长镜头形式表现出来，用以表现内容复杂、情节线索众多、对象和表现重点多变、人物情感和情绪变化多端的场景环境。

综合构图的作用有以下几点：

1) 表现复杂的情节内容

所表现的情节内容复杂、线索繁多、层次繁多，需从各侧面、各角度表现的，宜用集静止和运动于一身构成多视点、多变化的综合构图。这样复杂的构图形式通常在电影叙事手法中被采用。例如：英国影片《法国中尉的女人》的序幕镜头就很有代表性。在这个长度约为 2 分钟的镜头里，先是表现了一个现代影片的拍摄现场，跟随女主人公莎拉的动作，镜头由特写变化为大全景，显示出周围的环境——修船厂。随着主人公进一步的运动，我们可以明显看出，这是一个剧组搭景拍摄的现场。然后当一块镜头板入画、出画后，画面内时空瞬间变成了 20 世纪环境的场景，一个主人公生活的小镇。在这个综合构图里，运用了多种拍摄手段，包括固定画面、推拉、摇画面、变焦、移动和升镜头拍摄，构图结构变化，景别变化，角度变化，甚至表现时空也发生了变化。这样的多层次变化改变了人物的活动环境和背景，揭示了人物的双重身份，表现了复杂的情节内容，是综合构图运用的典范之一。

2) 表现连续的行为动作

在戏剧人物的戏剧表现时，人物的神情动作有的时候是很复杂的，有时是连续的、时止时行的行为动作。为了表现这种连续的动作，我们虽然可以采用分切镜头的形式，但是如果将其整个过程用静态和动态构图的方式连续、不间断地展示的话，将得到更加真实的、细腻的人物行为过程，更有利于观众视觉和心理上的接受。

3) 表现人物内心情绪的复杂变化

人物情绪的表达是一个相当复杂的过程，有的时候这种情绪来得相当快，而有的时候却需要一个过程，有的时候我们只需要表现它的结果，但有的时候我们需要表现这种过程连同它的结果，才能引起观众的深刻共鸣。那么在构图的时候，为了表达这样的过程和结果，采用综合画面构图的方式，能够连续地展现人物的行为以及姿态，进而激起观众应有的情感反应。这要比分切镜头在效果上更加具备感染力。

2. 常见的外在线形结构的构图形式

(1) 水平线构图

水平线构图的主导线形是向画面的左右方向（水平线）发展的，适宜表现宏阔、宽敞的横长形大场面景物。例如：当我们拍摄农田丰收景象、海上捕鱼情况、草原放牧场景、层峦叠峰的远山、大型会议合影等，经常会用水平线构图来表现，如图 4-10 所示。

图 4-10　水平线构图

(2) 垂直线构图

垂直线构图的景物多是向画面的上下方向发展的，采用这种构图的目的往往是强调被摄对象的高度和纵向气势。例如：在拍摄高层建筑、钢铁厂的高炉群、树木、山峰等景物时，常常将构图的线形结构处理成垂直线方向，如图 4-11 所示。

图 4-11　垂直线构图

(3) 斜线构图

斜线在画面中出现：一方面，能够产生运动感和指向性，容易引导观众的视线随着线条的指向去观察；另一方面，能够给人以三维空间的第三维度的印象（除横向维度和纵向维度）。斜线构图能够增强空间感和透视感。最典型的斜线构图是画平面的两条对角线方向的构图。采用斜线构图时，视觉上显得自然而有活力、醒目而富有动感，有经验的摄像师经常会运用斜线构图增强画面形象的可视性和表现力，如图 4-12 所示。

(4) 曲线构图

曲线构图又称为 S 形构图，也是一种常见的构图形式。在现实生活中，纯粹的直线（水平线、垂直线、斜线）固然常见，但柔和、优美的曲线也俯拾皆是，如人体的曲线、河流、羊肠小路、沙丘等。画面中的曲线（S 形）构图形式，不仅能给观众一种韵律感、流动感，

图 4-12　斜线构图

还能够有效地表现被摄对象的空间和深度；此外，S 形线条在画面中能够最有效地利用空间，把分散的景物串连成一个有机的整体，如图 4-13 所示。

图 4-13　曲线构图

(5) 黄金分割式构图

黄金分割又称为黄金律，即把一条线段分为两段之后，使其中一段与全段的比值等于另一段与这一段的比值（0.618）。黄金分割在西方历史上被认为是最神圣、最美妙的构图原则，被广泛运用于绘画、雕塑、建筑艺术之中。将黄金分割借鉴到电视画面构图中，也具有一定的美学价值。例如：按照黄金分割点来安排主体的位置，根据黄金分割率来分配画面空间，按黄金率来安排画面中地平线的位段等。黄金分割式构图能够给人以悦目的视觉效果，如图 4-14 所示。

(6) 九宫格式构图

九宫格式构图又称为井字形构图，也就是把画面的四条边缘三等分，再将相对的各点两两相连，这时画面就会出现四条连线和四个交点，即汉字的“井”字形状，如图 4-15 所示。通常来说，将主体安排在这些交叉点是最理想的，比较接近于画框边缘的黄金分割点，在视觉上容易取得较好的效果。例如：拍摄人物小景别画面时，常常将人物眼睛处理在画面靠上的 1/3 处。此外在拍摄多对象、多景物的画面时，按照九宫格的连线和交点来排布位设、分配空间，也容易赢得观众的认可。

图 4-14　黄金分割式构图

图 4-15　九宫格式构图

思考题

1. 解释以下名词：构图、主体、陪体、前景、背景、环境。
2. 画面构图有哪些基本原则？
3. 不同焦距的镜头有什么特点和作用？
4. 不同方位的镜头有什么特点和作用？
5. 不同角度的镜头有什么特点和作用？
6. 不同的运动镜头有什么特点和作用？
7. 阐述画面构图的基本方法。
8. 试说明画面构图形式及其应用要点。

实践建议

1. 观摩 3 部以上不同类型的优秀影视作品，注意其画面构图的特点，分析体会构图的要素、原则和要求，揣摩作品中景别处理的技巧和方法。

2. 以城市或校园中的人或事作为主题，构思拍摄一部短片，要求运用合理景别、拍摄角度、运动完成造型。

第 5 章

数字视频素材的获取

在数字视频作品的制作实现过程中，首要的工作便是根据创意设计的要求准备素材。无论是根据要表现的主题去寻找合适的素材，然后编辑处理；还是根据已有的素材创意设计出表达一定主题的数字视频作品，素材获取都是十分重要的环节。数字视频素材的量与质将直接影响到作品的质量，因此，应该尽可能采用多种方式获取高质量的数字视频素材。在诸多数字视频素材获取的途径当中，利用摄像机进行拍摄仍然是一个最主要的渠道，掌握摄像机拍摄技巧也就成了我们进行数字视频制作的重要技能之一。

学习目标

1. 熟悉数字视频素材获取的主要途径。
2. 掌握利用摄像机进行拍摄的操作要领。
3. 掌握摄像机拍摄的基本技巧。
4. 了解摄像用光的方法及要领。

5.1 数字视频素材获取的途径

随着数字技术的飞速发展，在数字视频作品进行创作时，素材的来源不再像模拟时代那样单一，除了利用摄像机拍摄这一主要渠道之外，通过计算机生成的动画以及在互联网上下载都成了数字视频素材获取的有效途径。

5.1.1 利用摄像机拍摄获取的数字视频素材

利用模拟摄像机拍摄的素材需要利用视频采集卡转换成数字视频，从硬件平台的角度分析，这种类型数字视频的获取需要三个部分的配合：

- 模拟视频输出的设备，如录像机、电视机、电视卡等。
- 可以对模拟视频信号进行采集、量化和编码的设备，一般都由专门的视频采集卡来完成。

● 由多媒体计算机接收和记录编码，从而形成数字视频数据。

随着数字摄像机的普及，现在更多情况下是利用数字摄像机拍摄获取的数字视频。这种情况下获取的视频素材由于本身是数字信号，只需要利用相应的接口（如 IEEE1384、USB 等）直接上传至非线性编辑平台进行后期编辑制作。

5.1.2　利用数码单反相机拍摄视频

用数码单反相机拍摄视频是数码产品应用的一个新领域，也为日益普及的数字视频制作增加了一个新的素材获取途径。相较于摄像机，数码单反相机有着诸多优点，如价格适中、画质优异、方式多样。从技术层面而言，数码单反相机的优势主要体现在两个方面：一是传感器的大尺寸决定了单反画质更好，画面纯净度高，细节细腻，同时在景深控制上有着普通数字摄像机所不具备的优势，能够根据场景使用大景深或浅景深营造效果；二是数码单反相机有多种不同镜头群可以更换，能够获得更多的表现效果，对于拍摄不同的视频内容，可以选择的拍摄方法更加丰富。用数码单反相机拍摄视频，适合艺术创作、个人创作和高端视频制作等多种数字视频创作领域。

5.1.3　利用计算机生成的动画

计算机动画是计算机生成的一系列可供实时演播的连续画面。其制作的一般过程是在计算机中生成场景和形体的模型——设置它们的运动——生成图像并转换为视频信号输出。利用 Flash、MAYA、3dsmax 等二维或三维动画制作软件生成的视频文件或文件序列作为素材，是数字视频制作中很重要的素材获取途径。计算机生成的动画素材在数字视频作品中的应用分为三种情况：一是完全由计算机生成的动画组成的作品（即动画片），二是在某些片段中使用动画，三是将拍摄的影像与动画进行数字合成全新的影像。尽管这三种形式都属于数字视频的范畴，但我们在教材中主要涉及后两种情况。

5.1.4　通过其他途径获取的视频

1. 视频素材库

一些商业公司提供的视频素材库购买后可以使用，但这类素材主要是一些通用的素材，有一定的局限性，在进行制作时只能作为补充。

2. 通过互联网下载

许多互联网网站都提供视频或影片的下载服务，下载服务分免费和付费两种。免费服务可以直接将视频或影片下载到计算机中，付费服务需要通过注册，以各种付费方式付费后，才能将视频或影片下载到计算机中。现在包括优酷土豆在内的各大视频网站都提供了下载转码服务，利用专有的客户端工具可以快速将需要的素材下载至本地，并转码成合适的文件格式。

3. 从光盘介质视频文件中截取视频片断

从已经出版发行的 VCD 或 DVD 中截取部分片段，也是数字视频素材获取的途径之一。当所截取的视频文件格式不能被视频编辑软件支持时，首先要把文件格式转换成视频编辑软件支持的文件格式。一般绝大部分视频编辑软件都支持 AVI 文件格式。所以，在 VCD 或 DVD 中截取视频文件并转换成 AVI 文件格式，然后将转换后的文件导入到视频编辑软件中进行处理是通常采取的方法。

5.2 摄像机的工作原理与种类

5.2.1 摄像机的组成

摄像机主要由光学系统、光电转换系统和录像系统三部分构成。其中，光学系统的主要部分是镜头，镜头由各种各样的透镜构成，当被摄对象经过透镜的折射在光电转换系统的摄像管或电荷耦合装置的成像平面上形成焦点，光电转换系统中的光敏元件会把焦点外的光学图像转变成携带电荷的电信号，从而形成被记录的信号源。录像系统则把信号源送来的电信号通过电磁转换成磁信号并将其记录在录像带上。因此，从能量的转变来看，摄像机的工作原理是一个光—电—磁—电—光的转换过程，摄像机的工作即成像、光电转换和录像的过程。摄像机工作原理如图 5-1 所示。

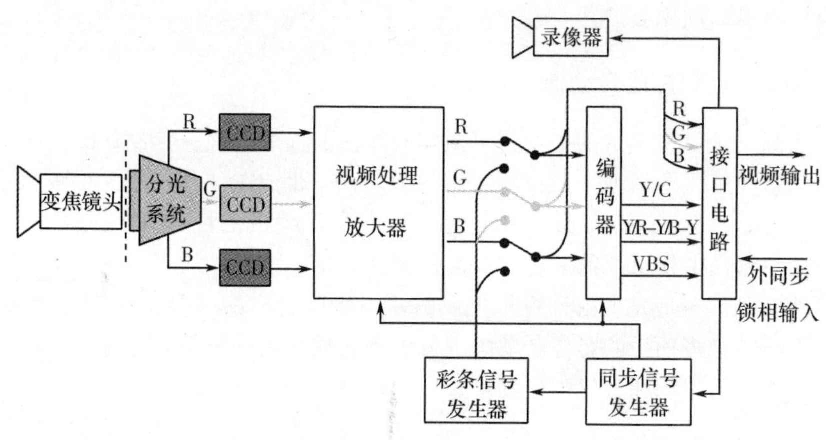

图 5-1　摄像机工作原理框图

5.2.2 摄像机主要部件的结构原理

不论哪种档次的摄像机，一般都是由镜头、寻像器、机身和话筒等部分构成的，如图 5-2 所示。

1. 镜头

摄像机镜头是一种光学装置，由许多光学玻璃镜片和镜筒等部分组合而成；它最基本的作用就是把自然环境中景物的影像经过选择之后投射到摄像管靶面上成像。它一般为变焦距镜头，由遮光罩、聚焦环、变焦环和光圈等部分组成。

(1) 镜头的成像原理

镜头是摄像机最主要的组成部分，并被喻为人的眼

图 5-2　摄像机的主要部件

睛。人眼之所以能看到宇宙万物，是由于凭借眼球水晶体能在视网膜上结成影像的缘故；摄像机之所以能摄影成像，也主要是靠镜头将被摄体结成影像投在摄像管或固体摄像器件的成像面上。因此说，镜头就是摄像机的眼睛。电视画面的清晰程度和影像层次是否丰富等表现能力，受光学镜头的内在质量所制约。当今市场上常见的各种摄像机的镜头都是加膜镜头。加膜就是在镜头表面涂上一层带色彩的薄膜，用以消减镜片与镜片之间所产生的色散现象，还能减少逆光拍摄时所产生的眩光，保护光线顺利通过镜头，提高镜头透光的能力，使所摄的画面更清晰。

要了解镜头的成像原理，首先要了解与镜头相关的焦距、视场角、光圈和景深等概念。

1）焦距

焦距是焦点距离的简称。在现实生活中，我们把放大镜的一面对着太阳，另一面对着纸片，上下移动到一定的距离时，纸片上就会聚成一个很亮的光点，而且一会儿就能把纸片烧焦成小孔，故称之为“焦点”。从透镜中心到纸片的距离，就是透镜的焦点距离。对摄像机来说，焦距相当于从镜头“中心”到摄像管或固体摄像器件成像面的距离。

焦距是标志着光学镜头性能的重要数据之一。在电视摄像的过程中，摄像者经常变换焦距来进行造型和构图，以形成多样化的视觉效果。例如：在对同一距离的同一目标拍摄时，镜头的焦距越长，镜头的水平视角越窄，拍摄到景物的范围也就越小；镜头的焦距越短，镜头的水平视角越宽，拍摄到的景物范围也就越大。

2）视角

一个摄像机镜头能涵盖多大范围的景物，通常以角度来表示，这个角度就称为镜头的视角。被摄对象透过镜头在焦点平面上结成可见影像所包括的面积，是镜头的视场。但是，视场上所呈现的影像的中心和边缘的清晰度与亮度不一样。中心部分及比较接近中心部分的影像清晰度较高，也较明亮；边缘部分的影像清晰度差，也暗得多。边缘部分的影像，对摄像来说是不能用的。所以，在设计摄像机的镜头时，只采用视场。需要重点指出，摄像机最终拍摄画面的尺寸并不完全取决于镜头的像场尺寸。也就是说，镜头成像尺寸必须与摄像管或固体摄像器件成像面的最佳尺寸一致。

当摄像机镜头的成像尺寸被确定之后，对一个固定焦距的镜头来说则相对具有一个固定的视野，常用视场来表示视野的大小。它的规律是，焦距越短，视角和视场就越大。所以，短焦距镜头又称为广角镜头。

3）景深

当镜头聚集于被摄物的某一点时，这一点上的物体就能在画面上清晰地结像。在这一点前后一定范围内的景物也能记录得较为清晰。这就是说，镜头拍摄景物的清晰范围是有一定限度的。这种在摄像管聚焦成像面前后能记录得“较为清晰”的被摄物纵深的范围便为景深。景深大，被摄主体前、后景清晰范围大，可用于拍全景、跟拍、新闻、球赛等；景深小，被摄主体前、后景清晰范围小，背景虚化，突出主体，对比强烈，画面生动。

当镜头对准被摄物时，被摄物前面的清晰范围称为前景深，后面的清晰范围称为后景深。前景深和后景深加在一起，也就是整个画面从最近清晰点到最远清晰点的深度，称为全景深。一般所说的景深就是指全景深。

有的画面上被摄体是前面清晰而后面模糊，有的是后面清晰而前面模糊，还有的是只

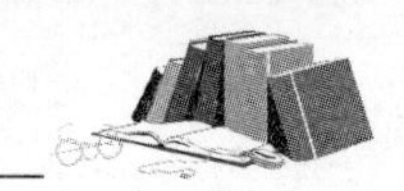

有被摄体清晰而前、后者模糊，这些现象都是由镜头的景深特性造成的。可以说，景深原理在摄像上有着极其重要的作用。正确地理解和运用景深，将有助于拍出满意的画面。决定景深的主要因素有如下三个方面：

A. 光圈

在镜头焦距相同、拍摄距离相同时，光圈越小，景深的范围越大；光圈越大，景深的范围越小。这是因为光圈越小，进入镜头的光束越细，近轴效应越明显，光线会聚的角度就越小。这样在成像面前、后会聚的光线将在成像面上留下更小的光斑，使得原来离镜头较近和较远的不清晰景物具备了可以接受的清晰度。

光圈是控制景深的首要因素——因为它是摄像师最有可能采取的办法之一。收小光圈，光圈值变大，景深增加；开大光圈，光圈值变小，景深减小，如图 5-3 所示。

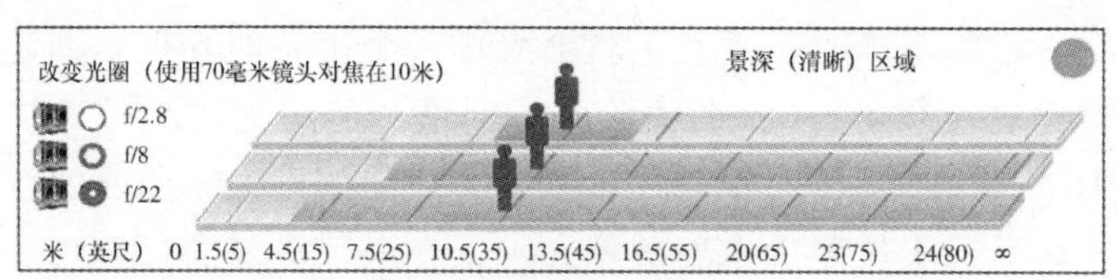

图 5-3 光圈和景深的关系

B. 焦距

在光圈系数和拍摄距离都相同的情况下，镜头焦距越短，景深范围越大；镜头焦距越长，景深范围越小。这是因为焦距短的镜头比焦距长的镜头，对来自前、后不同距离上的景物的光线所形成的聚焦带（焦深）要狭窄很多，因此会有更多光斑进入可接受的清晰度区域。焦距和光圈的关系如图 5-4 所示。

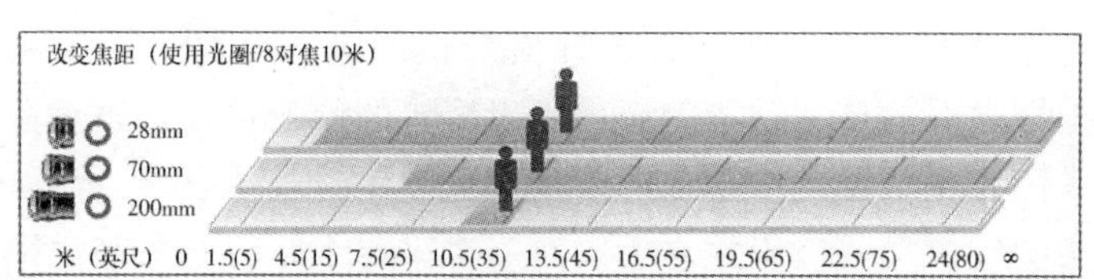

图 5-4 焦距和景深的关系

C. 对焦距离

镜头与被摄体之间的远近称为对焦距离。在镜头焦距和光圈系数都相等的情况下，对焦距离越远，景深范围越大；物距越近，景深范围越小。这是因为远离镜头的景物只需做很少的调节就能获得清晰调焦，而且前、后景物结焦点被聚集得很紧密。这样会使更多的光斑进入可接受的清晰度区域，因此景深就增大。相反，对靠近镜头的景物调焦，由于扩大了前、后结焦点的间隔，即焦深范围扩大了，因而使进入可接受的清晰度区域的光斑减少，景深变小。由于这样的原因，镜头的前景深总是小于后景深。物距和景深的关系如图 5-5 所示。

(2) 变焦距镜头及其原理

摄像机的镜头可划分为标准镜头、长焦距镜头和广角镜头。以 16 毫米的摄影机为例，

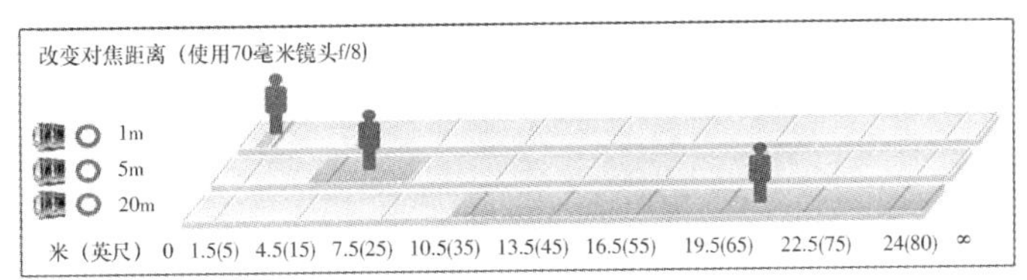

图 5-5　物距和景深的关系

其标准镜头的焦距是 25 毫米，之所以将此焦距确定为标准镜头的焦距，其主要原因是这一焦距和人眼正常的水平视角（24°）相似。在使用标准镜头拍摄时，被摄对象的空间和透视关系与摄像者在寻像器中所见到的相同。焦距 50 毫米以上的称为长焦距镜头，16 毫米以下的称为广角镜头。摄像机划分镜头的标准基本与 16 毫米摄影机相同。但是，目前我国的电视摄像机大多只采用一个变焦距镜头，即一个透镜系统能实现从“广角镜头”到“标准镜头”再到“长焦距镜头”的连续转换，从而给摄像的操作带来了极大的方便。

变焦距镜头在变焦时，视角也发生了改变，但焦点位置与光圈系数不变。通常所说的镜头的变焦倍数，是指变焦距镜头的最长焦距与最短焦距之比。目前，在一些普及型的摄像机中，其变焦距镜头的变焦范围大体上是 10～80（mm），故其倍数为 6～8 倍。一些广播级摄像机变焦距镜头的倍数为 14～15 倍。另外，有些机器上还装有一个变焦倍率器，使镜头焦距可以在最长焦距的基础上增加一倍，从而延伸了镜头的长焦范围。但是，这种装置会影响图像的质量，使用时要格外谨慎。

在实际拍摄时，当把变焦距镜头从广角端逐渐地变为长焦端时，其画面的视觉效果好像是摄像机离这一景物越来越近，这种效果便是所谓的“推镜头”。相反的变化效果便是“拉镜头”。摄像机镜头进行变焦距的变化有两种控制方法：一是电动变焦，二是手动变焦。电动变焦靠电动推拉杆（T 推－W 拉）来控制，手在推拉杆上用力的大小可改变镜头运动的速度。电动变焦的特点是镜头在推拉的过程中变化均匀。手动变焦是通过直接用手拨动变焦环实现的，手动变焦一般是在镜头需要急速推拉时才能使用。

2. 寻像器

寻像器是摄像机的窗口。摄像师通过它，可以选择画面角度、范围，确定画面构图；同时，还可以监看摄像机的工作状态。一般便携式摄像机上的寻像器荧屏对角线为 1.5 英寸，演播室里用的一般是 4.5 英寸的。寻像器的调节方法与普通电视机一样，也有亮度和对比度的调节钮，应使寻像器中的图像亮度适中，层次丰富。寻像器的一般功能是取景构图、调整焦点、显示机器工作状态以及显示记录后的返送信号。无论怎样调整寻像器的显示，都不会影响摄像机传送出来的视频信号。另外，寻像器也是一个多种信息的“告示器”。

在寻像器上一般都设计有对各种工作状态和告警指示的指示灯，如，记录指示（REC）显示录制的工作状态；低照度告警（LL）防止拍摄时的照度不够；播出指示（TALLY）显示所选择的信号属于哪台摄像机；电池告警（BATT）防止录制设备由于电力的不足而导致断电；白/黑平衡指示（W/B）显示出白/黑平衡是否已经调整好；增益指示（GAIN）显示此时的增益状态；磁带告警提前告知磁带用完的程度。

3. 机身

机身是摄像机的主体部分。机身部分主要包括内部光学系统、摄像器件、预放电路、信号处理、电子快门、信号编码、信号记录、视频返送和信号输出处理等多个部分。

(1) 内部光学系统

内部光学系统与摄像机镜头一起构成了摄像机的光学系统，其主要由两部分组成：滤色部分和分色系统。

所谓滤色就是对由镜头所拾得的光学图像进行颜色的预矫正处理。不同摄像机有不同的滤色光学系统。目前专业级摄像机的光学滤色部分大致相同：经由部分外置的拨动式触盘，拨动预先设定有光学滤色片的拨盘（内有预先安置在光学滤色盘上的、针对不同色温的光学滤色片）的相应位置，针对外来光源的色温情况做预调整处理，这也就是摄像机的白色平衡的粗调。

为了使摄像机能对外来光进行方便而有效的电子化处理，必须将外来的白光进行分色，分解为红、绿、蓝三个基色光。这个过程由光学分光系统完成。常见的分光系统有两种：平面镜分光系统和棱镜分光系统。

(2) 摄像器件

摄像机能将景物的光信号转变成电信号，依靠的是摄像器件，它也是决定图像质量的关键器件。随着摄像机全面数字化时代的到来，电子管逐步被淘汰，目前广泛使用的摄像器件是 CCD 器件和 CMOS 器件。CCD 即电荷耦合器件（Charge Coupled Device），这是一种利用半导体原理设计制成的复杂的光电转换器件。CCD 的直接作用是“感光度”的大小，成像感光度范围越大，对色彩和小物件的质量表现就越好。CMOS 器件在“内部结构”和“外部结构”上与 CCD 器件都是不同的，CMOS 器件由于其集成度高、体积小、重量轻以及大规模生产成本低的特点，使用越来越广泛，大有取代 CCD 器件的趋势。

(3) 预放电路

这个电路的作用是将经摄像器件光电转换出来的图像电信号放大成可以激励后级视频信号处理电路工作的信号。预放电路一般都是由特别低噪声的场效应管来担任，以保证放大后的信号噪声低、增益高和频带宽。

(4) 电子快门

在数字摄像机中，可以对 CCD 感光单元电荷积累的时间加以控制，即在每一场内只将某一段时间积累的电荷作为图像信号输出，而将其余时间产生的电荷排放掉，不予使用，这就相当于缩短了入射光在 CCD 片上作用的时间，如同照相机减小了快门时间一样，这就是摄像机的电子快门。

电子快门的特点是无运转噪声、速度档次多、速度快，适合分析快速运动过程，但存在图像的不连续、间断跳跃感。电子快门速度的标值有 1/50、1/100、1/200、1/500、1/1000秒等分级，不同机器设置不同。

(5) 视频信号处理单元

1) 白平衡（White Balance，简称 WB）

在景物光像中，任何一种颜色都可分解为红、绿、蓝三个基色，但它可能与电视系统设定的理想状况不一致。如果不进行“强制性”的调整过程，这三个信号分量可能得不到相同的放大量，所拍摄出来的图像就可能偏离原来的颜色。所以，必须针对“不平衡比例的进光量”，让电路的放大量分别进行“针对性”的调整，这就是白色平衡调整，它是景物图像获得正确色彩还原的重要保证。

2）黑平衡（Black balance）

单个摄像机在出厂前已经调整好了黑色平衡，使用者一般无须再作调整。

3）增益（Gain）

在照度低的情况下，光圈已开到最大，但图像仍然很暗，如果受条件所限不能用照明器具进行补充，则可以利用摄像机上的增益控制钮来增加电路系统的增益。

增益调整是对摄像机图像输出信号电平的大小进行调整。增益可以通过增益控制开关来调节，通常有 0dB 、8dB、18dB 等档位以供选择。增加电路增益往往会造成图像质量的下降——背景噪声也被提升，所以不到万不得已时最好不使用这一方法。

4）电缆补偿（Cable Compensation）

电视信号在长电缆中传输时，电缆内部存在的分布电感和分布电容将导致视频输出信号中高频部分的损耗。电缆补偿就是利用具有高频提升特性的放大器使信号恢复原样。

在摄像机控制器（CCU）上都设有电缆补偿调节钮，有若干个档位，可补偿 25 米、50 米、100 米等长度的电缆损失，不超过 10 米的可不补偿。大多机型具有自动电缆补偿的功能，无须手调。家用机没有这个问题。

5）同步信号发生器（Sync Generator）

同步信号发生器用来产生一个同步信号，以保证整个系统同步工作，使接收端显像管的电子束扫描与发送端的摄像器件完全同步，从而得到不失真的还原图像。

摄像机的同步机能有内同步、外同步或同步锁相之分。单机外拍时，是选择内同步方式；在演播中，几台摄像机共同摄取图像以供导演在特技台上选择时，它们都必须工作在外同步或同步锁相的方式之中，以保证不同的摄像机所摄取的图像在转换时稳定。

大多数摄像机具有自动转换同步方式的功能，当接到外来的同步信号时，可从内同步自动转换成同步锁相方式。家用机没有这个功能。

6）编码器（Encoder）

放大器输出的 R、G、B 信号经编码器形成彩色全电视信号（又称为复合信号）输出，供给录像机、视频切换台和监视器使用，同时还可直接输出模拟分量信号，供给分量录像机或分量切换台使用。现在的数字摄像机还能输出数字视频（SDI）信号，供给数字录像机或数字切换台使用。

（6）摄像机控制系统

数字摄像机控制电路由 CPU、存储器和接口电路组成。摄像机面板上的各种开关信号都送给 CPU，由 CPU 发出指令给各存储器和数字信号处理电路中的数字检测及有关部分。数字检测电路将检测出各种（调整所需的）误差值、信号的平均值和峰值等送回 CPU，进行存储、运算，并送到相应的调整电路进行参数值调整和控制。

4. 话筒

装置在摄像机上的话筒主要是用来拾取声音的，并且能将该声音与画面保持同步。话筒可以是预先安置在摄像机上的，也可以通过外接话筒的缆线与摄像机相连接。

摄像机话筒多选用电容话筒，并具有如下的性质：

- 具有电源开关（电容式、内置有“纽扣式电池块”）。

● 具有频率特性选择：有 M（Music）和 V（Voice）两个位置。有的 V 档还分有 V1 和 V2 两档，以对低频信号做有效处理。

● 具有话筒输出电平选择（MIC LEVEL）。

5.2.3 摄像机的种类

1. 按摄像机性能和用途的不同，可分为广播级、专业级和家用级

(1) 家用级摄像机

家用摄像机的主要特点是经济、小巧、操作简便。它们主要用于图像质量要求不高的场合，目前除了家庭使用外，还广泛用于工业、商业、交通等单位监视用。

(2) 专业级摄像机（业务级摄像机）

专业级摄像机因其多用于广播电视以外的专业领域（如教育领域、部队科教宣传方面、工业生产领域、医疗卫生领域等）而得名，其与广播级摄像机在指标上不一定有明显差距，只是采用的元器件的质量等级不同。专业级摄像机一般比较轻便，价钱也略为便宜，图像质量略低于广播级摄像机。

目前比较流行的专业级摄像机有索尼的 DVCAM 系列、DSR—250P/380P/570P 系列，松下的 DVCPRO 系列、AG-D410AMC/D610WA 等，JVC 的专业 DVGY-DVS001EC/550EC 等。

(3) 广播级摄像机（高标清摄像机）

广播级摄像机用于广播电视领域，图像质量非常高，性能全面，适于各级电视台在演播室和现场节目制作的场合下使用。其图像质量好，几乎无任何失真，色彩逼真，在允许的工作温度范围内，图像质量变化很小。在工作环境恶劣的情况下，如寒冷、酷热、潮湿等条件下，也能拍出令人满意的电视画面。但是，相比于其他种类的摄像机而言，其价格贵，体积大，也比较重。

广播级摄像机根据需求又可以分为：

1) 新闻专题类摄像机

新闻专题类摄像机用于新闻、专题拍摄，也就是通常说的“电视台节目”，如《新闻联播》《焦点访谈》《快乐大本营》外景。常用机型有松下 DVCPRO650、DVCPRO913 等。

2) 电视剧类摄像机

电视剧类摄像机用于电视剧或者电视电影拍摄。这类摄像机对画面曝光、颜色控制有了更高的要求。所以一般需要进行菜单设置，如“色相矩阵”类的。常用机型包括松下 DVW790、HDW750 等。

3) 数字电影摄像机

数字电影摄像机用于数字电影、微电影拍摄。这类摄像机通常都是 35mm 全画幅 CMOS 感光元件，主要机型包括索尼 F35、艾尔莎、REDONE。

2. 按电视节目制作方式的不同，可分为 ESP 用摄像机、ENG 用摄像机和 EFP 用摄像机

(1) ESP 用摄像机

ESP（Electronic Studio Production，电子演播室制作）用摄像机工作于有利于摄像机工作的条件下，如照明强度、色温等适度但对画面的质量要求比较高。因此，演播室使用

的摄像机为了提高性能指标，通常采用尺寸较大的摄像器件，对机器的体积没有太大的限制，它们常常采用长焦距、大口径的镜头，体积大，机身重，而且往往安装在一个较大的机座上。也正因为如此，演播室用摄像机的清晰度最高，信噪比最大，图像质量最好，价格也最贵。

(2) ENG 用摄像机

ENG（Electronic News Gathering，电子新闻采集）方式是以一台摄像机为工作单元，拍摄采集新闻（节目）素材。ENG 用摄像机工作于复杂多变的环境中，要求体积小、重量轻、便于携带，对非标准的照明情况有良好的适应性，在恶劣环境（如工作温度大范围的变化）中具有很好的安全稳定性，在调试操作使用中具有很大的方便性，自动化程度高，在实际操作中调整方便。它们的图像质量比演播室用摄像机稍低，价格也相对便宜。

(3) EFP 用摄像机

EFP（Electronic Field Production，电子现场制作）方式是用两台以上的摄像机，加上一台切换控制台和一些特技设备，对拍摄的节目即时进行编辑制作，然后录制或现场播出的方式。

无论是 ESP 用摄像机、EFP 用摄像机还是 ENG 用摄像机，都向高质量化、固体化、小型化、数字化、高清晰度化等方向发展，它们制作的电视图像质量的差别也越来越不明显。

3. 根据摄像机所用的光电转换器件的不同，摄像机又大致可以分为摄像管摄像机与 CCD 电荷耦合器件摄像机

摄像管摄像机由于体积大、性能不是很稳定，已逐步被 CCD 摄像机所取代。CCD 摄像机，顾名思义，是采用 CCD 电荷耦合器件替代摄像管，实行光电转换、电荷储存与电荷转移。CCD 摄像机不但具有体积小、重量轻、使用寿命长、低工作电压、图像无几何失真、抗灼伤等摄像管无可比拟的优点，而且其可变速电子快门大大改善了活动图像的动态清晰度，能拍摄高速运动物体的清晰图像，如飞机和火车的运动。此外，电子快门的清晰扫描功能，使其在拍摄监视器或计算机显示器时，能拍摄到普通摄像机和一般的电子快门都无法拍摄到的清晰画面，且图像上不会出现水平条纹。CCD 摄像机拍摄的图像质量与 CCD 的数量、感光面积和工作方式有很大关系。按 CCD 数量可分为单片式摄像机和三片式摄像机，三片式摄像机质量最好，广播电视系统均采用三片式摄像机。

5.3　摄像机的操作使用

5.3.1　摄像的前期准备

1. 磁带或其他存储载体

随着数字存储技术的快速发展，摄像机的存储介质也呈现出了多样化。除了磁带之外，DVD、硬盘还有 P2 卡作为存储介质也得到了越来越广泛的应用。因此，在拍摄前应该根据用机选择相应的存储介质，并做好设备的初始化工作。

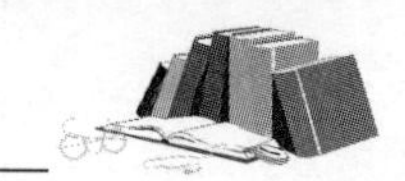

2. 外接话筒

外接话筒是本机话筒的延伸。外接话筒主要用于新闻采访或人物访谈时同步录制现场声。外接话筒与本机连接，要注意插件口径大小一致。口径不一致的，应配备转换插头。摄像机接上外接话筒后，一般就自动切断本机话筒线路，因此应当先做试验，确认连接无误后才正式拍摄。

3. 充电器和电池

电源是保证摄像活动正常进行的动力之源。尤其是在户外拍摄，没有交流电源时，电池就成了摄像活动的生命之源，难怪有许多摄像师视它如命根子。拍摄时应随身多带几块电池，同时要带上充电器以备不时之需。

4. 反光板

反光板是影视照明的辅助工具，用锡箔纸、白布和米菠萝等材料制成。反光板在外景起辅助照明作用（作为副光），也有时作主光用。不同的反光表面，可产生软硬不同的光线。反光板在内景中也得到普遍运用。

5. 摄像辅助装置

● 三脚架：用于固定摄像机，使所摄画面稳定。凡拍摄现场条件允许，尽量使用三脚架。即使是资深摄像师，也不例外。注意三脚架要配合摄像机的平台一起使用，使用前要注意检查支脚是否拉伸自如、各个固定螺钉能否旋紧稳固。

● 斯坦尼康：一种平衡稳定装置，用于摄像机移动拍摄时减少画面振动。其主要由三个部件组成：一只具有关节的等弹性弹簧合金减振臂；一个专门设计的平衡组件，用于支持摄像机设备；一件辅助背心。斯坦尼康在影视剧的拍摄中使用较多，如边走边说、骑马交谈等移动镜头的拍摄。

● 轨道（滑轨）：一种用于辅助拍摄运动镜头的设备，主要用于移镜头的拍摄。轨道有两种：一种是直轨，另一种是弯轨。弯轨可以近距离拍摄 1.5 米（近）～2.5 米（中）～5 米（远）满足模拟人眼实际距离，还原出真实感和亲切感而不变形。直轨一般只能远距离拍摄（2.5 米以上）。

● 摇臂：一种特殊的摄像辅助器材，越来越广泛地被各地电视台广告公司所采用。与轨道一样，摇臂可拍摄出平滑且富有动感的画面，通过其全方位的运动，画面可展现丰富的空间感。在拍摄大型活动现场时，也可获得富有动感的现场画面，并且由于摇臂的存在，可大大提升现场气氛，在一些企事业单位形象专题、广告拍摄、广场演出及其他一些 MTV 节目中，运用摇臂能给画面增添感染力。

摇臂有大/小、手动/电动之分。小摇臂在 3 米左右，基本为手动摇臂，机身的转动和操作要手动完成，可满足一般性宣传片、广告和室内拍摄需要。由于大型摇臂价格昂贵，使用携带不便，而小摇臂的出现很好地解决了这一问题。小摇臂自身的功能是以简单的操作方式为摄影机提供一个零重力的自由工作平台，以实现空间内点到点的位移，包括升降拍摄、摆臂拍摄、超低角度拍摄和移轴支点等，用于营造画面的空间感。

6. 其他常用附件

● 机箱：专用或特别配制的机箱要能防撞抗振，摄像机长途运输一定要装箱。

● 镜头盖：保护镜头必需的。经常出外拍摄，可用细绳系在机身上，以免遗失。

● 背带：可减轻长时间持机的疲劳，山地拍摄尤其好用。

● 平台：连接三脚架必不可少的配件。

● 雨衣：雨中拍摄的机用雨衣。

除了上述需要准备的各种设备之外，在正式拍摄开始之前还应检查摄像机的各种调节功能是否正常，否则会影响使用，难以保证画面拍摄的质量。

5.3.2　摄像的基本要领

摄像人员操作摄像机进行拍摄时，为保证得到优良的画面质量，最基本的操作要领是平、准、稳、匀、清。

1. 平

要求画面边缘的横线与地平线平行。即从取景器中看到的景物的水平线条应与画面的横边平行，其垂直线条应与画面的纵边平行。如果做不到画面边缘的横线与地平线平行，那么画面中的垂直景物就会显得倾斜，有摇摇欲坠的感觉，不合乎常态。

2. 准

要求取景器中的景物应与想要记录到录像带上的画面范围相符合，摄像机准确地拍摄到想要介绍给观众的内容。眼睛要尽可能接近取景器窗口，仔细观察。有条件时，还要通过监视器对取景器的视差进行校正。在进行运动拍摄时，由于从取景器中看到的画面是不断变化的，因此，一定要做到心中有数才能使运动镜头的目标准确、目的明确。

3. 稳

要求拍摄过程中摄像机的机身要稳，整个画面没有摇晃的现象。如果画面摇摇晃晃，则会使观众看起来十分吃力，影响观众对画面内容的正确理解。要想做到稳，一定要力求支撑摄像机的重心低，最好是使用三脚架。手持或肩扛摄像机拍摄时，要两脚张开与肩同宽站稳，减少呼吸，最好寻找一个依靠物，优先考虑广角镜头。

4. 匀

要求运动拍摄的画面的变化过程中节奏和速度均匀。为此，画面起幅和落幅要特别慢或相对固定，镜头运动加速和减速要连续而均匀，不应该出现断断续续动一下、停一下、快一阵、慢一阵的现象。

5. 清

要求画面清晰或清晰程度达到内容要求。为使画面清晰，首先应保持摄像机镜头清洁，其次是调准焦距，设定好光圈和物距。

5.3.3　摄像技巧

要想使拍摄的画面符合摄像的基本要领并具有高的技术指标和美的视觉效果，前期拍摄过程中摄像机的正确操作和使用很重要。

1. 正确曝光

无论是使用家用摄录机还是专业摄录机进行拍摄时，都必须认真对待一个问题，即如何进行正确的曝光控制，具体来讲，是指如何通过摄录机光圈的控制达到正确曝光，从而拍摄出色彩饱和、明暗适中的视频图像。这里着重以专业摄录机为例，谈谈光圈的控制技巧。

光圈大小的调节有手动和自动两种方式，对应的摄录机有一个手控/自动开关选择档。

当选择自动档时，摄录机通过平均估测画面中的亮度而自动调整光圈的大小；手控光圈是摄像师根据拍摄景物的亮度，选择光圈档，通过手控光圈环来确定光圈值。

运用自动光圈来拍摄是新闻等摄像中常用的一种方法，自动光圈给摄像师带来了非常方便的操作。特别是在抢拍瞬间发生的事情，来不及去作较细致的光圈调整，常采用自动光圈进行拍摄，确保迅速、及时地把那些重要的、珍贵的镜头记录下来。

当被摄对象的反差不大、照度均匀时，也可以运用自动光圈来拍摄，从而得到曝光准确的画面效果。除此以外，可以进行如下光圈控制技巧的尝试：

(1) 运用自动档测定光圈值，再人为地调光圈进行拍摄

一般来讲，人是电视画面表现的主体。以拍摄窗前人物为例，先将人脸推满画面，打自动光圈，摄录机自动测得光圈值，然后将光圈打回手动档，再拉回镜头减小半档至一档光圈，才能达到准确曝光。

例如：拍摄雪景时，因雪的反射光非常强，如果选择自动光圈进行拍摄的话，难免拍摄出灰蒙蒙的画面效果，仍然是先将光圈置于自动档位，测得光圈值，换到手动，再加半档或一档光圈值，才能拍摄出雪的白色晶莹。

又如：拍摄亮着的灯具时，如果用自动光圈进行拍摄，可以想象，灯光直射入摄录机的镜头，造成光圈的自动收缩，这样拍摄出的效果是昏暗的灯光，同样还是用自动光圈测得光圈值后，换手动光圈档，增加半档光圈值，才能拍摄出灯光亮起来的真实效果。

(2) 用折中法来确定最佳的光圈值

与摄影相比不同的是，摄像更多地用来拍摄推、拉、摇、移、跟等动态镜头。因此，许多摄像创作中，光线的变化也是动态的，也就是说，在拍摄运动镜头时，被摄主体的反差和亮度经常不一致，为了避免光圈大小变化而影响画面的效果，这时可以采用折中法来确定最佳光圈值。例如：在运动镜头中的内容是一段连续过程，但画面中的景物亮度是变化的，如果仅用自动光圈来拍摄，那么光圈会由于被摄物的亮度变化而忽大忽小，由此也降到指引光圈交替时视频信号强度不能迅速跟上而造成这一镜头中的画面忽亮忽暗，严重影响画面的质量。为了避免图像亮度波动，这时可将从自动光圈方式时的起幅画面光圈值和落幅画面的光圈值进行折中确定光圈值，然后以该光圈进行拍摄。例如：在拍摄从一个物体摇到另一个物体的镜头时，以自动光圈测得起幅画面光圈值是F4，落幅画面的光圈值是F8，这样我们可以将二者折中，选取光圈值F5.6，采用手控光圈进行拍摄。虽然这样拍摄出来的起幅画面与落幅画面质量均略有损失，但由于镜头运动时间较短，对总体效果的影响不大。但此方法只是用于起幅画面与落幅画面亮度差别不太大，若亮度差别过大，则此方法必然会造成起幅画面曝光不足，落幅画面曝光过度。针对这种情况，可采用下一个方法：如以自动光圈测得的起幅画面的光圈值为F2.8，落幅画面为F8，牢记这两档光圈值，实拍时，在起幅画面手调光圈值为F2.8，边摇动镜头边调整光圈环，即减小光圈值，到落幅画面时，光圈值调整到F8，都达到了准确曝光。当然，此方法操作起来对摄像师要求比较高，既要控制好摇动镜头的节奏，又要适时调整光圈值，手眼并用，必须熟练掌握。

(3) 落幅画面为主来确定光圈值

某些运动镜头拍摄中，有时落幅画面才是我们要表现的重点，为了保证落幅画面的准确曝光，这时就应以落幅画面来测定光圈之后，换手动光圈档定好光圈值再拍摄。例如：

拍摄会场观众全景推向主席台上演讲者的镜头时，就应以主席台上演讲者的脸部亮度来确定光圈进行拍摄。

事实上，从艺术创作的角度看，所谓正确曝光，没有一个绝对的技术数据可以依赖，它的参考标准只有一个，那就是场景气氛。气氛是因时因地甚至是因人的心情变化而变化的，所以艺术创作上的正确曝光从来都不是绝对的，有时需要曝光过度，有时需要曝光不足，只要摄像师通过对场景的曝光控制达到了正确表达环境气氛的要求，那么这种曝光就是正确的。

2. *彩色还原正确*

实现正确的色彩再现是对影视系统的基本要求。再现逼真的色彩不仅取决于摄像机本身的性能，还受到照明光源的种类及白平衡调整技术等因素的影响，其中正确判别照明光源的色温和准确的黑、白平衡调节是拍摄高质量画面的关键。

（1）色温

色温是光源的一个重要参数，它从一个方面反映了光源的颜色。色温指的是热辐射光源的光谱成分。当光源的光谱成分与绝对黑体（即不反射入射光的封闭物体，如碳块）在某一温度下的光谱成分一致时，就用绝对黑体的这一特定温度表示该光源的光谱成分，即色温。色温的单位为 K。光源的色温说明了光线中包含的不同波长的光量的多少。色温低，则光线含长波光多，短波光少，光色偏红橙；色温高，则光线含短波光多，长波光少，光色偏蓝青；白光既不偏红也不偏蓝，各种波长的可见光含量比较接近。表 5-1 列出了常见光源的色温。

表 5-1　常见光源的色温

光源	色温/K	光源	色温/K
晴朗的蓝天	10 000～20 000	中午的日光	5 000～5 400
阴沉的天空	6 800～7 500	下午的日光	3 000～5 000
日出日落时的日光	2 000～3 000	新闻腆钨灯	3 200
电子闪光灯	5 300～6 000	普通白炽灯	2 600～3 000
摄影卤钨灯	3 000～3 400	蜡烛光	1 850

（2）白平衡

为使各场景图像不偏色，将不同光条件下白色物体的色温在摄像机内部统一调整到 3200K。也可以这样理解，经过调节，使摄像机在各场景下拍摄白色物体而产生的 RGB 信号幅度相等。每换一个场景，都要调整一次白平衡；同一场景随光条件变化也要进行白平衡调整。

1）光学调整（粗调）

光学调整（粗调）要求根据不同的光照条件，使用不同的色温片。一般摄像机都有这几档色温片：3200K，适用于室内白炽灯、日出/日落等场合；5600K，适用于室内日光灯、户外阴天、薄云等场合；5600K＋1/16ND，适用于户外强日光、湖滨、雪景等场合。

2）电子调整（精调）

镜头对准光照下的白色物体，变焦使白色充满画面；拨动白平衡调节开关“AWB”

向上，寻像器显示“WHT：OP”，几秒钟后，“WHT：OK”字样出现，白平衡已调好。在白平衡被执行后，将自动方式开关拨回手动位置以锁定该白平衡的设置。此时，白平衡设置将保持在摄像机的存储器中，直到再次执行被改变为止，其范围为 2300～10000K。在此期间，即使摄像机断电，也不会丢失该设置，以按钮方式设置白平衡最为可靠和精确，适用于大部分应用场合。

3）全自动白平衡

ATW 开关置于 ON,“自动跟踪白平衡”功能启动。自动跟踪白平衡（Automatic Tracking White Balance，ATW）是指全程检测照明环境，随着景物色温的改变而连续地调整，范围一般为 2800～6000K。这种方式对于景物色温在拍摄期间不断改变的场合是最适宜的，使色彩表现自然。但在景物中很少甚至没有白色时，如场景大部分是蓝天白云或夕阳等高色温物体以及场景比较昏暗的场合下，连续的白平衡不能产生最佳的彩色效果。自动跟踪白平衡调整的调整过程需要约 10 秒钟的时间，在此期间不要进行拍摄记录，因为这段时间白平衡电路正在调整，画面色彩还原不正常。

（3）黑平衡

彩色摄像机拍摄黑白图像时，必须输出三个完全相同的图像信号，才能重现黑白图像。因此，要想在没有光照时呈现出纯黑画面，必须调节黑平衡。也即在输出端要输出三个很低但却完全相等的基准电压。所以，摄像机不仅要调节白平衡，也要调节黑平衡。黑平衡的调节方法是把自动白平衡的触发钮向相反方向拨动，自动黑平衡电路就开始工作。此时光圈先自动关上，然后电路再对黑平衡进行自动调节，过几秒钟，黑平衡指示灯（一般与白平衡共用一个指示灯）亮或寻像器上显示出“OK”，表明黑平衡已调好，并存入记忆电路。通常黑平衡的调整会影响白平衡的状态，所以调整完黑平衡后应再调一次白平衡，即调整次序为白平衡—黑平衡—白平衡。有时为了简化，也可省去第一次的白平衡调整，即黑平衡—白平衡。

3. 画面清晰

通常情况下，保证拍摄画面的清晰是摄像最基本的要求之一，而聚焦调节是保证图像清晰度最重要的一环，摄像机聚焦的过程就是对图像清晰度调节的过程。

（1）自动聚焦

目前几乎所有的摄像机都具有自动聚焦功能，在自动状态下基本能满足大多数环境下的拍摄。但是，我们知道自动聚焦系统并不是万能的，各种方式的自动聚焦都有各自的特点，同时也都有其一定的局限性。

摄像机的自动焦点装置一般是以画面中央为调焦基准的。只有画面中央的很小范围是自动焦点的检测范围，这一小范围内的物体的焦点能够自动聚实，也就是说如果被摄物体不在画面中央这一范围内，那么自动聚焦就会出现偏差。另外，自动聚焦系统受光线、亮度和被摄物等条件的影响很大，在一些特殊情况下会出现聚焦偏差，因此在这些场合最好还是使用手动聚焦比较保险。

自动聚焦系统对于下述目标或在下述拍摄条件下往往会发生错误判断，如果出现自动聚焦困难，则需要使用手动聚焦。

● 远离画面中心的景物无法获得正确的对焦。这是由于自动聚焦系统是以图像的中心为准进行调节的。

● 所拍摄的物体一端离摄像机很近，另一端离得很远。摄像镜头是有一定景深的，对于超出其景深范围的被拍摄物，摄像机不能聚焦于一个同时位于前景和背景的物体。

● 拍摄一个位于肮脏、布满灰尘或水滴的玻璃后面的物体。这是因为会聚焦于玻璃，而不会聚焦于玻璃后面的物体。玻璃窗前拍摄请贴紧玻璃拍摄，

● 拍摄在栏栅、网、成排的树或柱子后的主体时，自动对焦也难以奏效。

● 拍摄一个在暗环境中的物体。由于进入镜头的光线大大下降，摄像机不能正确聚焦。

● 拍摄表面有光泽、光线反射太强或周围太亮的目标物。由于摄像机聚焦于表面光滑或高反光物体，被摄目标会模糊不清。

● 拍摄快速运动物体的对焦较难。由于聚焦镜头内部是机械式运动，不可能与快速移动物体保持同步。当系统追踪拍摄时，会使景物波动于失焦和准焦两种状态。

● 在移动物体后面的目标物。自动聚焦系统会把移动物体误认为是被拍摄目标而进行聚焦。

● 拍摄反差太弱或无垂直轮廓的目标物。由于摄像机聚焦的实现是建立在图像的垂直线方向的反差物体，如一面白墙可能会变得模糊不清。

● 在下雨、下雪或地面有水时，自动对焦系统可能不能正确聚焦。

(2) 手动聚焦的方法

通过手动调焦或聚焦保证画面清晰，有几种途径：调节寻像器屈光镜使图像清晰，有利于聚焦；长焦时，景深小，容易聚焦，常用于特写调焦；大光圈时，景深也变小，有利于聚焦。

在实际操作过程中，一般都是将变焦距镜头推到广角位置（W）再进行聚焦，因为这时景深范围大，可以很容易地将焦点聚实。我们通过取景器观察图像的清晰度情况，直到满意为止。聚实焦点之后，再推拉变焦拉杆将镜头调整到所希望的构图景别上，焦点在变焦过程中不会变化。而采用摄远位置（T），对焦较为困难。特别是在近距离拍摄时，一定要将镜头调节为焦距最大的位置。

(3) 后焦校准

如果后焦不好，则变焦从特写到广角时图像变虚。

后焦校准方法：松开后焦环（F. f.）的固紧螺钉；光圈置于手动、调大；拍 3 米处物体；变焦由特写调为聚焦，使之清晰；然后调为广角，再调后焦环，使之清晰。反复几次，固紧后焦环螺钉即可。

(4) 近距特写

一般镜头聚焦清晰范围在 0.8 米以上。而近距（MACRO）功能可拍摄距镜头几厘米的小物体。方法：镜头后焦环置于 MACRO；聚焦置于∞，变焦环设置为手动，手动调变焦环，使被拍摄对象清晰。

(5) 清晰度的改变

在镜头聚焦清晰的条件下，通过下述方法可改变画面清晰度：

1) 轮廓校正（DTL 或 Detail）

对轮廓和细节等强调、夸张或反之。

2）加柔光镜

使用特技镜片或用凡士林涂到紫外镜片上等方法达到柔光的目的。如果用凡士林涂到紫外镜片的周围，使镜片中间的一个小圆保持干净，则画面中间清晰，周边柔化（注意：光圈越大，效果越好）。当凡士林涂到镜片的全部时，整个画面被柔化。

5.4 数码单反相机视频拍摄技巧

数码单反相机视频拍摄最大的优势在于传感器的感光面积大，而大尺寸的感光芯片最直接的特点就是景深控制，虚化背景的控制能力很强，这在视频拍摄中尤为重要。另外，可以很好地消除低照度下的噪声干扰，在高感光度设置下也能呈现出画质纯净和清晰的影像，总的来说，影像的画面效果非常优秀；数码单反相机视频拍摄能借助庞大的镜头群进行多彩的影像表现，使用超广角、鱼眼、微距、长焦或移轴镜头进行拍摄，大大丰富了视频影像的表现形式，而且大光圈镜头几乎覆盖了所有焦段。数码单反视频拍摄有丰富的附件支持，如：可以使用防水外壳在大海、瀑布、激流和湖泊等有水的环境下拍摄，能够创造新鲜视频拍摄体验；还可以使用偏光镜、柔焦镜和星光镜等多种滤镜来实现奇特的视觉效果。正是由于数码单反相机的上述优势，特别是近年来出品的数码单反具有高清视频拍摄功能，其已经在微电影、电视节目、电视广告、纪录片和音乐 MTV 等视频制作领域得到越来越广泛的应用。但与此同时，数码单反相机拍摄视频时也存在一些“与生俱来”的缺点，如：单个视频记录时间短，自动对焦能力弱；由于体积小、重量轻，加之传感器防抖动功能在视频拍摄时会自动关闭，容易造成画面抖动；同期声录音功能薄弱；可调节参数相对稀缺等。因此，在使用数码单反相机拍摄视频时要掌握必要的技巧，扬长避短，根据题材的需要拍出优质的画面。

1. 色彩空间设置和色温设定技巧

数码单反相机的色彩空间与普通摄像机不太一致，尤其是与电视机有较大差异，电视机灰度表现力弱一点，反差稍大，如果要使用数码单反相机高清视频拍摄电视节目，则需要事先将数码单反的色彩曲线进行压缩调整，以适应电视播出的灰阶范围；色温设置上，数码单反相机能手动改变色温，非常方便，色温可以根据需要设定成 2500K、5600K 和 8200K，让画面偏暖或偏蓝，营造出黄昏或清晨的不同感觉，或者把同一场景拍摄成不同的感觉。

2. 拍摄曝光控制

数码单反相机视频拍摄时曝光控制要恒定，曝光要锁死在固定的光圈和快门值，变化的只有光线，不要调整曝光量，这样才能得到真实的自然变化，呈现现实场景中光线的明暗转换效果。

3. 同期声录音技巧

数码单反相机视频拍摄使用同期声录音时，主要使用外置的麦克风、麦克风吊杆和防风罩套件进行采集音频。吊杆在使用时，将麦克风尽量接近拍摄人物，以保证录音质量。在拍摄舞台、会议和婚礼等场景时，可以通过调音台上“TAPE OUTPUT”接口连接一根音频线，可以将音频信号直接输出到摄像机或录音笔上，这样简单的设备就可以使数码单反视频的声音质量产生质的飞跃。

4. 运动镜头拍摄技巧

数码单反相机视频拍摄长镜头摇摄时速度要匀速、缓慢，因为数码单反相机逐行扫描的特点，镜头运动过快会导致画面闪烁，产生缺少帧数样的横条；拍摄移镜头，无论采用广角、中焦距还是长焦距，移动的速度必须一致，这样后期合成起来才可以非常流畅地观看，观众看起来也很舒服。

5. 手动对焦技巧

数码单反相机视频拍摄在手动对焦时的对焦方式可以采用陷阱式样对焦方式，就是预先设定好焦点，让主体处在相对固定的景深范围之内。进行人物的运动跟拍，要保持好与人物的固定距离，拍摄前找到一个与被摄人物距离相同的物体对好焦，然后将画面中心转移到人物身上。如果使用脚架固定拍摄运动的人物，则可以遵循“近顺远逆”的方向拧动对焦环，找准焦点。

5.5 摄像用光

摄像用光是利用各种摄像照明器材进行人工照明布光和利用不同光位的太阳光线进行采光的总称。摄像是用光造型的一门艺术。光不仅是将三维空间反映到二维电视屏幕上的重要物质条件，而且也是塑造物体形象的基本造型因素。光对摄像师来说，犹如一支神奇的画笔和五彩缤纷的颜料，摄像师按照摄像机的技术要求，用光作画、用光造型。

5.5.1 光线的作用

光线对画面构成所起的具体作用表现在以下几个方面：

- 满足电视摄录系统的技术要求，提供必需的景物亮度和反差。
- 引导观众的注意力。
- 揭示被摄体的形状、质地，形成物体的体积、轮廓、大小和比例的立体感。
- 揭示被摄体与周围环境的关系，塑造空间感。
- 影响或决定电视画面的影调和色调。
- 表现时间，烘托环境，渲染气氛。

5.5.2 照明器材

摄像照明器材一般由电光源、灯具、灯架和调光设备等组成。

1. 电光源

照明用的电光源是为节目制作的摄像机专门提供的特定照明光源。摄像机对照明光源的色温和显色性有特殊的要求，故照明的光源对摄像有较大的局限性。根据不同的照明要求，需选择相应的电光源。目前常用的电光源主要有以下几种：

(1) 卤钨灯

常用卤钨灯是在常用钨丝灯的基础上充入少量的卤素造成的，克服了灯泡玻璃壳易黑化的缺点，使灯泡的发光效率和使用寿命得到提高和延长。卤钨灯色温为 3000～3200K，

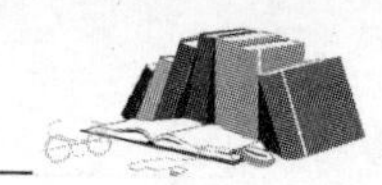

显色指数 Ra 为 97～99，发光效率为 21～23 流明/瓦。

（2）氙灯

氙灯是一种惰性气体灯。氙灯放电时的光色好，且其最大特点是光谱能量分布接近日光，所以氙灯有小太阳之称，常用来作外景照明。氙灯色温为 6000K，显色指数 Ra 为 95～97；光效高，发光效率为 30～50 流明/瓦；平均使用寿命为 1000～2000 小时。

（3）镝灯

镝灯是金属卤化物灯。镝灯的最大特点是发光效率高达 80 流明/瓦，电弧亮度分布比氙灯均匀，是一种光效高、光色好（可与太阳光并用）、使用寿命长的理想外景电光源。镝灯色温为 5500K～6000K，显色指数 Ra 为 80～90，平均使用寿命约为 2000 小时。

（4）三基色荧光灯

三基色荧光灯管因其光谱能量分布曲线是以红、绿、蓝三种原色组成而得名的，外形和日光色荧光灯一样。三基色荧光灯管色温为 3200K，显色指数 Ra 为 85，发光效率为 65 流明/瓦，平均使用寿命为 1000 小时左右。三基色荧光灯管是一种低温光源，它不会给演播室带来高温而影响摄像工作，还可以减少演播室的空调容量，降低成本。

2. 照明灯具

灯具是一种对光源所发出的光进行再分配的装置。所以，通常所说的灯具是光源和灯具的组合体。

（1）聚光型灯具

聚光型灯具的投射光斑集中、亮度高、边缘轮廓清晰，大小可以调节，光线的方向性强、易于控制，能使被摄物产生明显的阴影。聚光型灯具包括螺纹透镜聚光灯、成像聚光灯、光束灯、回光灯和追光灯等，这些灯具的光束大小都是可以自由调节的。

（2）泛光型灯具

泛光型灯具是一种漫反射式灯具，其投射光斑发散、亮度低、边缘成像模糊、散射面积大，光线没有特定方向，且柔和、均匀，被照物不产生明显的阴影。泛光型灯具包括新闻灯、天幕灯、云灯和反射型柔光灯，这些灯都没有透镜，出光角度很宽，在很短的距离就能照亮一个很大的区域。

3. 调光设备

调光设备，顾名思义，就是控制并调节灯光的设备。调光设备的发展经历了四代：第一代为电阻型调光器，目前已被淘汰；第二代为自耦变压器型调光设备；第三代为磁放大器型调光设备；第四代为可控硅型调光设备。如今，照明的调光控制基本上全部采用可控硅调光设备。计算机控制的可控硅调光设备在国内外也被广泛采用。

可控硅器件是一种半导体器件，可分为单向可控硅和双向可控硅。它具有容量大、功率高、控制特性好、使用寿命长和体积小等优点。电视照明控制设备均采用可控硅器件作为功率控制器件。要注意的是，调光设备必须与演播室相隔一定的距离，否则会对摄像信号产生干扰。

灯光艺术是由一个个灯光场景以及灯光场景的转换变化所构成的。因此，灯光控制设备的首要任务是让灯光设计者能自由自在地组织并准确地重演一个个灯光场景。智能灯光控制系统即计算机调光系统。

使用计算机控制灯光的最基本任务就是存储灯光变化的信息，包括亮度信息、分组信息、集控信息、自动变化的时间信息和速度信息等。随着电子计算机的飞速发展，计算机调光系统集成了越来越强大的功能。计算机控制设备由以下几方面组成：灯光控制设备操作面板、微型计算机、灯号译码、计算机与可控硅调光设备之间的信息传输转换接口电路等，操作面板上有键盘、调光操作杆、调光操作键和各种开关。操作员通过面板输入灯光信息、微型计算机通过I/O接口输入机内，依据软件控制程序进行处理，存入RAM中，或通过I/O接口输出到转换电路，从而实现对可控硅的调光控制。

5.5.3　摄像采光

摄像采光是指利用自然光来造型。自然光主要是指直射的日光和散射的天空光。大自然景物的亮部都是受日光和天空光的双重照射，而暗部只受天空光照射。外景摄像时，被摄物一般是以日光为主光，天空光和周围景物的反射光为辅光。然而，自然光的方位、高度、强弱以及色温都随着不同的时间、天气、环境而变化，摄像者只能选择合适的时间、光位、滤色镜，或利用反光板进行采光。

1. 自然光

自然光由于时间、季节、气候以及地理条件的不同而变化。时间变化时，早、午、晚与日出、日落时间，日光的强度随太阳的位置而变化。日出时日光很弱，早上逐渐转强，中午时最强，下午以后又逐渐减弱。季节变化时，夏季日光最强，春、秋季次之，冬季较弱。天气变化时，晴天、阴天、雨天、雪天的色温都不相同。地理条件变化时，纬度高低与日光强度有关，越靠近赤道，日光越强；高山与平地、天空与海洋的摄像效果都不一样。

(1) 日出光与日落光

太阳初升和欲落时，与地面成0°～15°角之间的光线为日出光与日落光。这段时间是早晨八点之前和五点之后的傍晚。这时，日光的照射角小，物体垂直面受光多，阴影少；水平面受光少，投影长。因为日光斜穿过较厚的大气层而被散射，蓝紫光被吸收，所以光线显得柔和且偏橙红色。由于地面水蒸汽不能上升，常有雾气和霞光，使地面反射光少，受光部位很亮、背光部位很暗，两者的光比大，特别是逆光时更为明显。

(2) 斜射日光

太阳与地面成15°～60°角之间的光线为斜射日光（八点至十一点的上午和两点至五点的下午）。这时，日光的照射角适中，亮度较强；地面的反射光和天空的散射光较多，照亮了物体的阴影部分，使物体垂直面和水平面都具有足够的亮度，明暗反差正常，影调层次丰富、色彩鲜艳、质感好。由于日光斜射，使物体产生富于变化的斜影，增强了画面的立体感和空间感。这段时间是正常摄像时间：日光的光位移动慢，亮度变化不大，摄像者有足够的时间等待时机，选择角度、思考构图，无论拍摄人物或景物，都能获得较好的造型效果。

(3) 午间顶光

太阳与地面成60°～80°角之间的光线为午间顶光（上午十一点之后至下午两点之前的午间）。这时，日光的照射角度高，亮度最强。当光线近于80°角照射时，物体垂直面受光少、阴影多，水平面受光多、投影短，顶部亮、下部暗，亮部与暗部反差强烈，质感不能准确表现。当太阳升至80°角时，物体在地面没有投影，难于表现立体感和空间感。由于

光线过于强烈、角度太高，使物体失真、变形，一般不选这段时间摄像。

2. 日光的光位

光位是以被摄物的正面为中心，光源所对应的位置。日光的位置是不以人们的意志而转移的，外景摄像时，摄像员只能移动被摄物或等候太阳光线变化，选择合适的光位和时间进行造型创作。

日光的光位按水平方向分为顺光、顺侧光、侧光、逆侧光和逆光等，按垂直方向分为顺顶光、顶光和逆顶光等，如图 5-6 所示，但没有人工光那么多光位。顺顶光、顶光和太阳当顶的光效相似；逆顶光和逆光的光效相似。

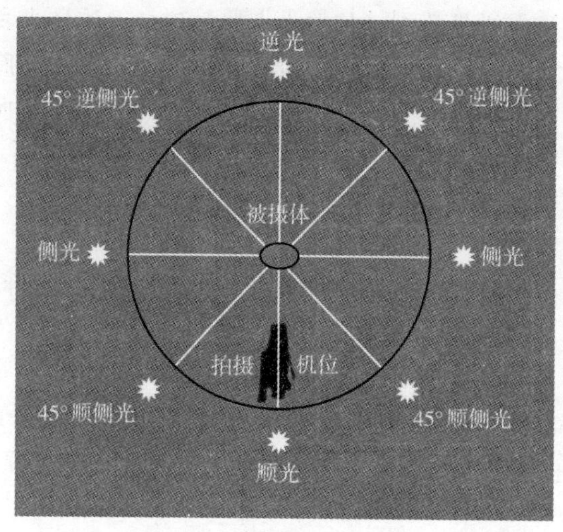

图　5-6

3. 反光板采光

反光板是能反射光线的照明辅助工具，它必须在较强的光线作用下，利用反射角等于入射角的规律，将光线反射到需要拍摄的物体上。在日光照射的外景摄像时，常用反光板作为被摄物暗部的辅光，调节景物的光比，使画面影调层次丰富。

反光板要求反光率高、反光面平，才能得到又强又匀的照明效果，不同反光特性的表面可产生软硬性质不同的光线。硬光反光板表面是银箔或金属薄片，软光反光板表面是磨砂、带点或柔皱的银箔，白布或白纸。常用两块反光板组成折合式反光板灵活地调节反射光的强度。

在外景摄像中，当日光是逆侧光时，被摄物的前侧方处于阴影下，将反光板置于物体的前侧方，可提高其暗部亮度；当日光是侧光时，被摄物产生阴、阳面，将反光板置于日光对侧，可照亮其阴面；当日光是顶光时，被摄物上部亮、下部暗，把反光板放在物体的前下方，以增加物体下部的亮度。

4. 混合光

混合光是指自然光、人工光或不同色温的光源同时并用的照明光线。外景摄像常遇到这种情况。混合光摄像时要调整、统一色温，以适应摄像机光学系统的色平衡要求。

(1) 室内混合光

室内混合光摄像，首先要确定是以低色温还是以高色温为统一色温。以高色温为统一色温时，人工光要用高色温灯。若用低色温灯，则要根据自然光的色温，在低色温灯前加升色温片，以提高低色温灯的色温，与自然光的色温一致。例如：室内自然光色温为 6500K 时，在 3200K 色温的灯光前加蓝色雷登 82 升色温片，使灯光色温升至 6500K，与自然光色温相同。

以低色温为统一色温时，人工光要用低色温灯，并设法降低自然光的色温。例如：自然光色温为 6500K 时，可在门窗的透光处挂上橘黄色雷登 85 降色温片，使室内自然光色温降为 3200K。

(2) 室外混合光

室外混合光摄像，不论是以自然光为主，还是以灯光为主，都是以高色温为统一色温。将低色温灯变为高色温，或直接用高色温灯作室外照明，与自然光混合照射被摄物。

5.5.4　摄像布光

摄像布光是利用各种摄像照明器材，运用人工照明方法，按照光线不同的造型效果，对被摄物布置不同距离、方位、高度以及不同强弱性质的灯光，从而增强被摄物的立体感、质感、纵深感和艺术感。虽然布光的灵活性很大，但做到准确并不容易。布光要遵循自然光的照射规律，符合人们的生活习惯与视觉心理。

1. 布光的光型

灯光按照光线的造型效果可分为主光、辅光、轮廓光、背景光、装饰光、效果光和场景光等。布光往往不只是运用一种光型的灯光，而是对各种光型的灯光进行综合运用。

(1) 主光

主光是表现主体造型的主要光线，用来照亮被摄物最富有表现力的部位。它在画面上形成明显的光源方向、亮部、阴影和投影，起主要的造型作用，故又称为塑造光。其他光的配置都是在主光基础上进行的，它不一定是最强的光，但起着主导作用，突出了物体的本质属性。

主光一般采用菲涅尔聚光灯。主光一般在被摄体左或右前侧，顺侧光的位置上。主光光位在被摄体左或右前侧 30°～45°时，一般称为正常主光照明。水平位置上主光角度小于 30°时，属于正面照明，造型能力较弱。水平位置上主光角度在 45°～80°时，称作“窄光照明”，适宜人物脸部较平或需要强调其立体感和质感的被摄对象的表现。

(2) 辅光

辅光又称为补光，弥补主光的不足，照亮被摄物的阴影。它使阴影部分产生细腻、丰富的中间层次和质感，起辅助造型的作用。辅光的强弱变化可以改变影调的反差，形成不同的气氛。一般，主光和辅光的光比约为 2∶1。若光比大，则影调硬；若光比小，则影调软。

辅光一般采用散光灯。辅光的方位在主光和摄像机的另一侧，与摄像机镜头轴线成 5°～30°水平角。辅光的高度与摄像机镜头轴线成 0°～20°垂直角。总之，辅光的亮度和角度以冲淡主光的影子和避免产生第二个影子为宜。

(3) 轮廓光

轮廓光又称为逆光或背光，是从被摄物背后来的光。它使被摄物产生明亮的边缘，勾画出被摄物各部分的轮廓形状，将物体与物体之间、物体与背景之间分开，增强画面的纵深感。轮廓光通常是画面中最亮的光，主光与轮廓光的光比约 1∶1～1∶2 之间。

轮廓光一般采用回光灯和聚光灯。轮廓光的方位在被摄物的后面，与摄像机镜头轴线成30°水平角。轮廓光的高度与摄像机镜头轴线成30°～60°垂直角。水平角太小，落地灯架会被摄入画面；垂直角太小，光线会射入摄像机镜头，使画面产生光晕现象。

(4) 背景光

背景光是照亮被摄物背景、布景和天幕的光。它的作用是消除被摄物在背景上的投影，使物体与背景分开，衬托背景的深度。

背景光的亮度决定了画面的基调：高调画面，背景光亮度可与主光亮度相同或略高于主光，形成洁白、明净的背景；低调画面，背景光的亮度要低于辅光，形成深沉的背景；中调画面，背景光亮度在主光和辅光之间，约为主光的2/3。

背景光一般采用天幕灯和散光灯。

(5) 装饰光

装饰光用来突出被摄物某一细部造型的质感，以达到造型上的完美，如眼神光、头发光和服饰光等。

当主光、辅光、轮廓光、背景光依次布局完善以后，分析被摄物局部的亮度是否合适，层次表现是否完美，如果不够理想，那么就用装饰光修饰这些局部和细节部位。

(6) 效果光

效果光是用人工光源再现现实生活中一些特殊光源的光线效果或特定环境、时间、气候等的照明。例如：从布景的窗户外投射强烈的灯光，使室内产生窗口投影，再现室外的阳光效果；由遮光板将点燃的碳精灯的光线迅速来回遮挡，产生闪电效果；用粗细、长短不同的条形红丝绸绑在风扇的防护罩上，被风吹起来，在灯光作用下形成火焰效果；用一个装有浅水的大盘，放些碎玻璃，轻轻地触动水面泛起波纹，在灯光作用下反射到被摄物上，产生水纹效果等。

(7) 场景光

场景光是拍摄大场面才用的。场景光要均匀照亮整个场景，光照度至少要达到1 500～2 000勒克斯，使彩色摄像机无论拍摄哪个角度都能符合色彩还原的基本要求，所以场景光又称为基础光。主光为基础光的1.2～1.5倍，辅光为基础光的0.8～1倍，轮廓光为基础光的1.5～2倍，背景光为基础光的0.8～1倍。

场景光一般采用散光灯。场景光的位置在被摄物的上方，还要大面积均匀分布，使整个场景的照度一样。例如：可将顶光散光灯均匀、水平地悬挂在演播室的灯架顶上，使整个演播区的照度相同。在此基础上，再综合运用不同造型效果的灯光。

2. 布光的程序

布光要有一定的程序，先布什么光，后布什么光，心中要有数，还要避免光线的相互干扰。布光程序是按拍摄场面大小而定的。

(1) 大场面布光程序

大场面一般先布场景光，后布背景光，再布主体光。此时，要求背景光能反映出布景的三维空间。主体光首先布置主光，确立主体的初步造型；然后配以辅光弥补主光的不足之处，改进未被主光照亮部分的造型。为了区分主体与背景，增强画面的空间感，可用轮廓光照明。如果主体的局部细节造型不理想或与整体不协调，则使用装饰光加强整体造型与美感。各种光线应与主光协调一致。如果主体活动范围大，可以用两盏以上的灯作为主光、辅光或轮廓光，但要注意光线衔接，避免互相影响。

(2) 小场面布光程序

小场面一般先布主体光，后布背景光。因为小场面的主体与背景距离比较近，如果先布背景光，则在布主体光时，主光和辅光全投射在背景上，会影响原来布好的背景光，所以小场面要先布主体光，根据主体光投射在背景上的范围大小和光亮程度，再布背景光。

布光还要根据主体是人还是物、个体还是群体、静态还是动态等具体情况，考虑最佳的布光方案。

只要光效理想，灯光用得越少越好。

3. 静态布光

(1) 三维物体布光

运用主光、辅光和轮廓光三种基本光进行照明布置，能将三维物体的立体感、质感和纵深感的基本造型呈现在二维电视屏幕上，如图 5-7 所示。这种基本布光方法又称为三点布光。

这三种基本光的关系是主光强，辅光就要弱，否则会喧宾夺主。主光高，辅光就要低，这样才能有效地消除主光在垂直方向的阴影。主光侧，辅光就要正，这样才能有效地消除主光在水平方向的阴影。轮廓光可由主光和辅光的位置决定其高低与正侧。当轮廓光作为隔离光和美化光时，也可以不考虑主光和辅光的位置关系。这三种光线处理得当可以互相补充。

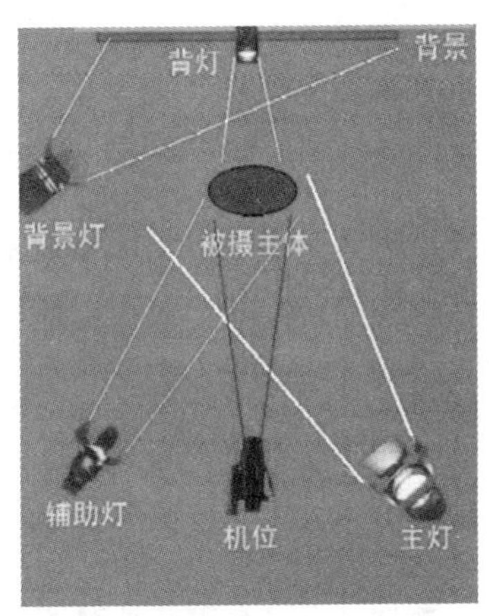

图　5-7

(2) 反光物体的布光

金属仪器、玻璃容器和液体等被摄物容易产生反光。透明的图表、动画胶片和不透明的图表、照片、字卡等被摄物由于其表面不平整，也可能造成局部反光。一般常用下述方法避免反光：

- 改变摄像机位和被摄物的位置，避开物体的反光斑点。
- 移动灯位，改变灯光在物体上的入射角，使反光斑点移到画面外。
- 将硬光软化，减轻物体的反光程度。

当硬光受到某些物体遮挡而产生散射或漫反射后，再照射到物体上，变为软光，光线的强度减弱了，从而减少了物体的反光程度。在灯前加柔光纸，将灯光照在天花板、墙壁和漫反射布上，就可以使硬光软化。

- 如果被摄物主要是玻璃容器内的液体和容器的刻度，而不是玻璃容器的形状，那么常用侧光、逆侧光和顶光作为主光，既照亮了液体，又避免了玻璃的反射光线射入摄像机镜头。
- 设法降低物体表面的光洁度，减少其反光率，如在物体表面涂肥皂和凡士林等。
- 用偏振镜滤去偏振光，相对衰减了反光强度。例如：对于玻璃器皿的强反光斑点，在摄像机镜头上加偏振镜，旋转至一定角度，就能滤去反射光线的偏振光；对于金属表面的强反光斑点，还要同时在灯前和摄像机镜头上加互成 80°角的偏振镜，就可以滤去入射光和反射光的偏振光。

（3）群体布光

群体布光是指由两个以上的人或物组成的相对静态的群体（如两人交谈、三人研究、众人开会等）的布光，常采用以下方法：

1）分别布光

分别布光对各个物体分别进行三点布光。甲乙两人，分别配置主光、辅光和轮廓光。这种布光方法要用很多灯，光线容易互相干扰，产生较多影子，必须做好遮挡工作。

2）一灯多用布光

一灯多用布光是指一盏灯对不同物体有不同的造型效果。A灯，对甲来说是主光，起主要造型作用；对乙而言是逆光，勾画其轮廓形状。它是群体布光的常用方法。

3）分组布光

分组布光是指按灯具照明范围的大小将群体分组布光。将四个人分为两组，甲乙两人用前一组灯具作三点布光，丙丁两人用后一组灯具作三点布光。

4）整体布光

整体布光是指用高功率灯具或几盏并列灯具分别作为主光、辅光和逆光，对群体进行大面积的三点布光。

4. 动态布光

（1）被摄物运动的布光

被摄物运动可用大面积布光、分区布光或连续布光。被摄物运动时的布光主要是解决照明效果的一致性和连续性。

1）大面积布光

大面积布光是指将物体活动的整个区域进行大面积布光，这和整体布光相似。

2）分区布光

分区布光是指将物体活动划分为一系列的重点区和瞬时区，物体在重点区的时间比较长，需要有较好的布光效果；物体在瞬时区很快就通过了，只需适当的照明，其影调反差与重点区相吻合就可以了。

3）连续布光

连续布光是指按照物体活动的路线、环境以及在每一个相对位置的活动范围利用三点布光法进行连续布光，使物体运动的方向发生变化时主光、辅光和逆光的方向不变，保持同一光线造型效果。

（2）摄像机运动的布光

摄像机运动时的布光可用活动灯具移动照明。例如：用摄像机的机头灯或手提新闻灯，随着摄像机运动而不断地调整照明的方位、高度和亮度平衡。摄像机运动布光是新闻摄像中常用的方法，要求灯光师与摄像师密切配合，熟悉摄像内容、路线和方向，使照明效果能够前后一致、连续。又如：固定主光，随着摄像机运动平稳地移动辅光，移动的辅光要与移拍的被摄物的距离保持不变，这样才能使前、后画面的亮度保持一致。为了使被摄物获得足够的照度，一般以近拍为宜。

思考题

1. 数字视频素材获取的途径主要有哪些?
2. 摄像机的基本结构包括哪些部分?
3. 摄像机操作的基本要领是什么?
4. 摄像中如何做到正确曝光?
5. 如何保证拍摄的画面色彩还原正确?
6. 光线的主要作用有哪些?
7. 简述摄像采光的要点。
8. 摄像布光中的光型主要有哪几种?
9. 简述静态布光和动态布光的原则与要点。

实践建议

1. 练习摄像机的使用，要求：

(1) 分别采用手持、肩扛持机方式进行拍摄练习，掌握摄像的基本要领。

(2) 进行构图练习，运用不同的构图形式，体会构图的要素、原则和要求。

(3) 练习在不同的环境中调节白平衡，利用调节白平衡的技巧使画面呈现某种特定的色调。

(4) 练习对焦的两种方法，注意观察两种方法的适用性。

2. 摄像用光练习，要求：

(1) 室外自然光、室内混合光下的采光练习。

(2) 三点式布光练习。

第 6 章

数字视频的编辑制作

在数字视频作品的制作过程中，拍摄和素材的准备是一个重要的环节，接下来就需要对素材进行选择、修剪和组合操作，这就是数字视频的后期编辑工作。在数字视频技术飞速发展的今天，数字视频作品的后期编辑在整个作品的实现过程中扮演着举足轻重的角色。本章主要对数字视频后期编辑工作进行整体阐述，介绍了后期编辑的流程以及分类方法。重点介绍了非线性编辑以及常用的非线性编辑系统的软、硬件构成和非线性编辑软件 Premiere Pro 的基本操作流程。

学习目标

1. 理解数字视频编辑的程序。
2. 了解线性编辑的概念与特点。
3. 了解非线性编辑的概念、特点和种类。
4. 了解非线性编辑系统的构成。
5. 了解常用的非线性编辑软件。
6. 了解非线性编辑软件的基本操作。
7. 掌握 Premiere Pro 的基本操作流程。

6.1　数字视频编辑工作概述

数字视频编辑就像一个作家，从一大堆的词汇中，找到组合正确句子、段落的方式，这种选择和重新组织的过程是复杂而细致的，因为一个镜头是由若干分秒组成的，1 秒由 25 帧构成，作品就是在帧秒之中连接起来的，有时，1 秒长度内可能包含了几个镜头，需要完成几次剪辑。另一方面，在后期编辑中，组合段落、安排节奏、考虑画面效果、使用声音、调整叙事结构，每一步都需要几番斟酌，既需要充分调用各种编辑技巧和视听手段，又要充分考虑接受对象的心理特性和收视习惯，在此基础上才能编辑出“可看”“耐看”和“必看”的数字视频作品。

6.1.1　编辑的程序

在后期制作过程中，编辑承担的主要工作是视听形象塑造，制作者在电子编辑系统或非线性编辑系统上按照编导意图对素材进行处理，也可根据对内容的新理解或新角度进行创造性思维建构。主要流程如下：

1. 准备阶段

经验告诉制作者：在正式进入后期编辑前，做好准备工作很有必要，准备得越细致，编辑时会越顺利，既能确保编辑质量，也能提高编辑效率。

（1）修改拍摄提纲

一般地，在作品的前期创意设计阶段，创作者已经对作品的主题、内容、形式、结构与风格等形成了比较完整的艺术构思，拟定了初步的拍摄提纲、文字稿本甚至分镜头稿本。但在具体拍摄时，由于实际条件的变化或限制，最终拍摄下来的素材往往会与最初创意设计不完全一致，有时会有意外收获，有时则无法实现。因此，在开始编辑前，需要根据稿本和已拍摄的素材及时修订拍摄提纲。

（2）整理熟悉素材

拍摄回来的原始素材有可能会非常零散，有必要对此进行一定的梳理和甄别。在这一阶段需要反复观看拍摄素材，熟悉原始的图像和声音素材，这是很重要的，它至少有以下作用：

● 通过熟悉素材，想象可能的编辑效果，在脑海里建立起初步的形象系统。

● 原始素材常常能激发创作灵感，有利于调整构思，保证素材的最有效利用。

● 可以发现现有素材的不足，以便尽快补拍或寻找相关声像素材。

● 对素材进行整理分类，做详尽的场记单（场记单包括素材带编号和每个镜头的内容、长度、质量效果），以便编辑时查找。

（3）拟定编辑提纲

这是正式编辑前最关键的一环。编辑提纲是剪辑的依据，它包括总体结构、各段落的具体镜头、时间长度的分配等内容。可以说，完成一个完善的编辑提纲就等于完成作品的一半，它具有诸多好处：

● 可以保证作品在结构上的完整性和节奏感，并保证各部分内容在比例上的得当。

● 可以保证选用最能表达意义的镜头。

● 可以提高编辑工作的效率。

● 可以保证作品长度上的精确性。

2. 编辑阶段

完成了前述准备工作，就可以着手正式编辑了。这是编辑工作的最主要的阶段，主要包括以下几个步骤：

（1）镜头选择

对所有的原始素材进行分类和整理，包括给素材带编号，尽可能按照时间或空间的顺序来编排，然后逐个记下每个镜头的内容和长度。编辑人员要从镜头技术质量、审美效果以及叙事或表意需要出发，选择最能实现作品创意的镜头。

（2）粗编和精编

选择完镜头之后的组合是编辑工作的重点，在这一阶段所有的前期创意设计都将通过视听形象完整地呈现出来。这里镜头的组合与排列，不仅要注意影视语言的语法规则，更要注意意义的表达，并要通过选择剪接点和镜头的不同长度来创造最佳的艺术效果。原本零散杂乱的镜头在这里被排列成一个有意义的有机整体，从而使创作工作初步完成。编辑人员因习惯不同，有的是一步到位，有的则把编辑工作分为粗编和精编两步。

粗编是根据作品表达需要和时长规定将镜头大致串接在一起，基本完成作品的目标结构。粗编的片子往往比完成成片时间要长些，粗编完成后再对建立起的形象体系进行感受推敲。粗编时可以对作品的整体节奏、镜头编排和声画组合等设计进行调整、修改和完善，并形成最终的编辑脚本。精编则是在粗编基础上的完善。

（3）合成与包装

镜头组接完成以后，有时还需要进行特技制作、字幕合成、配解说、配音乐，最后还要做片头和片尾的包装等，最终制作成符合设计思想的作品。在数字视频制作过程中，这一工作也是编辑工作中比较重要的一环，数字技术的诸多优势往往集中体现在这一环节的工作当中。

（4）检查阶段

编辑完成以后，检查工作也是必不可少的一种修改与完善，通过检查发现问题并解决问题，从而使数字视频作品意义明白、视听流畅、节奏和谐。

1. 检查意义表达

检查画面与声音的组接是否符合生活逻辑、条理是否清楚、内容之间的联系是否合理自然；检查结构是否完整匀称、意义表达是否准确、效果是否达到目的等；检查剪接点选择是否恰当、是否符合基本的影视语言规则、运动的把握是否流畅、场面过渡是否自然。

2. 检查技术质量

检查图像与声音是否达到技术标准、是否有夹帧现象、有无错字或漏字、声音是否连贯、与画面是否同步等。

6.1.2 线性编辑与非线性编辑

1. 线性编辑

所谓线性编辑，实际上就是通过一对一或者二对一的台式编辑器将母带上的素材剪接成第二版的完成带，这中间完成的诸如出入点设置和转场等都是模拟信号转换成模拟信号，由于一旦转换完成就记录成了磁迹，所以无法随意修改，一旦需要中间插入新的素材或改变某个镜头的长度，整个后面的内容就全得重来。

传统的线性编辑一般是由 A/B 卷的编辑器、特技机、调音台和监视器等几个最主要的部分构成，大型的演播室还有诸如视频切换台和矢量示波器等许多复杂的硬件设备。

线性编辑的一个缺点是像质损耗大，一般到了第三版以后就达不到播出要求了。而非线性编辑在这一点有很大的改进。由于采用数字的方法记录视/音频信号，无论转换多少次，都不会损失像质。

2. 非线性编辑

非线性编辑是相对于线性编辑而言的，它指的是可以对画面进行任意顺序的组接而不必按顺序从头编到结尾的影视节目编辑方式。非线性编辑经过机械阶段、电子阶段发展到了数字时代才具有强大的生命力，它改变了影视制作工艺。其核心一点是由数字非线性编辑所采用的视听信息本身的性质以及对这种介质的技术操纵方式所决定的。

目前的数字非线性编辑系统主要以硬盘作为记录载体和信息编辑的载体。硬盘是一种盘基载体，记录着画面和声音的二进制信号排列在硬盘的二维平面上。对画面、声音的处理（编辑、特技和合成等）实质上就是控制着计算机硬盘的磁头对二进制信号的读取。硬盘盘片的旋转运动与磁头沿着直径方向的运动结合在一起，形成了一种矢量化的运动。由于磁头的速度极快，它可以在“瞬间”选取到所需要的图像及声音信号，而且无须在物理实体上触动信息介质。编辑的过程实际上就是磁头访问素材的过程，即是对信号的选取、切换和显示。磁头访问素材的顺序非常容易改变，进而改变了镜头组接顺序，这使得数字非线性编辑能够实现。

随着计算机技术日新月异的发展、大容量存储媒体的出现以及数字视频压缩技术的广泛应用，影视后期制作系统逐步由模拟制作系统转换为数字分量制作系统，数字信号的记录媒体也由单一的磁带记录转换为磁带、磁盘存储的多元化的媒体存储方式。计算机工作站的介入打破了由切换台、特技机和编辑控制器一统天下的制作模式，特别是基于 PC 的非线性编辑技术的逐步成熟，使影视节目的后期制作变得更加简单和多样。

6.2　非线性编辑系统

6.2.1　非线性编辑系统的性能与特点

1. 信号处理数字化

非线性编辑的技术核心是将视频信号作为数字信号进行处理，全系统以计算机为核心，以数字技术为基础，使编辑制作进入了数字化时代。处理数字信号相比于处理模拟信号有许多优点，数字信号在存储、复制和传输过程中不易受干扰，不容易产生失真，存储的视音频信号能高质量地长期保存和多次重放，在多带复制性上的效果更加明显，编辑多少版都不会引起图像质量下降，从而克服了传统模拟编辑系统的致命弱点。

2. 素材存取随机化

在非线性编辑系统中可以做到随机存取素材，这个特点来源于对承载着数字信号的盘基载体的操纵控制方式。在硬盘中，访问视/音频文件不同部分的时间是一样的，画面可以方便地随机调用，省去了磁带录像机线性编辑搜索编辑点的卷带时间，大大加快了编辑速度，提高了编辑效率。

3. 编辑方式非线性

线性编辑的过程是从一盘录像带挑选镜头并按特定次序复制到另一盘录像带上，它的工作实质是复制；而非线性编辑并不是复制具体的节目内容，是将素材中所要画面的镜头挑选出来得到一个编辑次序表，其实质是获取素材的数字编辑档案，突出了素材调用的随机性。

非线性编辑有利于反复编辑和修改，发现错误可以恢复到若干个操作步骤之前。在任

意编辑点插入一段素材，入点以后的素材可被向后推；删除一段素材，出点以后的素材可向前补。整段内容的插入和移动都非常方便，这样编辑效率大大提高。

4. 合成制作集成化

从非线性编辑系统的作用上看，它集传统的编辑录放机、切换台、特技机、电视图文创作系统、二维/三维动画制作系统、调音台、音乐创作（MIDI）系统、多轨录音机、编辑控制器和时基校正器等设备于一身，一套非线性编辑系统加上一台录像机几乎涵盖了所有的电视后期制作设备，操作方便，性能均衡。硬件结构的简化实际上就降低了整个系统的投资成本和运行成本，也便于进行设备维护。

5. 编辑手段多样化

在非线性编辑系统中，可以在计算机环境中使用十分丰富的软件资源，可以使用几十种甚至数百种视频、音频、绘画、动画和多媒体软件，设计出多种数字特技效果，而不仅仅依赖于硬件有限的数字特技效果，使节目制作的灵活性和多样性大大提高。

6. 作品创作网络化

非线性编辑系统的优势不仅仅在于它的单机多功能集成功能，更在于它可以多机联网。通过联网，可以使非线性编辑系统由单台集中操作的模式变为分散、并行工作，实现视听资源共享，使传媒机构内、机构间的作品交流更加快捷。一般在网络化的非线性编辑系统中，每个系统可以完成一个作品的不同部分的工作，如画面的剪接、制作字幕和图标、包装、音频合成制作，最后将每一部分的工作合成在一起，这样就可以更快、更经济同时也更具创造性地制作数字视频作品。

6.2.2 典型的非线性编辑系统构成

非线性编辑系统最根本的特征就是借助于计算机软、硬件技术，使视/音频信号在数字化环境中进行制作合成，因此，计算机软、硬件技术就成为非线性编辑系统的核心。非线性编辑系统实质上是一个扩展的计算机系统。从硬件上看，非线性编辑系统以高性能多媒体计算机作为工作平台，以内置或外置的视频图像压缩与解压缩卡采集、输出视频信号，也可以利用视频卡进行硬件的实时特技和合成，以大容量高速硬盘或硬盘阵列作为视听信息的载体，这便构成了一个非线性编辑系统的基本硬件系统。从软件上看，非线性编辑系统以非线性编辑软件为主，辅以三维动画制作软件、图像处理软件和音频处理软件等外围软件。随着计算机硬件性能的提高，视频编辑处理对专用器件的依赖性越来越小，软件的作用则更加突出。

非线性编辑系统一般情况下可以看做是以下的架构：计算机平台＋视/音频处理子系统＋非线性编辑软件。计算机平台属于基础硬件平台，主要完成数据存储管理、视/音频处理子系统的工作控制和软件运行等任务；视/音频处理子系统主要完成视频信号的输入处理、压缩与解压缩、特技混合处理、图文字幕的产生与叠加等功能；非线性编辑软件是一整套指令，用于指挥计算机平台和视/音频处理子系统高效工作。

1. 硬件系统

(1) 计算机硬件平台

目前的非线性编辑系统不论复杂程度和价格高低如何，一般都是以通用的工作站或个人计算机作为系统平台的，编辑过程中和编辑结果的视/音频数据均存储在硬盘里。编辑的过程就是高速、高效地处理数字化的视/音频信号。对于高质量的活动图像，图像存储载体与编辑装置间的传输码率应在 100Mbit/s 以上，存储载体的容量应达 TB 级或更高。

从这些年非线性编辑系统产品的发展来看，“高性能多媒体计算机＋大容量高速硬盘＋视/音频处理卡＋非线性编辑软件”这样的产品组合架构已被广大业内人士所认可。在这种架构的非线性编辑系统产品中，计算机属于基础硬件平台，任何一台非线性编辑系统都必须建立在一台多媒体计算机上，它要完成数据存储管理、视/音频处理卡工作控制和软件运行等任务，它的性能和稳定性决定了整个系统的运行状态。除了极少数厂商将它们的系统建立在自有平台上以外，作为一个标准化的发展趋势，越来越多的系统采用的是通用硬件平台。一般是以 PC 和 Macintosh 为主，比较高档的非线性编辑系统采用的是像 SGI 的 Octane 和 O2 工作站这样的操作平台，或者更为昂贵的 ONYX 系统。

(2) 视/音频处理卡

视/音频处理卡是非线性编辑系统的“引擎”，在非线性编辑系统中起着举足轻重的作用，直接决定着整个系统的性能。它主要有以下功能：

一是完成视/音频信号的 A-D、D-A 转换，即进行视/音频信号的采集、压缩与解压缩和最后的输出等功能，也称这类卡为视频采集卡。视/音频处理卡是模拟信号与数字信号的分水岭，所有模拟视/音频信号在此经过 A-D 转换后，每一段素材都成了一个视频文件存放在硬盘阵列中，供计算机进行数字域的处理。需要输出的视/音频数码流经过 D-A 转换成可供记录或直播的视/音频信号。视/音频处理卡上既包括模拟信号接口（如复合、分量和 S-VIDEO），已涵盖现有模拟电视系统的所有接口形式，也包括像 IEEE-1384 和 SDI 这样的数字接口。

视频采集卡是非线性编辑系统产品的决定性部件。一套非线性编辑系统所能达到什么样的视频质量，与视频采集卡的性能密切相关。

压缩与解压缩是视频采集卡的核心内容。在数字视频信号不能被有效而高质量地压缩时，非线性编辑都是在昂贵的工作站上实现的。因为庞大的数字视频数据量使苹果机和普通 PC 都不堪重负，不能正常处理的数码率高达 216Mbit/s 的无压缩数字分量视频信号或者 142Mbit/s 的无压缩数字复合数字视频信号，从而无法胜任无压缩数字视频信号的非线性编辑工作。然而，随着数字图像压缩技术的发展，各种图像压缩算法日臻成熟，使得在苹果机和 PC 上进行视频非线性编辑成为了现实，这些图像压缩算法是实现相对廉价的视频非线性编辑的关键所在。而视频采集卡正是采用这样的压缩算法，只不过它把压缩程序集成在硬件中。

二是进行特技的加速。以前的非线性编辑系统多使用软件的方式制作特技，需要漫长的生成时间，效率很低，只能依靠计算机的计算能力，而且信号又被重新压缩，图像质量劣化。视频处理卡中的 DVE 特技板可以完成两路或多路的实时特技。用硬件方式来完成特技的制作速度快、效率高，还可以实时回放。

压缩与解压缩是视频处理卡的核心内容，因为庞大的数字视频数据量使普通的计算机不堪重负，不能正常处理的数码率高达 216Mbit/s（27Mbit/s）的无压缩数字分量视频信号或者 142Mbit/s（17.75 Mbit/s）的无压缩数字复合视频信号，从而无法胜任无压缩数字视频信号的非线性编辑工作。目前，我国拥有的非线性编辑系统大都采用 M-JPEG 算法。这种压缩算法对活动的视频图像通过实行实时帧内编码过程单独地压缩每一帧，可以

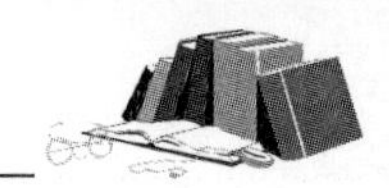

进行精确到帧的后期编辑。由于这种算法不太复杂，可以用很小的压缩比（2∶1）进行全帧采集，从而实现广播级指标所要求的无损压缩。若采用广播级指标进行 2∶1 压缩，则经过压缩的数字视频信号的数码率仍有 108Mbit/s（分量视频）或 71Mbit/s（复合视频）。

（3）大容量数字存储载体

数字非线性编辑系统所要存储的是大量的视/音频素材，数据量极大，因此需要大容量的存储载体，在目前情况下，硬磁盘（即硬盘）是一种最佳的选择。非线性编辑的特点对硬盘的容量和读写速度提出了更高的要求。影响硬盘数据传输率的因素：一是磁头的读写速度，二是接口类型和总线速度。磁头的读写速度既取决于采用何种磁头技术（如磁阻式磁头技术），又取决于硬盘的主轴转速。

用于非线性编辑系统的硬盘从 GB 级发展到 TB 级乃至更大容量，也难以满足系统的需要，硬盘阵列技术成为大容量数字存储载体今后的发展方向。

（4）非线性编辑接口

非线性编辑系统在工作时，视/音频素材是从录像机上载至计算机的硬盘上，经过编辑后再输出至录像机记录下来。信号的传送是通过视/音频信号接口来实现的。另外，为了适合网络传送的需要，非线性编辑系统的接口也要考虑到广播电视数字技术及计算机网络发展的潮流。在非线性编辑系统中，数字接口由两部分组成：计算机内部存储体与系统总线的接口以及非线性编辑系统与外部设备的接口。与外部设备的接口也包括两部分：与数字设备连接的接口以及与网络连接的接口。

2. 软件系统

（1）稳定、可靠的操作系统

运行在硬件平台上的是计算机的软件操作系统，不同的机型有着不同的操作系统平台。早期非线性编辑系统的主流操作平台是建立在 Macintosh 基础之上的 Mac OS。对于以 SGI 工作站为硬件平台的系统来说，UNIX 是最流行的操作系统。现在随着 PC 性能的不断提升，基于 PC 上的系统软件平台 Windows 也在不断发展，目前 Windows XP 已成为非线性编辑的主流系统软件平台。

（2）方便、实用的非线性编辑软件

非线性编辑软件是指运行在计算机硬件平台和操作系统之上，在开发软件平台上发展的用于非线性编辑的应用软件系统。它是非线性编辑系统的核心，非线性编辑的大部分操作过程都要在非线性编辑软件中完成。

这类软件大致可分为专用型和通用型。其中专用型的软件大都是由非线性编辑系统开发商根据他们所选用的视频处理卡的特点而专门开发的，如国产的大洋、奥维迅和新奥特等公司开发的软件，国外的如 AVID 公司的软件。作为专门开发的非线性编辑软件，充分考虑了与视频处理卡的匹配，由此组成的整个系统性能较稳定。

除了专用型的软件外，目前还有许多通用型的软件，都是由第三方的公司（既不是视频处理卡制造商，也不是非线性编辑系统集成商）开发的，它的特点是不依赖硬件运行，安装在任何计算机上都可以使用。这些软件种类繁多，功能十分强大，在很大程度上填补了非线性编辑系统在特技效果和多层画面合成能力上的不足。

3. 无卡非线性编辑系统简介

在传统的以专用处理板卡为核心的编辑系统中，计算机 CPU 仅仅负责实现交互界面和文件系统数据存储的功能，视/音频信号的输入、压缩与解压缩、特技、合成和输出等处理工作全部通过板卡完成。专用板卡完成各种功能所必需的复杂结构导致了板卡价格比较昂贵、兼容性和稳定性较差（容易死机），而且采用专用板卡的非线性编辑系统的功能和性能完全取决于板卡。由于硬件板卡所固有的不可升级特性，用户一旦选用了某个板卡，编辑系统的功能和性能就完全受限于板卡的能力，除了增加一些可选的特技卡或接口卡之外，没有任何进一步升级的空间和可能。由此，能实现高清的常规编辑和以软件方式实现的低成本无卡非线性编辑系统，成为非编技术的主要发展方向。

CPU＋GPU＋I/O 卡技术是一种无卡非编技术，它通过利用 PC 平台系统中的通用 CPU、显示卡上的通用 GPU 以及复杂度相对较低的视/音频 I/O 板卡共同组合完成原来由一片或一套专用板卡所完成的功能。原来由专用板卡完成的大部分功能都通过 CPU 和 GPU 运算以软件的方式实现：CPU 负责完成视频数据的编解码运算，GPU 负责实现视频特技和合成运算。只有基带信号的 I/O 需要通过特定的 I/O 板卡完成。随着计算机技术的飞速发展，新一代的 CPU、GPU 和 PCIE 总线技术已经彻底解决了编辑系统纯软件编辑所面临的技术障碍。CPU＋GPU＋I/O 卡技术在极大地提升编辑系统的兼容性、稳定性和性价比的同时，充分利用了软件的灵活可升级特性，通过对 PC 平台的简单升级或更换，可以实现编辑系统几乎无限制的功能扩充和性能提升。

6.2.3　非线性编辑软件

1. Premiere

Premiere 是 Adobe 公司出品的一款非常优秀的非线性视频编辑软件，在多媒体制作领域扮演着非常重要的角色。它能对视频、声音、动画、图片和文本进行编辑加工，并最终生成电影文件。Premiere Pro（又称为 7.0 版本）是 Adobe 公司于 2003 年推出的，功能更加完善和强大，而且易学易用，受到越来越多的专业和非专业影视编辑爱好者的青睐。Premiere Pro 的版本现在已经发展到了 CC 版本，我们在这里主要介绍的是当前应用比较广泛也比较成熟的 Premiere Pro CC 版本，也是我们在后续章节中主要使用的非线性编辑软件。其工作界面如图 6-1 所示。

图 6-1　Premiere Pro CC 的工作界面

2. EDIUS Pro

EDIUS Pro 是 Canopus 有史以来所推出的最强大的非线性视频编辑软件。它集成了 Canopus 强大的效果技术，为编辑者提供了高水平的艺术创造工具：27 种实时视频滤镜，包括白平衡/黑平衡、颜色校正、高质量虚化和区域滤镜、实时色度键和亮度键等。此外，EDIUS 能够实时回放和输出所有的特效、键特效、转场和字幕，而且具有完全的用户化 2D/3D 画中画效果。其工作界面如图 6-2 所示。

图 6-2　EDIUS Pro7 的工作界面

3. Avid Media Composer

Avid Media Compose 系统（如图 6-3 所示）是业内首款高清内容创作软件套装，包括了高度整合的高清视频编辑、音频制作、3D 动画、合成与字幕制作、DVD 创作等应用，并集成了专业的视/音频制作硬件。该系统将整个媒体制作流程集成到一套整合的系统中，能够帮助专业的内容制作人员进行各种创作，如视频编辑、音频后期处理、图像合成、字幕显示、特技创作、磁带和 DVD 发行或互联网发布。

图 6-3　Avid Media Compose

4. Final Cut Pro

Final Cut Pro 是苹果公司开发的一款专业视频非线性编辑软件，第一代 Final Cut Pro 在 1999 年推出。最新版本 Final Cut Pro X 包含进行后期制作所需的一切功能，导入并组织媒体、编辑、添加效果、改善音效、颜色分级以及交付——所有操作都可以在该应用程序中完成。Final Cut Pro X 提供了强大而精确的剪辑工具，几乎可以处理任何格式的媒体，包括 DV、原版 HDV 或完全未经压缩的 HD。Final Cut Pro 为提高处理速度而生，它拥有实时多重流特效结构、多镜头剪辑工具以及先进的色彩校正功能。Final Cut Pro 能和苹果计算机公司的其他专业影音软件直观整合，从而实现在各项创意任务间的顺畅切换。Final Cut Pro X 的工作界面如图 6-4 所示。

图 6-4　Final Cut Pro X 的工作界面

5. Video Studio（会声会影）

Video Studio（会声会影）是一套专为个人及家庭所设计的影片剪辑软件，由友立（Ulead）公司开发，现已被 COREL 公司收购，更名为 Corel Video Studio Pro Multilingual，其工作界面如图 6-5 所示。会声会影首创双模式操作界面，入门新手或高级用户都可以轻松进行操作，该软件操作简单，具有图像抓取和编修功能，可以抓取，转换 MV、DV、V8、TV 和实时记录抓取画面文件，并提供超过 100 种的编制功能与效果；可导出多种常见的视频格式，甚至可以直接制作成 DVD 和 VCD 光盘；支持各类编码，包括音频和视频编码。因此，会声会影在 DV 爱好者中有较高的普及率。

6.3　非线性编辑的基本流程

非线性编辑是以文件为操作基础的，所有的画面和声音素材都以文件的形式存储于硬盘中，依靠各种软件和计算机硬件扩展来完成编辑制作，不再需要其他常规制作所需的专用设备，从而形成了一种全新的数字式的非线性后期编辑方式。

典型的非线性编辑过程大致是创建一个编辑的过程平台，将数字化的视频素材用拖拽

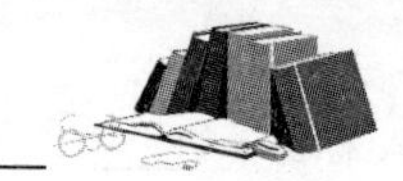

图 6-5　Video Studio 的工作界面

的方式放入过程平台，在这个平台中自由设置编辑信息，调用编辑软件提供的各种功能（如剪切素材、重新排列段落、衔接素材、添加各种转场过渡效果和视频滤镜、叠加中英文字幕和动画、特技合成）对视音频文件进行处理，在这些处理过程中各项参数可反复调整，使用户便于对编辑制作过程进行控制并得到最终满意的效果。下面我们以 Premiere 为例来介绍非线性编辑的具体流程。

1. 创建一个新项目

1）启动 Adobe Premiere Pro CC，此时出现如图 6-6 所示的项目窗口选项。

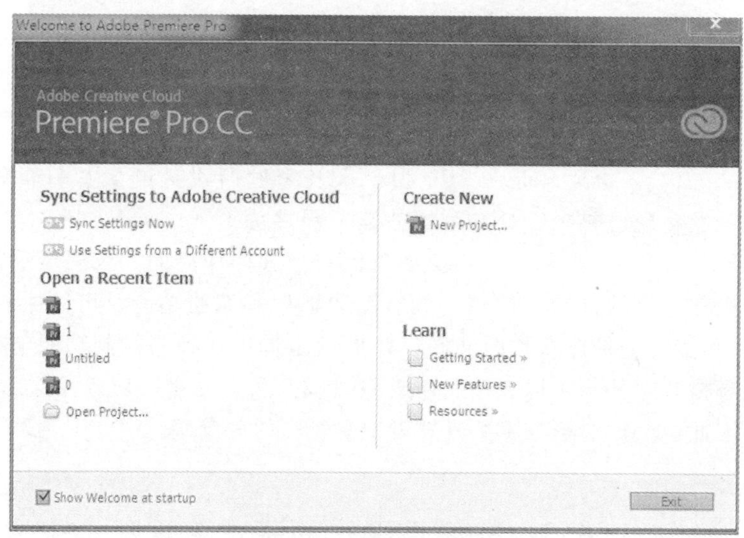

图 6-6　Premiere Pro CC 窗口

2）单击“New Project（新建项目）”图标按钮，打开“New Project（新建项目）”对话框，如图 6-7 所示。新建项目实际上就相当于创建了一个编辑的过程平台，需要根据项目的实际需要设置项目参数。Premiere Pro CC 预设了多种格式的项目文件供用户选用，这些项目文件能够满足用户大多数情况下的需求。例如：在编辑 DV 摄像机拍摄的素材时，项目一般选用 DV-PAL 下的标准 48kHz 格式，因为这是国内电视的标准格式。

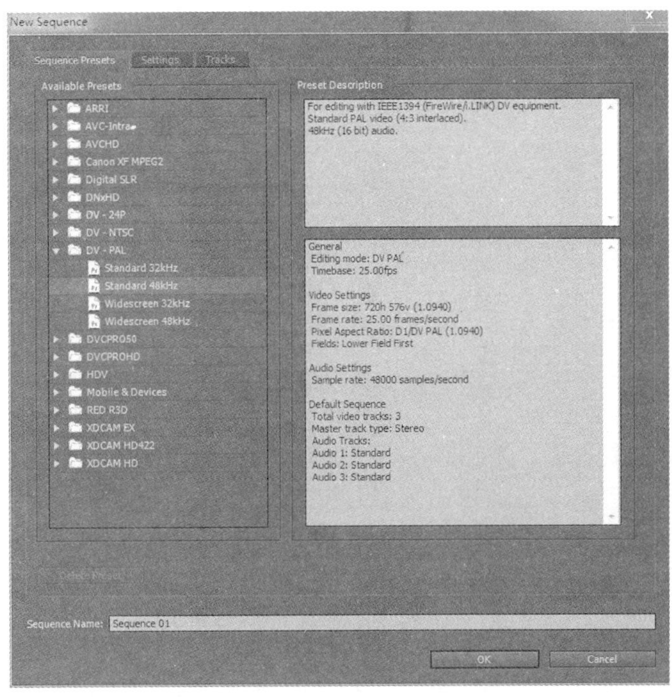

图 6-7　New Project 窗口

3）根据需要选择合适的设置并为文件命名，创建一个新的编辑项目，单击“OK”按钮即可进入 Premiere Pro CC 的工作界面，如图 6-8 所示。

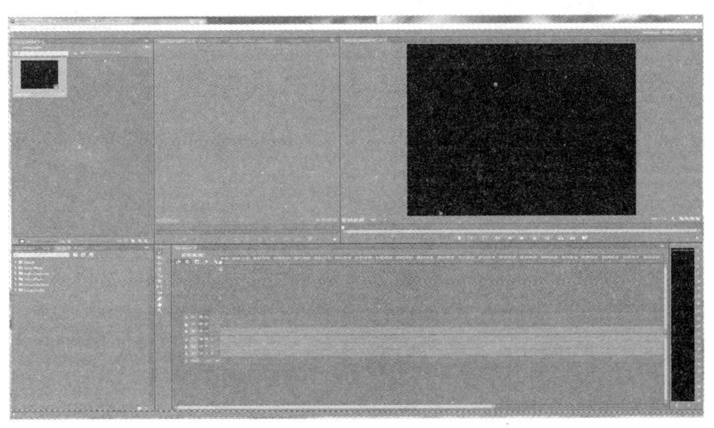

图 6-8　Premiere Pro CC 的工作界面

2. 采集、导入和管理素材

素材是指用于制作的原材料。在数字视频制作方面，它是为数字视频制作所用的一切

图像（包括动态的和静止的，如拍摄影像素材、动画素材、平面素材等）及声音（包括语言、音乐、音效等）。素材狭义的解释就是用摄像机拍摄的用于制作影像和声音的材料。

虽然素材无所不及，只要是视觉的或是听觉的都可以，但运用到软件中一般都以一定的格式存在。不同的软件所支持的格式是不同的，如果软件不是很先进的话，那么它所支持的格式一般比较少，故在其素材的选择性方面就会受到很大的局限。Premiere Pro 是经过升级的非线性编辑系统软件，相对来说，其兼容性很好，所支持的素材格式也比较多。

Premiere Pro CC 支持导入的视频格式有 avi\mov\mpeg\wmv\asf\mp4 等。

Premiere Pro CC 支持导入的音频格式有 mp3\wma\wav 等。

Premiere Pro CC 支持导入的图像格式有 jpg\ai\bmp\tip\jpg\gif\psd 等。

(1) 采集素材

目前，有两种基本采集方式：一是模拟采集，即从模拟视/音频设备中进行采集；二是数字采集，即直接从数字视/音频设备中进行采集。前者的主要特征是需要视频卡将模拟视/音频信号进行 A-D 转换和压缩编码（如转换为 AVI 格式、Motion-JPEG 格式）；后者的主要特征是，采集过程实际上是一种数据通信过程，即某种格式（如 DV）的数字视/音频数据通过某种通信接口（如 IEEE 1394 等）直接从外设传输到 PC 硬盘的过程，其间无须 A-D 转换及压缩编码。

在采集视频素材时，可以进行手动采集，也可以进行自动采集，这就要求视频采集卡或相应的 DV 设备支持控制功能，或者具有专门的控制装置。以手动采集 DV 视频为例，采集素材的基本步骤如下：

1）在采集前，必须确定将 DV 摄像机的电源打开并保证 1394 线连接正常，然后将 DV 打开，模式设置为 Play 档。

2）执行菜单命令 File→Capture 或者直接按快捷键 F5 就可以调出 Premiere Pro CC 的采集窗口（Capture），如图 6-9 所示。

3）在 Capture 窗口中点击▶（播放）按钮，就可以在预览区看到正在播放的画面内容和信息。

4）反复预览所拍摄的内容，在自己觉得比较有用的地方通过单击采集控制区的{（Set In Point 按钮）或者在 Time Code 控制区中单击 Set In 按钮来设置入点。在设置入点的时候，应该先暂停正在预览的画面。然后通过 Step Forward（前帧）和 Step Back（后帧）使画面逐帧地返回到想要进行采集的地方。

5）以同样的步骤和操作来设置出点（Out Point）。设置完出点后，就可以在 Time Code 控制区看到出入点的详细信息了。

6）一切都设置好了以后在 Capture 控制区内单击 In/Out 按钮，便完成了素材采集的准备工作。

7）单击●（Record 录制），预览区所播放的内容就会采集到计算机中。如果要停止采集，则可以再次单击●（Record 录制）。这样就出现一个 Log Clip（截取素材）窗口，设置一些自己容易识别的内容，包括文件名、场、片段和描述等，单击“OK”按钮就可以将采集的内容以文件格式存储到硬盘上，这样就完成了一段素材的采集。

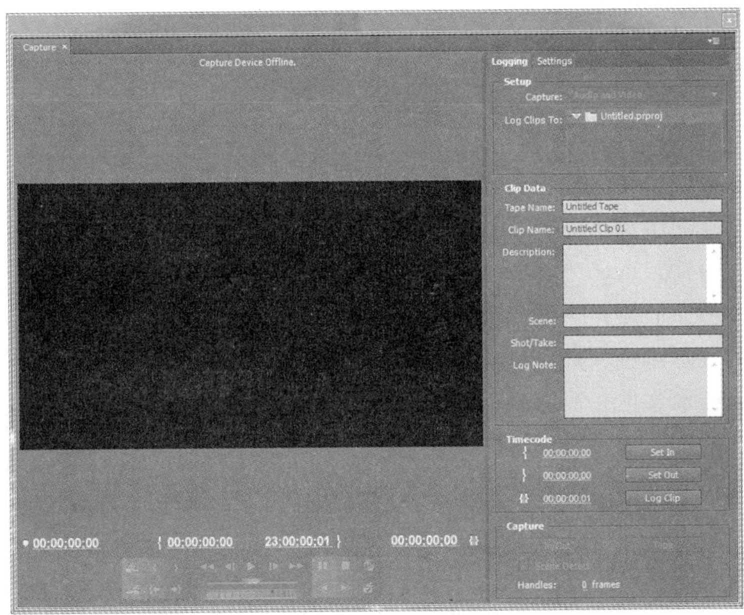

图 6-9　“采集”窗口

(2) 导入素材

Premiere Pro CC 将采集好的素材存储在计算机硬盘中，形成了一个个视/音频文件，通过软件中的导入素材功能将其导入编辑界面中；也可以将硬盘上的字幕文件、图形/图像文件等一同调入系统中作为素材进行编辑。在项目窗口中导入素材的方法很简单，主要有以下几种：

1) 选择菜单命令“文件” | “导入”(快捷键为 Ctrl+I)；

2) 在项目窗口中的空白处双击鼠标左键。

3) 在项目窗口中的空白处单击鼠标右键，在弹出的菜单中选取“导入”命令。

采用以上三种方法都会弹出“输入”对话框，选择所需的文件后单击“打开”按钮即可。

如果需要导入包括若干素材的文件夹，则只需单击“输入”对话框右下角的“输入文件夹”按钮就可以了。

(3) 管理素材

Premiere Pro CC 继承了以前版本的功能，即文件夹（Bin）管理功能，每个文件夹（Bin）可以存放不同类型的素材。

方法是单击项目窗口下方的按钮，或者是在项目窗口的空白处右击鼠标，在弹出的快捷菜单中选择“新建文件夹”命令，这样就创建了一个文件夹（Bin）。新建的文件夹自动按文件 01、文件 02……的排序方式出现。如果要给新建立的文件夹（Bin）命名，可以在文件夹上右击鼠标，在弹出的快捷菜单中选择“重命名”命令，就可以输入新的名称了。

3. 编辑素材

在 Premiere Pro CC 中，可以对已导入的素材做各种编辑操作，与线性编辑一样，非线性编辑中也有两种基本的编辑方法：覆盖（替换）编辑和插入编辑。具体的操作包括：

设置入点（In）和出点（Out）；复制和粘贴素材；分开和关联素材；设置素材的长度和速率；编辑音频素材等。关于这部分的详细操作，我们将在后章节中做进一步的介绍。

4. 添加视频转场

Premiere Pro CC 共提供了多达 70 多种视频转场效果，它们被分类保存在 10 个文件夹中，如图 6-10 所示。

添加视频转场效果的步骤如下：

（1）单击项目窗口中的“特效”选项卡，单击“视频转场”文件夹前面的展开图标，将展开一个视频转场的分类文件夹列表；通过单击某一类文件夹左侧的展开图标，即可打开当前文件夹下的所有转场。

（2）选中所需的转场，将它拖放到时间线窗口中两个视频素材相交的位置，在添加了转场的素材起始端或末尾端就会出现一段转场标记，转场就添加到素材上了。要删除不需要的视频转场，只需在转场标记上单击鼠标，然后直接按键盘上的 Delete 键即可。

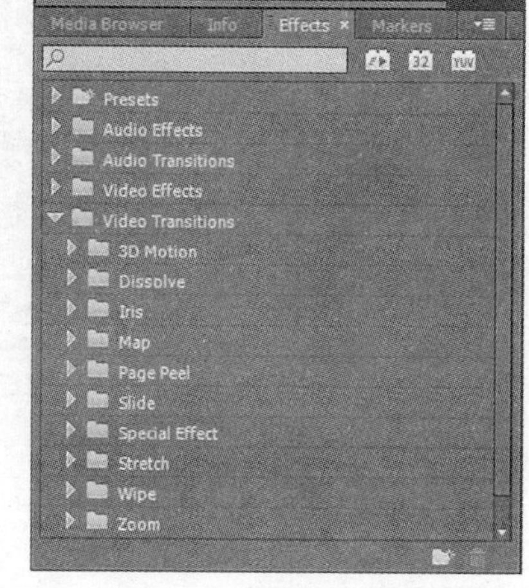

图 6-10　Premiere Pro CC 提供的转场特效

5. 添加视频特效

视频特效一般是为了使视频画面达到某种特殊效果，从而更好地表现作品的主题；有时也用于修补影像素材中的某些缺陷。Premiere Pro CC 中的视频特效被分类保存在特效面板中的视频特效文件内。除了该文件夹内的特效，效果控制面板中的固定 motion 特效和 opacity 特效也是比较常用和重要的视频特效。

在 Premiere Pro CC 中，添加视频特效的步骤如下：

首先，打开视频特效中的文件夹，选择所需要的视频特效，如图 6-11 所示。

图 6-11　选择特效

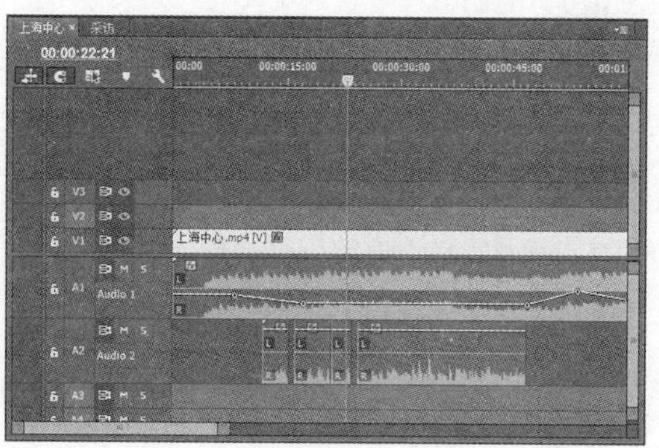

图 6-12　特效添加成功

然后，将它拖放到时间线窗口中的素材上，添加了视频特效的素材上出现了一条线，表示添加成功，如图 6-12 所示。

在监视器窗口的“特效控制”面板中，可以进行相应的参数设置。直接输入数字或拖动滑块，就可以在监视器窗口中实时地预览效果，如图 6-13 所示。

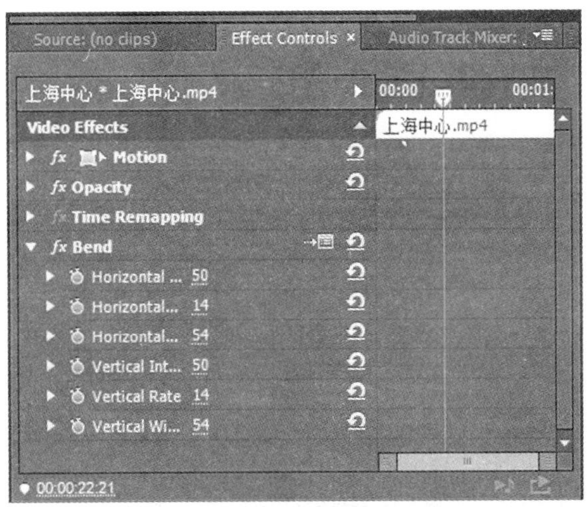

图 6-13　特效设置窗口

如果要将不需要的特效删除，则只需在时间线窗口中选中素材，然后在监视器窗口的“特效控制”面板中选中要删除的视频特效项，直接按 Delete 键即可。

6. 添加字幕

选择菜单命令“文件”—“新建”—“字幕”，可以打开“Adobe 字幕设计”窗口进行字幕的制作，如图 6-14 所示。

图 6-14　字幕编辑窗口

7. 预演影片效果

预演是指在时间线窗口中编辑完成的素材节目，在没有最终输出为影片文件格式之前所看到的编辑效果。在 Premiere Pro 中，预演功能已经大大加强，真正实现了实时预览。

要预览制作的某个效果时，可以直接在时间线窗口中拖动时间线标尺，这样在监视器窗口中就会出现刚才制作的画面效果。另外，还可以通过单击监视器窗口的播放按钮实时预览编辑后的效果。

8. 输出作品

完成节目的编辑工作后，选择菜单命令“文件”—“输出”—“影片”，将打开“输出影片”对话框，如图6-15所示。

图 6-15　输出窗口

设置好输出影片的路径和文件名后，单击对话框右下角的“设置”按钮，将弹出一个新的“输出电影设置”对话框，如图6-16所示。

设置好各项参数后，单击“确定”按钮，回到“输出电影”对话框，再单击右下角的“保存”按钮就可以输出作品了。

图 6-16　输出设置窗口

思考题

1. 数字视频后期编辑的主要程序包括哪些？
2. 简述非线性编辑的主要功能与特点。
3. 使用 Premiere Pro 进行编辑包括哪些基本流程？
4. 说出 Premiere Pro 支持的常见文件类型。

实践建议

1. 构建个人 DV 视频工作室，选择合适的非线性编辑硬件及软件。

2. 使用 Adobe Premiere Pro 自行编辑一段视频片段，注意体会非线性编辑软件的工作流程。

第 7 章

画面镜头的组接

画面镜头组接是视频作品构成的基础，无论是什么类型的作品，都是由一系列的镜头按照一定的排列次序和长度组接起来的。镜头组接的基本要求是流畅和连贯。在镜头组接的具体技巧和手法上，应服从一些基本规律和“机械性”原则。本章重点介绍画面编辑的各种规律和技巧，这些原则是支撑影视语言的基本语法规则。然后介绍 Premiere Pro 中镜头剪辑与组接的具体方法。

学习目标

1. 掌握画面镜头的剪接点。
2. 掌握画面镜头组接的原则。
3. 理解场面转换的视觉基础和心理依据，熟练掌握无技巧转场的基本方法。
4. 理解画面组接的节奏，掌握节奏处理的技巧。
5. 熟练运用 Premiere Pro 基本剪辑技术。

7.1 画面组接的剪接点

剪接点就是两个镜头之间的转换点。剪接点选择是否恰当，关系到镜头转换与连接是否流畅、是否符合观众的视觉感受、是否满足节目的叙事需要、是否能体现艺术的节奏。准确掌握镜头的剪接点是保证镜头转换流畅的首要因素，选择恰当的剪接点是数字视频编辑最重要的基础工作。

总体而言，剪接点可以分为两大类：画面的剪接点和声音的剪接点。

7.1.1 画面剪接点

画面剪接点是指以画面内容为参照因素而选择的剪接点。它又包括叙事剪接点、动作剪接点、情绪剪接点和节奏剪接点。

1. 叙事剪接点

叙事剪接点是指以观众看清画面内容（或情节发展）所需要的时间长度为依据的剪接点，是数字视频中最基础的剪接依据。

画面剪接不仅是创作者艺术表现的需要，同时必须考虑观众观赏的需要。每一次镜头转换都意味着观众注意力的转移，因此叙事剪接点是从一个视觉形象转移到另一个视觉形象的转换点，需要保证让观众看清画面的内容，理解画面的含义。

镜头长度的取舍受到很多因素的影响，但一般情况下，保证镜头的“低限长度”，即观众看清内容的最低限度的时间长度即可。通常在没有连续动作衔接或者情绪、戏剧效果要求的前提下，可以通过主题的统一将不同镜头衔接起来，让观众看清画面内容，满足叙事需要即可。以镜头“低限长度”衔接表现主题，这是编辑最基本、最常见的方式。

2. 动作剪接点

动作剪接点是指以画面的运动过程（包括人物动作、摄像机运动和景物活动等）为依据确定的剪接点。这种剪接结合实际生活规律，目的是使内容和主体动作的衔接转换自然流畅，是构成数字视频外部结构连贯的重要因素。

动作剪接是为了使叙事更清晰明白，更着眼于动作的连贯性，着眼于人们视觉、心里的感受。

除了镜头内部主体的运动之外，摄像机的运动方式也是重要的参考依据。摄像机运动的方向、速度、方式、起幅和落幅对镜头衔接的视觉连贯性同样有重要影响。寻找最佳的剪接点，会使动作剪辑产生行云流水般的视觉感受。

3. 情绪剪接点

情绪剪接点是指以心理活动和内在的情绪作为依据确定的剪接点。情绪剪接点结合镜头的造型特点来连接镜头，目的是激发情绪表现。

情绪剪接点要以人的心理活动为基础，以人物在不同环境下的喜、怒、哀、乐为依据，结合镜头的特征选择剪接点。

情绪剪接是主观色彩比较明显的剪接。在以情绪为依据进行剪接时，画面视觉的流畅性被放在次要的位置，表达思想和抒发情感才是最主要的。它可以很好地表现创作者情绪的起伏和叙事的跌宕。

4. 节奏剪接点

影视作品在叙事和表现的过程中，其动作、情绪和剧情等都会产生一定的节奏，以这些节奏为依据，用比较的方式来处理镜头的长度和衔接位置，结合画面的造型元素来确定的剪接点，称为节奏剪接点。

节奏剪接点的选择一定要在节奏上体现出来，同时节奏又必须与内容相匹配。节奏剪接点要通过镜头的长短搭配形成一定的节奏，而节奏的依据则应根据影视作品的内容、情绪和剧情来确定。

7.1.2　声音剪接点

声音剪接点是指以声音因素（解说词、对白、音乐和音响）为基础，根据内容要求和声画有机关系来处理镜头的衔接，也就是指上下镜头中声音的连接点。它包括对白的剪接点、音乐的剪接点、音响的剪接点和解说词的剪接点。

1. 对白的剪接点

对白的剪接主要以语言为基础，以对话内容为主要依据，结合剧情和人物性格、语言速度、情绪、节奏来选择剪接点。

2. 音乐的剪接点

音乐和剪接主要以片中出现的乐曲的主题旋律、节奏和节拍等为基础，以剧情内容，主体的动作、情绪、节奏为依据，结合镜头造型的规律，处理音乐长度，准确选择剪接点。音乐的剪接点大多选择在乐句、乐段的转换处。同时，音乐的情绪点转换要与画面情绪点相配合。

3. 音响的剪接点

音响的剪接点包括歌舞、戏剧及各种特殊效果音响。需要根据剧情的特定情境，以人物的动作和情绪为依据，衬托人物情绪、渲染人物内心活动、烘托人物性格。在剪接时，要注意音响“强”与“弱”的搭配。

音响的剪接不像对白和音乐那样受画面的严格限制，它既从属于画面，又有着很高的自由度，主要根据剧情和氛围的需要来确定。

4. 解说词的剪接点

以解说词的内容为依据，根据画面内容和解说词内容的比较来确定剪接点。

解说词与画面的配合主要考虑内容的对位或交错，与画面内容搭配进行剪接。

总的来看，尽管可以将剪接点的选择分为各种类型，但在实际操作中，各种剪接点之间是相互影响、相互制约的。画面、声音、剧情、情绪和节奏等都对剪接点的选择产生影响。创作人员必须全面、综合地考虑各种因素，以实现剪接点选择的最佳方案。这需要通过大量的实践积累经验，从而培养编辑人员的画面感觉。

7.2 画面镜头组接的原则

数字视频的剪辑尽管是一种创造性的工作，但也必须遵守观众的视觉感受以及心理感受的一般规律。也就是说，画面镜头的组接必须遵从并符合一些基本规律和“机械”原则。就如同进行文学创作一样，无论采用何种修辞手段和表现形式，都必须以统一的语法规则为基础。

7.2.1 画面内容的逻辑性

1. 镜头转换符合生活的逻辑

镜头切换的依据首先是符合生活的逻辑。任何事物的生成和发展，都有它自身的逻辑链。剪辑实际上是一种取舍组合法，它不可能也没有必要把现实时间中事件发生的全过程一点不漏地搬到屏幕上。剪接只是去表现一种视觉能够接受的、屏幕特有的事件/时空连贯，它是对事物所发生的时间和空间的重新组合。这种重新结合体现着导演/剪辑人员的审美理想，但剪接又必须以生活的逻辑为依据，所以剪接是一种符合生活逻辑的剪辑。生活逻辑包括纵向的和横向的两个方面。

(1) 纵向的逻辑关系：动作或事件发展的过程

把动作或事件的发展过程通过镜头组接清晰地反映在屏幕上，这是剪辑工作应遵循的最基本的逻辑关系。为做到剪辑的清晰、无误，必须注意所陈述的事件（故事）的时间的连贯和空间的统一两个因素。

动作或事件是运动并发展着的，必然存在着时间因素。时间因素是造成画面连贯感的主要因素，剪辑时忽略了这一点往往会造成逻辑错误。例如，要表现大雾影响着航空飞行的内容，一个编辑是这样写的：

镜头一：大雾中寂静的跑道，只能看到跑道边的亮灯。

镜头二：停机坪上停着飞机。

镜头三：一架飞机驶上跑道，消失在雾中。

镜头四：候机大厅。

镜头五：时刻表。

镜头六：候机厅里人们焦急地等待。

单就画面讲，它向人们传达的信息并不是飞机停飞，相反却是大雾造成停飞，人们在焦急地等待天晴，因为它破坏了应有的时间过程。如果把第三个镜头放在结尾，那么就能够较好地传达所要表达的原意了。

影视片的镜头转换有较大的随意性，它经常要在大幅度的空间跳跃中建立连续的空间感觉，这就要求剪辑者时刻建立起空间连续的概念。

根据表现内容的不同，空间连续大致可分为统一空间连续和相似空间连续两种类型。

统一空间是指一个特定的空间范围，所发生的活动和事情都在一个“共同 ”空间内。这种空间的统一感主要依据是由环境提供的参照物，如房间里的家具、车间里的机器、背景中的建筑或特定图案等。通过这些参照物，可以使观众断定这个场面的空间环境。

相似空间连续是指通过有类似背景的环境镜头经组接后造成的一种视觉连贯。例如：一个人在街上走，一会儿过商店、一会儿过马路、一会儿穿过人群，这些都有一种空间的相似性，虽然环境背景不同，但都在同类的变化中，仍能造成连续的感觉。

(2) 横向的逻辑关系：事物之间的联系性和相关性（即事物间的横向联系）

事物与事物之间往往存在着纵向或横向逻辑关系，如因果关系、对应关系、平行关系和冲突关系。在剪辑中交替地表现两个或更多的注意中心时，清楚地交代出两条（或更多的）线索的联系或冲突，使人们自然地从一个注意中心转向另一个，这是合乎逻辑的。虽然这只是影视片的一种联接技巧，但观众身上形成的理念则是理所当然的。

2. 符合观众欣赏作品时的心理逻辑

无论是观察事物还是观赏文艺作品，都是一种积极的思维活动，都有着特定的心理要求。剪辑时的镜头转换除受生活逻辑的制约外，很大程度上还受到观众欣赏作品时的思维逻辑的制约。

观众的欣赏特点是构成各种艺术特定表现方法的重要因素。以电视画面为例，镜头的景别变化就是符合人们在观察事物的过程中“注意力自然转移”的要求的，另外，镜头的长度就是人们接受视觉刺激强弱程度的要求，而镜头的角度变化就是人们观察事物时视点

变化的要求。除了影视艺术给予观众的特有的视觉感受规律之外，还包括观众在欣赏作品时的心理感受要求，如对情绪的感受、对内容意义的感受和对引申意义的感受等。所有这些都是由观者的思维逻辑触发并限定的，因此，在镜头转换时，必须考虑到观众的接受程度。

在欣赏影片时，了解画面内容是观众欣赏时最基本的要求，而了解事件的环境与进程，进而在感情上引起共鸣也是观众欣赏的心理要求。

屏幕画框是一个有限的可视空间，但可以向人们提供无限展示现实的可能性。这个可能性不是包含在某一镜头之中，而是通过不同镜头在组接后表现出来的。不同镜头、不同景别的转换，就是为了满足人们在了解情节内容时的不同要求。

不同的镜头、不同的景别有不同的作用，它们可以适应不同观众的不同的心理愿望，只有正确运用之后，才能获得预期效果。例如：一个书法比赛揭晓的节目，中间有几位书法家当场挥毫写字的一段，有写字的全景，有笔在写的特写，最后是一幅挂起的大全景，就是没有将条幅的近景向观众作交代，观众无法获知是谁写了什么内容。假如不能让观众了解事件发展过程的基本内容，那么剪辑也就没有意义了。

在剪辑时，对原有的事物一般都是经过了省略和重新组合，如果忽略镜头的表意作用和观众的理解因素，就容易犯交代不清的错误。例如："一个人在马路上走，然后拐进胡同，寻找一家人的门牌"的情景，如果只采用中景跟拍的方式，就难以让观众看清楚环境。如果能先用一个全景介绍他从马路拐进胡同的情景，再用中景跟拍找门牌等，这样观众就会对环境有一个明确的定位。

剪辑可以在某种程度上强化感情色彩。例如"几个客人进屋，主人接待后让客人坐下"的情景，如果始终用全景，效果是介绍了一个一般的事件，是一个冷眼旁观的场面。而如果能用几个镜头，其中个别镜头接近人物，通过组接，就有可能将主客之间的关系生动、细致地表现出来，形成一种亲切感。情感是一种复杂的心理活动，合理的组接可以使作品的某种情感在观众心里油然而生。

3. 符合艺术的逻辑

艺术表现有它自己的逻辑，总的来说，就是艺术家运用自己的手段和方法，艺术化地表达自己的内心感受和思想感情。

每种艺术形式都有自己特定的表现手段和表达方法，而且它们的构成元素是物质化的，如美术的色彩、音乐的音符、文学的文字、电影和电视的镜头等。但是，它们的组合方法和表达方法却是主观性的，是作者有目的的选择、集中和概括，是作者有根据的联想和想象。

镜头的组接在许多情况下并不是为了去叙述一个过程，而是为了某种艺术的表现，为了表达一种情绪和情感，为了一种美学的构成。（如上一镜头描述的是人民的好战士身负重伤倒下……下一镜头则是高山青松……）

7.2.2 动作衔接的连贯性

1. 屏幕运动的方式

影视语言最重要的内容之一就是表现运动。表现运动和运动的表现是影视语言区别于摄影、绘画等艺术的最根本的标志。构成屏幕运动的方式有三类：

(1) 画面内部主体的运动

画面内部主体的人或物体的运动状态、位置直接影响着剪接点的确定。

(2) 画面外部镜头的运动

摄像机机位和镜头的运动变化所引起的运动，对观众的视觉感受起到重要的影响。

(3) 剪辑率

单位时间内镜头变化的多少标志着镜头转换的速度，更影响着影视片的节奏。

主体运动、镜头运动和剪辑率三者的有机结合，共同构成影视运动的剪辑。要求创作者必须从整体上把握各种因素，使剪辑既保持外部运动的流畅，又符合内部的运动逻辑。

2. 运动剪辑的基本要素

(1) 运动的方向

运动方向是影响影视知觉最重要的因素。在影视表现中，应尽量保证运动方向的一致性，从而保证观众观赏心理的顺畅。

(2) 运动速度

运动速度包括主体运动速度、镜头运动速度和镜头转换的速度，这些都会对观众心理产生影响。一般情况下，速度快的运动给人以紧张、刺激和热闹等感受，反之则给人抒情性、肃穆感等感受。

(3) 动势

当物体移动时，人们不仅仅看到物体的位移，还能感受到动作的动势。在剪辑中，应该充分考虑上下镜头运动的速度、方向和动势的关系。

在动态剪辑中，应该充分考虑到上下镜头运动的速度、方向和动势关系。一般来说，要保持运动连贯和谐，可以遵循以下两条原理：

- 等速度连接。
- 同趋向（动势）连接。

3. 主体动作的连贯

主体动作的连贯是指镜头内主体动作的各个部分依据动作剪接点进行有机衔接，以保持动作的连续，并且能清楚地描述一个动作过程。

屏幕上表现的动作过程是经过重新安排剪辑后重现的，这种重现是围绕动作的分解拍摄和动作的组合连接来进行的。

所谓动作分解，就是在实际拍摄中，除了将一个镜头一拍到底的方式外，大多情况下，需要通过分镜头（即从不同角度、不同景别）来拍摄表现对象，基本上所拍摄的每一个镜头都是完整动作中的具有代表性和相关性的部分，这样有利于在后期编辑中的镜头组接，以形成完整的动作过程。

所谓动作组合，就是将单独而零散的分解动作按表达需要和一定的视觉规律重新组合成连续活动的视觉形象整体，它是对现实动作的省略，同时又不失视觉连贯感。

主体动作的连接大致分为同一主体动作的连接和不同主体动作的连接，其中同一主体动作表现基本上又有两种情形：一是接动作，即用不同角度、不同景别的几个镜头来表现一个完整的动作过程；二是动作省略，即一个完整动作由若干主要动作片段构成，其中省略了无关紧要的中间部分过程。

在处理主体动作表现中，常用分解法、省略法和错觉法等。

(1) 分解法

这种剪辑技法基本上对总体动作过程不作省略，其特点是用不同景别或角度的镜头表现同一个完整的动作过程，基本上可概括为对半式的剪辑，也就是上一镜头是动作的上半部分，下一镜头是动作的下半部分，上一半动作切点位置应该是下一半动作的起点。

分解法的剪接点一般选择在动作变换的转瞬停留处，这个停留处也就是镜头景别或角度转换之处。一般情况下，分解法将动作停顿的那1～2帧全部留在上一个镜头，下一个镜头从动作的第一帧用起，而且上、下镜头的动作长度基本一致。

在有些特殊的情况下，可以不完全按此常规方式剪辑：

- 需要表现特殊情绪。
- 上、下镜头差别较大。

总体而言，分解法剪辑要注意选择动作的静止点，一般选择在动势大、动感强的动作转换处；要注意上下动作方向的连贯性，避免方向错误；要注意避免动作的重复；要根据具体艺术表达需要选择最恰当的动作剪接点。

(2) 省略法

与分解法不同的是，省略法着眼于动作片段的组合，期间省略了部分动作过程，依靠有利的转换时机使被省略过的动作组合仍然能够建立起完整、连贯的印象。

这种动作剪接常用于纪实类作品中，一般这种组接有两种处理方式：

- 有代表性的动作片段的直接跳接。
- 利用插入镜头使两个动作局部连接在一起。

(3) 错觉法

错觉法是利用人们视觉上对物体的暂留及残存的影像，恰当地运用影视艺术的特殊手段，在上、下镜头的相似之处切换镜头，造成视觉上动作连续的错觉效果。这种相似之处包括主体动作快慢的相似、镜头景别的相似、角度变化与空间大小的相似和主体动作形态的相似等。错觉法一般用于武打片、动作片、枪战片和惊险片中的武斗场面。

因此，如果在前期拍摄中多拍一些不带环境和背景的动作近景、特写，则有利于后期剪辑中采用错觉法解决节奏缓慢、时空跳跃等问题。

分解法、省略法和错觉法主要是针对同一主体动作的连贯，而把不同的运动主体或同一主体不同的运动组接在一起，也是电视片剪辑中的常事。

4. 运动镜头剪辑的原则

对于主体运动镜头的剪接，必须遵循的一个原则是动接动、静接静，指的是在剪接点前后的主体或摄像机的运动状态应保持一致。

从运动的角度来说，可以分为镜头的运动和静止以及画面内主体的运动和静止，这就使得动静关系的组接具有多种可能性。“动接动、静接静”有助于保持视觉的流畅和谐，但这种衔接不是绝对的、教条的。

(1) 固定镜头接固定镜头

由于固定镜头的画面本身不运动，上、下镜头衔接时主要考虑主体动作和造型因素的影响。在这里，“静接静”具有两种意思：一种是静止物体间的组接，另一种是静止动作间（包括瞬间静止）的组接。

运动镜头只有在相对静止状态下才能与前、后固定画面内的静止物体相衔接，否则运动镜头在运动状态中跳接静止物体，就像运动流程突然被拦截，视觉跳动明显。

如果两个固定镜头相接，其中前、后主体运动形态明显不同，也就是一个主体动，另一个主体不动，那么剪接点一般选择在动作相对静止的停歇点处，采用“静接静”的方式。

如果固定镜头中上、下镜头主体都是运动的，那么一般根据运动衔接的连续性可以采用运动中剪，即“动接动”的方式。

(2) 运动镜头接运动镜头

一般来说，运动镜头连接大多采用“动接动”的方式，也就是在运动中剪、在运动中接，前一个镜头没有落幅而后一个镜头去掉起幅，这样可以表现连续、流畅的视觉效果，它尤其适合一组连续的运动镜头组接。

如果运动镜头采用“静接静”的方式，那么必须在前一个画面主体做完一个完整动作停下来后，接上一个从静止到开始的运动镜头，这样的连接比较从容、稳重。

如果几个运动镜头中穿插固定镜头，一般是不合适的，即便要用，那么应如前所述，相连接的两个镜头之间宜采用“静接静”的方式。

无论是前后哪种情况，都必须考虑到上、下镜头运动速度与主体运动速度的协调性。总之，在这样的运动性镜头组接中，应该充分注意到各种动的因素，如人物运动、画面内景物运动以及镜头运动。利用其中的动势关系来衔接镜头，从而实现流畅、自然的转换效果，节奏上也比较利落。

(3) 运动镜头与固定镜头

一般情况下，运动镜头与固定镜头相接，以“静接静”的方式处理居多。

在运动镜头和固定镜头相接时，只有利用主体运动的动势以及情绪节奏的作用，“动接静”或者“静接动”才能够使镜头连接保持和谐统一。

“静接动”实质上是动感不明显的镜头与动感十分明显的镜头之间的连接方式。上一个镜头的静止画面突然转换成下一个镜头运动强烈的画面，其间蕴涵着节奏上的突变。这种突变有时是对情节或情绪的有力推动，有时则表现为视觉的强刺激，常用于段落转换。这样的“静接动”在衔接上是跳跃的，是明显而有力的段落转换方式。

“动接静”是在镜头连接由明显的动感状态转换为明显的静态镜头。这种连接会在视觉和节奏上造成突兀停顿的效果，在某些段落处理中，戛然而止的动静对比加强了情绪转换的力度。

在连接固定镜头和运动镜头时，要处理好“动接静”和“静接动”的关系，应注意以下几点：

- 利用主体的动势，把镜头的运动与固定镜头内在主体的运动协调在一起。
- 利用因果关系。
- 利用情绪节奏的显著变化。
- 利用相对运动因素，诸如前景的遮挡所带来的瞬间停滞效果及注意力的分散来转换动静关系。

7.2.3　空间组合的方向性——轴线规律

在视频作品中，表现主体的连续动作时，需要注意画面方向的一致性。要求一致性，并不意味着构图上的重复、角度上的不变。恰恰相反，所拍摄的画面角度要变化，构图要多样。但是，这种角度的改变不是盲目的，其中必须遵循一定的规则，这就是轴线规则。

1. 轴线

轴线是指拍摄对象的运动方向或者两个（含两个以上）被摄体之间所形成的关系线。前者称为“运动轴线”，后者称为“方向轴线”或“对话轴线”或“互视轴线”。

轴线是摄像师用以建立画面空间、形成画面空间方向和被摄体位置关系的基本条件，以保证在镜头连接时，画面中人物（物件）位置或方向上的连续性。

2. 轴线的种类

在屏幕中，物体运动、移动和转动都是具有方向的，如不变的方向、相反变化的方向、中性过渡方向和人物视线方向等。这些轴线通常可归纳为以下两种：

(1) 运动轴线

运动轴线是指被摄对象的运动方向或运动轨迹所形成的关系线，又可称为方向轴线。运动轴线包括单一方向上的运动线、曲线上的移动线以及拐角时的移动线。

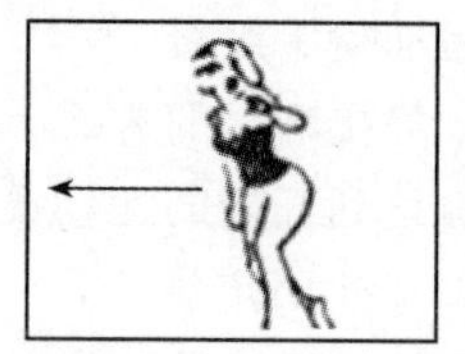

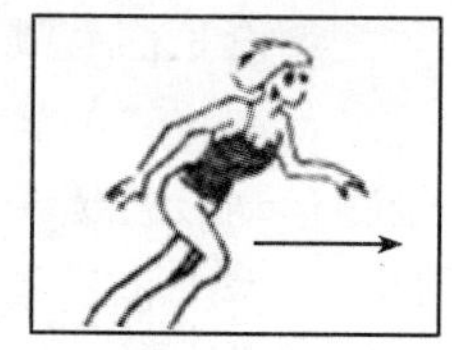

图 7-1　运动轴线示意

(2) 互视轴线

互视轴线是指人与人交流时所形成的互视关系线，而人与人之间进行交流的位置关系则形成关系轴。

- 在单人的场合下，一般是以这个人的视线或运动的方向作为轴线的。
- 在多人的场合下，通常是以最靠近摄像机镜头的人物关系（如互视关系、对话关系和运动方向等）作为参考轴线的。

图 7-2　互视轴示意

3. 轴线原则

在表现被摄物体运动或被摄物体相互位置关系以及进行摄像机镜头调度时，为了保证被摄对象在电视画面空间中相对稳定的位置关系和同样的运动方向，应该在轴线的一侧区域内设置机位、安排运动，这就是轴线原则。

4. 越轴的避免

越轴是指摄像机拍摄过程中越过了关系轴线或运动轴线，到轴线的另一侧进行拍摄。一般来说，越轴前所拍的画面与越轴后所拍的画面无法进行组接，因为往往会引起观众视觉逻辑上的混乱。在拍摄或者剪辑时，如何避免“越轴”现象的出现呢？以下的做法值得我们注意与借鉴。

- 对于同一主体的镜头转换，在剪接点上，主体或视点（机位）的运动或变化的角度一般要在相同方向的范围内变化，若有相异或相反方向的变化，则应呈现在画面中，使前、后画面以相同方向顺畅组接，从而保证主体运动方向或视线方向的统一。对于不同主体的镜头转换，根据主体间的不同关系，前、后画面有时采用相异方向，有时采用相反方向或相同方向。

● 若表现主体间的呼应关系，则不同的主体在画面中通常采用相异方向，有时也采用相反方向而不用相同方向。这样，组接主体之间的呼应关系才能更明确、和谐。

● 若表现实际方向相对、具有明显冲突的不同主体，则多采用相异方向，有时也采用相反方向，而不用相同方向。若误用了相同方向，则会造成矛盾双方空间位置的混乱。

● 若表现在实际中方向相同的不同主体，则一般采用相异方向，有时也采用相同方向，而不用相反方向。

5. 轴线的合理突破

轴线一般情况下是不可逾越的，但为了表现内容的需要，也可采取一定的方法突破轴线，从而显示镜头调度的灵活性和多样性。但其改变必须有合理的过渡因素，要善于利用主体视线方向或运动方向的改变而改变。常用的“越轴”处理方法有以下几种：

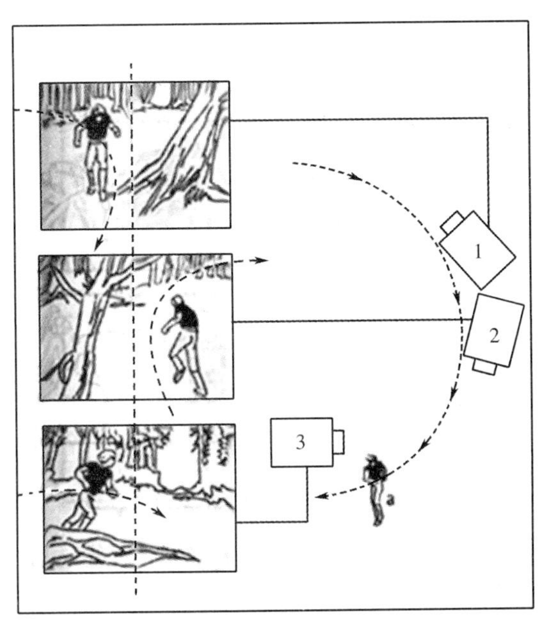

图 7-3　越轴实例分析

(1) 向观众交代出轴线变化的过程

在处理越轴时，可以利用被摄主体在画面内的运动变轴线关系或利用摄像机的运动越过轴线形成新的位置关系。

(2) 通过间隔镜头，缓和越轴画面造成的视觉跳跃感

间隔镜头是指中性镜头、空镜头或被摄主体局部特写等。利用间隔镜头的“无明确方向性”的特点，联接两个“跳轴”的镜头，即可产生在视觉上缓和、过渡的效果。

(3) 利用强烈运动的画面，使观众对方向的注意力减弱

当观众的注意力被激烈运动的内容吸引时，就容易疏忽被摄物体之间的位置关系和运动方向。

7.2.4　景别过渡的和谐性

在镜头画面的组接中，景别和角度的变化代表视域或视点的变化，不同景别和角度的组合会形成不同的叙述效果，为了流畅地展示情节、准确地传递信息、自由地抒发情感和深刻地揭示思想，这些不同景别和角度的镜头之间过渡要和谐、自然。

1. 景别的视觉效果

(1) 在相同的时间长度中，景别越小，时间感越长

也就是说，小景别的剪辑时间应该小于大景别。原因是大景别包含的内容信息更多，需要留给观众更多的时间看清楚画面内容，而小景别如果时间过长，则会给观众以冗长、缓慢的感受，但在追求特定的艺术效果时，可以反其道而行之。从这个角度来说，景别的

大小决定着时间的长度。

(2) 同一主体在相同的运动状态和速度下，景别越小，动感越强烈

在表现快节奏和强烈动感的电视片、广告片时，选用小景别表现动作是一个剪辑的基本法则。同理，在用特写等景别表现细致动作时，经常要放慢动作的速度，以使观众看得更清楚。

2. 景别的组接效果

(1) 插入其他镜头作为过渡

同一主体（或相似主体）在角度不变（或变化不大）的情况下，前、后镜头的景别变化不宜过大或过小，否则都会带来视觉上的强烈跳动。一般的解决办法是插入其他镜头作为过渡，或者变化角度。

(2) 运用不同景别的镜头组合，可以实现有层次描述事件的目的

景别由大到小、由远及近的安排，符合一般人们观察生活的心理感受和逻辑，是一种常见的平铺直叙的方式。有时为了制造悬念，可以反向安排景别。

为了叙事的剪接，镜头景别的变化要明显，目的要明确，这样容易产生平稳、流畅的视觉效果。

(3) 利用镜头连接中景别的积累或者对比效应，营造情绪的氛围

一定形式的有规律变化的景别，可以产生积累或者对比的特殊视觉感受，进而影响观众的情绪。同类景别的组合在相似的积累过程中，同样的元素被强调，制造一种积累效应；两极镜头的对比和连接（大远景和近景、特写的组接）容易加剧视觉的震惊感，切换速度慢时还可营造凝重肃穆的氛围。

3. 景别剪辑时需要注意的问题

- 选择镜头时，在保证镜头内容意义的前提下，考虑到景别的作用，注意建立景别成组运用的意识。
- 注意运动镜头内多景别的变化。
- 根据不同情况处理景别关系，尽量用更丰富的景别表现同一主题和内容。
- 景别的选择必须服从于内容的表现以及意义的表达。

7.2.5 影调与色调的统一性

光影和色彩是视频造型和表意的有效手段，它们既可以再现，又可以提炼现实生活中的五颜六色，或记录或抒情，激发观众的情感共鸣。在追求视觉效果的数字视频作品中，影调和色调的处理成为编辑的一种重要的艺术调度手段。

1. 选择合适的影调与色调

一般地，任何一部影视作品，不论是电视连续剧、纪录片、音乐电视、广告，还是晚会等，都有一个与主题相对应的情绪基调或情感倾向，或浪漫或现实、或欢快或沉闷、或严肃或轻松、或霸气或卑微、或高昂或低沉等。而在表现具体的画面内容时，很关键的一点就是要把情绪基调和情感倾向落实到色调和影调上，要使色彩和光影的运用与作品的主题、情境及氛围等结合起来，通过一定的色彩和光影组合来强化基调、塑造形象、烘托主体，给观众以鲜明的视觉印象和强烈的感染力。

(1) 影调与色调的形成

影调是指画面上明暗关系的总体倾向，它是画面造型和构图的主要手段，也是创造气氛、形成风格的手段之一。色调即色影基调，是指当画面的色彩组织和配置以某一颜色为主导时呈现出来的色彩倾向。色调的形成主要包括两个因素：一是色彩在整个作品中的时间长度，二是该色彩在单一画面中的空间面积。作为色调的色彩，必须在时间长度和空间面积上都占据主导地位，这两者缺一不可，否则“基调”也就无从谈起了。在张艺谋导演的电影作品中我们能够感觉到非常明显的“基调”，电影《红高粱》是血红的，《大红灯笼高高挂》是深红的，《满城尽带黄金甲》是金黄的，而《我的父亲母亲》是黑白和彩色组合的（以黑白表示现实，彩色表现回忆），《一个都不能少》则是一种具有纪实风格的真实色彩还原。影调和色调通常统称为调子，在影视作品中，很少以一个镜头画面为单位处理调子，更多的是以一个句子、一个段落或者整部作品为单位。

(2) 影调与色调的作用

除了起到造型作用以外，影调和色调有着丰富的戏剧作用，大致包括：创造色影、光线效果；构成影视作品色彩和黑白的基调；突出被摄对象及其主要细节；创造特定环境的特定气氛；塑造人物形象；加强和减弱戏剧情节的节奏等。

2. 影调与色调的统一

在镜头组接时，需要使影调和色调在总体上保持一致，否则将产生视觉冲突，破坏对事件描述的连贯性，影响内容的通畅表达，转移观众的注意力，打乱观众连贯的思维过程。具体来讲，影调和色调的统一性表现在两个方面。

(1) 调子和内容、情绪的统一

对于一个完整的段落，其中各个镜头的影调和色调应该与该段落的内容和情绪相一致。例如：在表现欢快的气氛、温和的情绪时，段落中的镜头一般使用亮调子和暖调子。如果把暗调子或冷调子的镜头组接在其中，那么就会破坏原有的统一性。

在编辑过程中，一部影视作品的调子是随着内容的变化而改变的。色调的变化往往蕴含情绪、意境与寓意。影片《泰坦尼克号》的色调总体上是由暖趋冷的。当男女主人公杰克和罗斯两情相悦、心有所属时，画面以暖红色调为主，洋溢着热情、浪漫的气息，细腻地传达出主人公那时那刻的幸福与甜蜜、憧憬与希望。当两人立于船首，日落时分的晚霞像火一般照耀着，映红了整个天空，也映照着主人公醉了的心。然而，这样的幸福转瞬即逝，所有的美好都伴随阳光一起沉入大海，顷刻间，色调发生了巨大的转折，蓝色调开始弥散，船体渐渐下沉，此后近 1/3 的影片画面都展示着海水的冰冷，展示着夜色的朦胧，也预示着命运的不可更改和残酷。广告 MV《康美之恋》恰到好处地运用了绿色来传达康美企业人对健康的追求，对美好生活的热爱，大面积的绿色传达给我们宁静祥和、宽容大度。而在片子结尾时的婚庆里，男女主角都用了红色，代表着喜庆，其中也隐含着一种康美人对企业的良好祝愿，这时的红色是一种成功的颜色，是一路艰辛创业后的喜悦的颜色。

(2) 相邻镜头画面调子的统一

镜头组接时画面的影调要求统一，如果前、后镜头的影调具有明暗反差，则观众接收信息时就容易产生难以调和的冲击，偏离应有的注意力。一般情况下，对于影调和色调对比强烈的镜头，为保证它们的情绪连贯、内容流畅和统一，可以选用一些具有中间影调和色调的镜头画面作过渡，起到视觉缓冲的作用。另一方面，也可以通过有意的明暗搭配和

色彩变化来抒发特定的情感、表达特定的情绪。

以上介绍了镜头组接的基本原则。需要明确的是，这些原则都是镜头组接的一般性规律，但在实际创作中，往往出于某些特殊的目的，要达到特别的艺术效果而有意打破这些原则，创造出特殊的情绪和表达方式。因此，对原则不能当做教条来理解，应根据创作的实际需要具体情况具体分析，在充分掌握一般性规律的前提下，发挥主观能动性，创造性地运用这些原则。

7.3　无附加技巧的镜头连接——切

在运用影视语言表述情节时，必然会遇到从这一场面的情景中转换到另一个场面的情景中，同时也标志着时间与空间的转变。场景转换也影响影片的节奏，是改变注意力的一种有效方法。一般情况下，场面转换有两种方式。一种是无技巧转场，也称之为“硬切”或“切”。切在影视片的镜头转换中占据着主要地位，使用最为频繁，具有简洁明快的特点，同时能赋予画面较强的节奏感。场面转换的另一种方式是有技巧转场，也就是运用某种特技生成的特效画面来完成镜头的分隔和转换。随着数字视频技术的发展，在数字视频作品中我们可以发现许多镜头不再是一个接一个的线性组合，而是后期制作时将各种视觉元素加以创造性地融合，在一个连续画面中多场景的集合、转场技巧因此有了突破性变化。这时，转场特效的应用已经超出了我们所讨论的场面转换的意义和内涵。因此，我们将技巧转场纳入数字视频特效章节介绍，在这里主要探讨无技巧转场方式。

7.3.1　场面转换的依据

场面是构成段落的基本单位。场面转换起着分隔和连贯的作用，即将各部分内容分隔开来，同时用一种恰当的方式予以过渡、连贯。场面的转换可以告诉观众时间的更迭、空间的转移以及情节的变化。通过场面转换，可以让观众明确意识到场面与场面之间、段落与段落之间的分隔和层次，从而实现场面的和谐过渡，同时通过有技巧的组接还可以产生一些特效，现在的非线性编辑系统中提供了诸多特效，丰富了画面元素。场面转换的依据主要有以下几点：

1. 时间转换

所拍摄的事件或场景，如果在时间上发生变化，如从白天的场景转移到夜晚，那么这时就需要进行转场。或者在时间上出现明显的省略和中断，剧中经常会出现小主人公成长的过程，通常会取婴儿、童年、少年几个时期的片断，或者直接从童年过渡到成年，这些都需要转场，我们就可以依据时间的中断点来划分场面。

2. 空间转换

前、后镜头地理空间的变化意味着场面也发生了变化。例如：前面的事件发生在上海，下一个事件在北京发生，那么此时空间的变化是场面的转换处，需要采用一定的镜头策略加以衔接。

3. 段落转换

段落转换依据自然段落的发展情况来确定。一种情况是，剧或纪录片的故事情节发展到一定程度，新闻报道的内容叙述完毕，自然需要进行场面转换；另一种情况是，不是剧情或报道内容发展告一段落，而是为了叙述节奏的需要，作一个段落上的停顿，舒缓观众的收视疲劳或者调整情绪。

当然，叙事性题材和表意性题材的作品在结构方式上存在着一定的差异，因此，场面转换的依据也自然要相应地做出调整，不能一味地以时间、空间或者情节来划分，而需要综合考虑作品的内在逻辑，理清分段依据，提出实施对策。

7.3.2 无技巧转场

无技巧转场即不用技巧手段来“承上启下”，而是用镜头的自然过渡来连接两段内容，在一定程度上加强作品的节奏进程。无技巧转场的关键在于寻找合理的转换因素和适当的造型因素，使之具有视觉的连贯性。但在大段落的转换时，还需要顾及心理的隔断性，尽可能表达出间歇、停顿和转折的意思，切不可段落不明、层次不清。

1. 场面转换的过渡因素

通常，场面转换处画面的合理过渡因素有如下一些：

(1) 相似性因素

上、下两段相连的两个镜头的主体在内容和形状上相似，数量上相近，或上、下两个镜头包含的是同一个主体。例如，

湖北九江抗洪第一线

松嫩地区抗洪救灾前线

通过相似的情节内容，把发生在相隔万里的两个段落的事件连接在一起。

(2) 逻辑性因素

上、下两段相连的两个镜头在情节发展上具有逻辑性，包括互为因果和前后对应等关系。例如，

一个机器操作工调整控制面板

工人往机器中装入原材料，成品走下流水线

这里，上、下镜头存在一定的因果联系，上一个镜头是下一个镜头产生的原因，此时用于连接段落，符合事物发展的客观规律。

(3) 比喻性因素

上、下两段相连的两个镜头的画面内容有着强烈的对列作用，而后一个镜头对前一个镜头能产生比拟、隐喻的作用。例如，

领袖追悼大会现场

乌云密布，滔滔江水

飞机上向大海撒骨灰的第二个镜头表达了人们对第一个镜头中领袖逝世的悲痛之情，更隐

含了“江河呜咽、九州｜同悲”的含义，并从追悼大会顺利转移到大海上空撒骨灰的情景。

(4) 过渡性因素

运动画面主体的运动或移动拍摄手段，使拍摄场地转换，或借用人物的台词、解说词、音乐和效果声等来处理段落的转换。例如，

发电站顺利建成投产，输电线伸向远方

住宅区林荫道上的宣传画（一个电工在高压线上作业），摇到林荫道上人们在散步运用过渡性的宣传画，把内容从发电站建设工地转移到生活区的林荫道，实现两个段落的转换。

外部形象思维的方式有时包含着内在逻辑性思维，如对比、因果等不同的关系，成为镜头与镜头之间、场面与场面之间、段落与段落之间转换的逻辑因素。形象思维是外在物化形式，也是组接的基础，而其间的逻辑思维则成为意义连贯和转换的重要依据。

2. 无技巧转场方法

具体而言，无技巧组接的常用方法有以下几种：

(1) 相似体转场

相似体组接是指上、下镜头中具有相似的主体形象，这种相似包含两种情况：

其一，上下两个镜头包含的是同一类人物、物体或环境，具有一定的视觉连贯性。例如：在迎来送往的新闻报道中，前一段表现东道主在飞机场欢迎来宾，接着乘车离开机场，在汽车行驶过程中拍摄一个车上插挂的国旗镜头；下一个段落从签字仪式上摆放的两国国旗开始。这样的转换符合实际场景，节奏明快。

在法国影片《两小无猜》中，主人公苏菲和朱利安爆发了一次争吵。吵架之后，朱利安离开，苏菲坐在楼梯上哭泣，接她哭泣的面部特写，然后是俯视视角拍摄他们之间的信物——宝盒从苏菲的手中滑落，从楼梯上翻滚下去，宝盒一层一层滚落下去的镜头里穿插了两次苏菲哭泣的面部特写，宝盒跌到最后一级台阶时，一双手入画，把它捡起来，是苏菲，她打扮得非常漂亮，时间已经过去了几个月，她终于决定去找朱利安。这个段落的连接非常流畅，没有一个多余镜头，就处理了时空转换问题，如图 7-4 所示。

图 7-4 相似体转场

其二，上下两个镜头主体形状、运动形式或大小位置的相似，利用这种相似可以顺利完成镜头连接。例如：一部表现空军部队幼儿园的片子中，前一段表现孩子们在老师带领下玩遥控小飞机，小飞机在空中飞翔，接下去表现孩子们的父母亲驾驶着战鹰在蓝天飞翔。这里的相似因素是小飞机和大飞机，而且两者的运动状态也是相似的。孩子们的段落与父母亲的段落就这样联接起来，用以说明幼儿园是部队后勤保障工作的重要组成部分，幼儿园办好了，年轻的父母们解除了后顾之忧，专心飞行，顺利、出色地完成各项飞行训练和抢险救灾任务。影片《阳光灿烂的日子》中，马小军用枪瞄准仓库的窗户射击，将木板射穿，光线从打穿的小孔中射进来；下一个镜头切到卢沟桥，仰拍铁轨，光线也是那样从缝隙中流出。

相似体转场的关键是把握众多画面形象之间的外部造型相似性因素和逻辑上的相似性，为转场确立合理的依据。

(2) 特写转场

特写所展示的是物体或人物的局部，孤零零的局部使人看不出人物、物体和环境各个因素间的相互关系。由于特写镜头的环境特征不明显，所以有没有变换场景不易被觉察。同时，用特写呈现在观众面前的被摄体，具有较强的新奇感和冲击力，容易调动观众的情绪，使人们自然而然地集中注意力仔细观看，从而忽视或淡化特写镜头之前的视觉内容，使观众一时感受不到太大的画面跳动。例如：图 7-5 所示的镜头画面中，一个男演员离开车祸现场，径直走向镜头，画面中出现了该男演员的面部特写（镜头 4），紧接着画面接入另一个男演员的面部特写（镜头 5），画面拉开，场景也转移到了室内。在这个例子当中，由于特写镜头的环境特征不明显，所以变换或没有变换场景不易被看出，从而使两个场景的转换顺畅、自然。

图 7-5　特写转场

此外，在纪录片中常常用特写镜头作为一段的开始，又以特写镜头结束并转入下一段，在这种情况下，特写镜头似乎产生了一种间隔画面的作用。用特写作为片断或段落的组接技巧，在节目编辑中运用比较普遍。

(3) 空镜头转场

空镜头是指画面上没有人物的镜头，如天空、大海、草地、田野、树林和池塘等，这些画面没有具体的人物动作，可以客观地交代环境气氛，也可以缓和主体动作。在视频作品中，空镜头运用屡见不鲜。例如：《焦点访谈》播出的《难圆绿色梦》，在描述了徐治民老人看到当年种下的最粗、最高的树被砍伐后的痛惜表情后，从那棵树的树墩摇到灰蒙蒙

的天空。这个空镜头后，记者来到当年为表彰老人植树治沙的业绩，政府给他树的碑前，展开了下一段内容。在电视连续剧《李小龙传奇》中，就经常使用空镜头完成转场。例如：李小龙夫妇在墓地参加完葬礼与邵伯交谈的场景接一个乌云大海的空镜头，下一个镜头接李小龙在家中脸部特写完成了场面的转换，让观众顺畅地接受时空的变化，如图 7-6 所示。

图 7-6 空镜头转场

在运用空镜头转场时需要具有明确的目的，空镜头的选择要符合编辑条件下的规定情境。例如：由一个国际机场的剪彩典礼转换到商贸洽谈会，可以选择蓝天白云，如果选择飘扬的彩旗，则更适合特定的气氛。

（4）主观镜头转场

在节目中，主观镜头能有效地调整观众观看事物的视点，起到视觉连缀作用，并从一定程度上揭示出片中人物的心理感受和喜怒哀乐，是带有一定心理描写的镜头。一个主观镜头一般由两部分构成：一是主观镜头之前的人物的客观镜头，二是片中人物所看到的或想到的内容，它们之间的组接形成了一个视觉转换的契机。在具体组接时，通常要在人物镜头之后保持短暂的停留，这种停留可长可短，但都能给观众一个非常明确的暗示，说明下面将出现此人看到或想到的“主观镜头”。主观镜头符合观众的心理要求，组接流畅。如图 7-7 所示，在影片《断背山》中，有一组镜头是片中主人公恩尼斯在断臂山脚下的小河里遥望山上的杰克的镜头，其转场就是通过主观镜头来实现的。

图 7-7 主观镜头转场

这种前一个镜头是片中人物在看（或想），下一个镜头介绍此人所看到（或想到）的对象的连接方法频繁出现于各种节目中。情节型的段落中常要求上、下镜头之间在内容上有因果、呼应和平行等必然联系。纪录片中则不一定要求这样，但常常可以借用，如某人举目张望，下一个镜头直接切到其他任何场面。所以，在纪录片中主观镜头转场运用较多，不过它只是借用前一个镜头的主观视线作为转换场景的机会。

(5) 动作转场

动作转场是指借用主体动作或镜头运动动势的可衔接性和动作的相似性，作为场面段落的转换手段。例如：上一个段落一人骑自行车在闹市街道上行进，最后一个镜头车轮飞转，然后再接飞转的车轮，拉出来，转入第二个段落，此时他已经行进在旷野上。这两个时空相异的段落利用动势的相似性，可以是自行车轮接自行车轮，也可以是自行车轮接汽车车轮，但需要保持速率的基本一致。连续剧《有房出租》中，有一个运用动作组接的精彩段落：

（全景）餐厅，总经理和公关部经理一起观看印度厨师表演

（特写）一张大饼掉在总经理头顶

（特写）总经理拍案而起

（全景）总经理训斥公关部经理

利用动作发生的连贯性和动作的强烈视觉冲击性，可以顺利实现场面转换和情节延续。主体出入画是动作组接的变异形式，上、下镜头主体从相反方向出画和入画，常用于大幅度场景空间的变化和时间的流逝。

(6) 运动镜头转场

利用摄像机的运动来完成地点的转移，摄像机可作升、降、移、摇、跟等拍摄，就如人眼一样，随着场景的转换变化视线，所以它们也可以用来转场。有时运动镜头的变化，特别是落幅画面的变化，往往会成为时间推移或者人物变化的交代因素。如图 7-8 所示，在法国影片《两小无猜》的开始段落，主人公小苏菲和小朱利安分别在床的左右两边睡觉，一个平摇镜头，缓慢地从女孩摇过男孩，再从男孩摇过女孩，女孩已经长大成为少女，起床，出画，稍微加速摇回男孩，男孩也成长为少年。影片没有老套地加上城市的空镜头，打上字幕“十年后”，而是用了一个简单的平摇镜头，就完成了主人公从儿童到少年的过渡，很好地处理了时间转换问题。

图 7-8　运动镜头转场

(7) 遮挡转场

遮挡转场又称为“挡黑镜头”转场。镜头被画面内的某形象暂时挡住，包括主体迎面遮挡住镜头，或是画面内其他前景暂时挡住镜头内的其他形象。这个时刻往往是转场的时机。希区柯克的电影《绳索》中，就有一个很典型的利用人物背影作遮挡进行转场的，如图 7-9 所示。

图 7-9　遮挡转场

影片《两小无猜》中，苏菲去找朱利安，但是朱利安在图书馆学习，要一年之后，考上大学之后再见。苏菲负气走了，朱利安追赶苏菲乘坐的公共汽车，没有追上，坐在路边的长椅上，街上的车辆充当了转场的遮挡物，每次车辆驶过，朱利安都变换服饰，或者变化发型，以此来表示时间的流逝，如图 7-10 所示。

图 7-10　遮挡转场 2

遮挡在视觉上能给人以强烈的冲击，同时制造悬念，省略过场，加快叙述节奏。

(8) 声音转场

声音转场是指利用声音（包括语言声、音乐和音响）实现镜头的转换，给观众以听觉上的承上启下感。尽管空间发生了跳跃，但由于声音的融入，不仅画面转换不露痕迹，而且也产生了较好的艺术感染力。连续剧《玉碎》第一集，当赵家为孙子“洗三”时，赵雄飞张罗着拍全家福，这时老板赵奎如提醒：“别急，人还没有到齐呢。怀玉还没有回来。”接下来画面就直接接到怀玉，她正在学校排练抗日宣传剧。

画外音、画内音互相交替的衔接可以把相互关联的两个场景紧密地交织在一起。连续剧《英雄无悔》最后一集，女主人公静静地躺在医院准备接受手术，这时主刀大夫宣布

“开始吧”，接下来的画面并没有马上表现手术的紧张过程，而是借用“开始”的命令，转到警校庆典场面——乐队“开始”演奏。

这样的连接富有戏剧性，按照正常事件进展的因果关系，下一个镜头应当是手术过程，但是“声音”被“借”到了警校庆典现场，一下子将两个不同的场景连接起来，也实现了两条线索之间的流畅转换。

7.4　画面组接中的节奏处理

节奏是一个耳熟能详的词，我们总是不断地听到创作者在谈论节奏、评论者在谈论节奏、观众在谈论节奏，节奏就像无形的弹力线，时松时紧地串联着屏幕内容，也时松时紧地维系在观众观看的情绪上。控制好节奏张力以有效影响观众的视觉——心理感受，是创作中的重要问题。节奏在很大程度上是通过后期剪辑来实现的。有人将节奏的协调视作影视剪辑的重要原则之一，但是由于与其他剪辑原则有所不同，数字视频剪辑中的节奏是多种因素共同作用的结果，光影造型、画面内容和动作等都对节奏起着一定的作用，因此，我们在本部分将阐述剪辑中的节奏及其处理。

7.4.1　节奏的产生与作用

1. 节奏的产生

对于影视创作来说，节奏就是运用剪辑手段，对影片结构和镜头长度的处理所形成的节奏规律，也就是通过剪辑，对镜头长短进行有逻辑性和有规律性的安排。节奏对影视作品的画面感染力和表现力起着重要作用。在很多情况下，节奏还会直接影响电视片的质量和性质。

节奏源于运动。有运动就会有变化，有变化就会产生变化的规律，也就是产生节奏。影视语言是一种视听语言，表现在时间与空间的流逝和变化中。因此，影视的节奏也就依附于活动的影像和声音当中。

从观众的感官角度来说，节奏可以分为：

(1) 视觉节奏

视觉节奏是指通过镜头画面形象表现出来的节奏，如影片中的场面调度、人物动作、摄像机运动、蒙太奇组接中镜头的长短以及视觉形象的张弛、快慢、长短等。

(2) 听觉节奏

听觉节奏是指通过听觉形象表现出来的节奏，如人物的声音、环境同期声以及音乐音响的轻重、长短、快慢等的交替而产生的声音层次。

视觉节奏与听觉节奏不可分离，在影视编辑过程中总是相互作用、相辅相成地结合使用，共同产生一种统一的节奏感。

2. 节奏的作用

节奏作用于观众的心理情绪。当视觉、听觉元素对人的感官产生作用时，人们的心理感受也会随之产生。而当视觉听觉元素变化时，人的情绪会产生新鲜感，心理上也会随之产生或规律或不规律的感受。

节奏在这种状态下起了一种心理调节器的作用，它通过对运动世界快慢、缓急变化的反映，不断破坏人们固有的心理程序，促使心理活动增加，不断造成人的新鲜感，这种生理现象构成了节奏的物质因素。

影视导演、编辑就是通过对情节发展、影像造型、镜头组接与转换、光影色彩和语言音响等这些元素变化强度、幅度的控制，来使观众产生激动情绪或者平息激动。

节奏的安排应当以吸引人们的兴趣、引发人们的情感同步振动为目的，无论是快节奏还是慢节奏，都应起到使屏幕形象与观众心理情绪同化的作用。

总之，观众心理情绪既是节奏的作用点，也是编辑控制节奏的出发点。在实际创作过程中，要很好地考虑观众的心理情绪需求，以此作为安排节奏、控制变化幅度与强度的依据。

7.4.2 内在节奏与外在节奏

1. 内在节奏和外在节奏

影响节奏变化的因素包括镜头的外部切换，也包括了镜头内部主体的运动形态和情节发展，也就是镜头的外在节奏与内在节奏。

1）由视觉、听觉元素直接作用于观众的感官，从而产生的节奏，称为外在节奏，如主体运动、镜头运动、镜头长短、组接频率和音乐节奏等。

2）由影片叙述中情节的内部冲突、人物情绪和故事起伏等引起的人们内心感受的变化也可以形成节奏，称为内在节奏。它是一种内在观念形态，只有通过审美的知觉去感知。

2. 两种节奏的关系

内在节奏与外在节奏不可分离，必须在剪辑的环节上完成有机的统一。尽管在表现形态上可以有局部形式上的不同，但其深层结构上必须保持一致。

外在节奏既要考虑镜头段落的相对独立性，又要保持与影片总体内在节奏统一，其最终是为叙述目的服务。内在节奏是一种叙述性节奏，要使叙述有层次变化，从而使观众获得最大的审美和观赏效果。

内在节奏是决定电视画面的第一因素，外在节奏从属于内在节奏；同时，内在节奏也只有依靠外在节奏的多种表现形态才能够得到体现。可以说，外在节奏是内在节奏的表现形式，是内在节奏的外化。

通常情况下，内在节奏紧张时，外在节奏的表现形态就比较快速、紧张；反之，当内在节奏缓慢时，外在节奏的表现就松弛、缓慢。这并不是绝对的，有时也会有内、外节奏背道而驰的情况，这是为了更好地突出主题和表现效果而采取的手段。从深层次说，仍是一种本质意义上的统一。

3. 节奏的统一性与变化性

所谓节奏基调，就是作品主线节奏的叙述情绪。一般来说，任何一部作品都应该有一个节奏基调，主线节奏统一于基调上，这是构建统一的作品风格的重要方面。确立恰当的节奏基调是非常有必要的，因为它是节目的风格得以体现的重要方面。

节奏基调的把握，需要基于两方面的因素：内容因素和情绪因素。事物本身所具有的内容性质决定节奏基调的基础，而创作者所赋予的情绪性质则是影响节奏基调的主观因素，它使内容的性质以一定的风格和意境表现出来。

节奏基调的统一性并不等同于没有变化的单一性。

有效利用内容提供的节奏因素，巧妙安排好节奏的发展变化，是满足观众欣赏心理的必然要求。

这种变化是通过代表节奏基调的主线节奏和代表变化的副线节奏的穿插搭配来实现的。即有吸引力的节奏线不是毫无变化的直线，而是上下起伏的曲线。在节奏曲线的设计上，要考虑两个因素：一是事实本身的因素，二是结构变化的因素。

单一节奏持续时间过长会造成观众的疲劳感，通过节奏结构的有所变化可以起到调节作用。

在节目编辑中，要重视节奏的把握，既要重视确立整体节奏基调以形成统一的叙述风格，同时又在此基础上，根据具体部分的内容性质和事实本身发展的快慢缓急，安排结构，调整节奏，以最大限度地调动观众情绪。

7.4.3　节奏的处理技巧

1. 节奏与造型手段

节奏要成为人们可直接感受的形态，需要借助造型的手段。一般来说，多种造型手段都能为节奏的形成服务。

(1) 运动主体

主体运动速度、方向和幅度会对视觉节奏产生明显的影响。主体运动快，节奏快，主体运动慢，节奏感慢；在主体动作中“动接动”，节奏加快，在动作暂停处“静接静”，节奏放慢；同向主体动作的顺势而接，节奏相对流畅、平稳，反向主体动作交错连接，节奏变得活跃、视觉跳动。

(2) 摄像机运动

摄像机运动速度的快慢方向同样与主体运动一样，可以通过速度方向的改变来产生不同的节奏感，而且，运动摄影能够给予静态物体以运动的效果，产生出节奏的变化。

(3) 景别

由于不同景别所表现出来的动作速度是不同的，这就影响了节奏的发展速度及其含义。

在画面剪辑中，可以利用景别的大小差别来调节视觉节奏。在一组小景别中插入大景别，或者在大景别后跳接小景别，都是打开视觉空间或改变视觉重音来转换节奏的常用方式。在带有叙事性的电视片中，利用前进式句型和后退式句型在景别及叙述效果上的对比、交替使用，也可以调节节奏。

(4) 色彩和光影

色、光、构图等都是电视画面中的重要视觉因素，而且是流动的视觉因素。这种流动变化所带来的各种变化对比形成了视觉的节奏。暗色调中突然出现亮调、高调画面就改变了原有的视觉节奏。明暗变化的规律性也对节奏感产生影响。

(5) 声音

声音本身就具有长短、强弱的变化。音乐本身就是一种节奏，因此声音对于节奏的影响就更富于变化性（关于声音对于节奏的影像将在第十一章中进行探讨）。

(6) 剪辑节奏

通过镜头长度变化、镜头转换速度和镜头结构方式等剪辑手段来形成节奏是影视节奏控制中最基础也是最重要的部分。镜头长度及转换速度的关系体现为剪辑率的变化，剪辑

率高，节奏快；剪辑率低，节奏慢。镜头结构方式既体现为镜头连接顺序，又可以指镜头连接的技术方式，如叠化、渐隐渐显、变焦和划像等，都包含有节奏因素，这需要根据具体作品的要求来考虑这些技巧的节奏功能（关于转场方式对于节奏的影响，我们将在下一章中进行讨论）。

不同的剪辑速度，展现不同的感情色彩，匀速剪辑（即匀速的镜头转换），显得从容稳定；慢速剪辑（包括采用慢动作处理）多用于情绪的抒发，节奏舒缓；快速剪辑则易激发强烈的情绪。

以交替快切为例，交替快切是指平行交替地剪接两组甚至两组以上的镜头，往往用于表现矛盾、冲突、悬念和对比等情绪状态。在这样的剪辑中，第一个镜头和最后一个镜头都应该保证有相当的长度，因为第一个镜头起到交代作用，让观众明白发生了什么；最后一个镜头代表结束，由中间快速剪辑所积累起来的情绪在这里得到充分释放，在内容上也是对叙述结尾的交代；而中间段落的加速快切，节奏上呈不断递进态势，可以形成不断加剧的紧张感，从而吸引观众。

值得注意的是，在这种剪辑方式中，由于视觉暂留作用，后一个镜头比前一个镜头稍短的方式，较之同样长度的匀速剪辑会更有感染力，尤其是在一组相同景别的镜头组接中，如果匀速剪辑，则越往后镜头的剪辑节奏反而会越慢。如果想保持匀速效果，则后一个镜头应该相应地少两帧，依次类推，这就是剪辑中的“加速度”规律。

镜头转换速度的快慢是与这一段落的节奏基调和镜头构成方式联系在一起的。作为编辑，要善于判断每一个镜头内及其各种镜头组合所蕴涵的节奏因素，结合叙述内容，有机地安排镜头序列，从而调出最适宜的镜头转换节奏。

2. 节奏与动静关系

节奏的本质是运动的变化，无论是内在叙事性节奏的发展变化，还是外在造型性节奏各元素的对比作用，其节奏实质上都是在运动和相对静止的更替中形成，诸如叙事内容的紧张与松弛是动与静，镜头切换的快与慢是动与静，声音的强与弱也是动与静。

从这个意义上看，我们可以用“动静相生”作为把握节奏的一个原则。这种动静节奏既可以由叙事内容的丰富与简约、内容性质的紧张与舒缓等对比来安排，也可以利用声画关系、景别和动势等形式元素的巧妙组合来调节。

节奏的动静转换有两类方式：

一是渐变式，强调节奏的自然变化，也就是指镜头动静关系的转换是建立在镜头逐步推进、内容不断铺垫的基础上的，节奏变化的界限不是很明显。

二是突变式，强调前后节奏的对比，以加大动静反差的方式，造成视觉心理的震惊感，节奏变化强烈。

这样的突变技巧在电视片中常被用于段落转场和制造强烈视觉效果的场合中。

渐变和突变是节奏转换的两种基本方式。一般来说，无论是渐变还是突变，外在节奏都应该与内在节奏保持一致，如内在节奏慢，外在造型手段上也多采用能够体现慢节奏的方式；但是，也有些时候，为了取得更好的叙事效果，内在的动静变化与外在的动静变化可以暂时分离，这是一种更为深刻的意义上的内外融合与统一。

7.5　视频剪辑的基本操作

我们理解了画面镜头组接的基本原则与技巧还远远不够，更为重要的是如何在具体的编辑中应用这些原则技巧，那就离不开对非线性编辑软件的熟练操作。接下来的部分我们就 Premiere 中剪辑视频的基本技术和操作进行较为详细的讲解。

在 Premiere 中主要使用监视器窗口和“时间线”窗口编辑素材。监视器窗口用于观看素材和完成的视频，设置素材的入点和出点等；“时间线”窗口主要用于建立序列、安排素材、分离素材、插入素材和合成素材等。

7.5.1　将素材加入到时间线窗口

(1) 方法一：直接拖拽素材到 Timeline 窗口中

步骤 1：在项目文件管理器中选择剪辑素材，按住鼠标左键直接拖放到 Timeline 窗口中的 Video1 轨道（也可以放在其他轨道上），注意剪辑素材的左侧要对齐红色的编辑线，如图 7-11 所示。

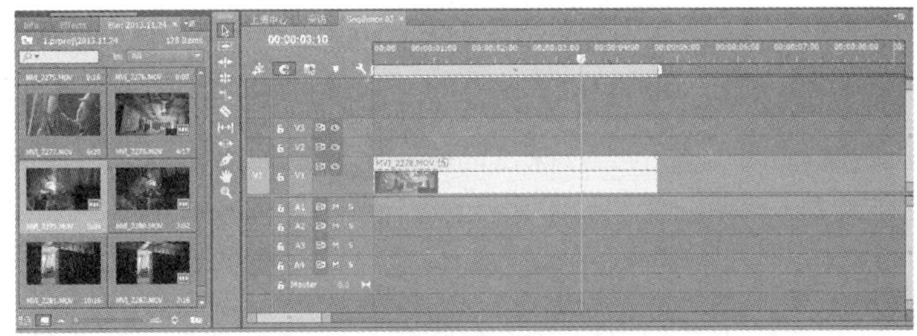

图 7-11　拖放剪辑素材到时间线窗口

步骤 2：拖动红色的编辑线到剪辑素材的任意位置，即可在“monitor（监视器）”窗口预览剪辑素材的播放效果，如图 7-12 所示。

图 7-12　拖动编辑线预览

(2) 方法二：通过设置切入点与切出点将素材加入到 Timeline 窗口中

大多数导入的项目剪辑素材在制作节目的时候并不能完全用到，而往往只需用到其中的某部分片段。在这个时候就需要使用 Monitor（监视器）窗口设置切入点和切出点来截取部分剪辑片段，并加入到 Timeline 窗口中。

步骤 1：在 Project（项目）窗口中双击剪辑素材，在 Monitor 窗口左侧视图窗口中将其打开，如图 7-13 所示。

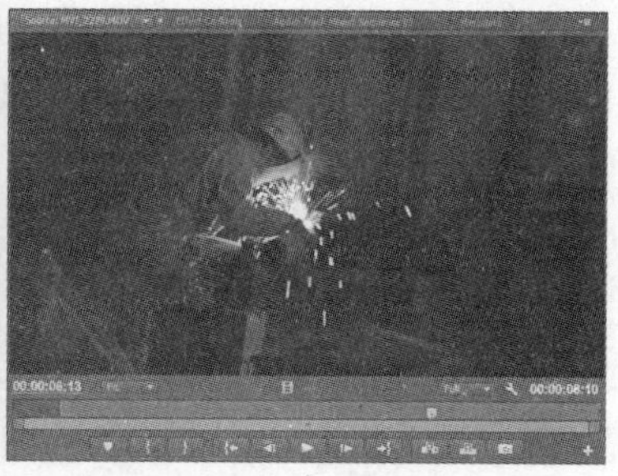

图 7-13　预览剪辑

步骤 2：按下控制器“播放”▶按钮，将剪辑画面定位到需要使用剪辑的开始位置，单击切入点工具{，即可确定剪辑的切入点。

步骤 3：将画面播放到需要使用剪辑的结束位置，单击切出点按钮}，确定剪辑的切出点。此时，在预览窗口下方轨道上，深色区域确定使用的剪辑片段，如果要播放选取后的剪辑，则可以单击{▶}按钮预览，如图 7-14 所示。

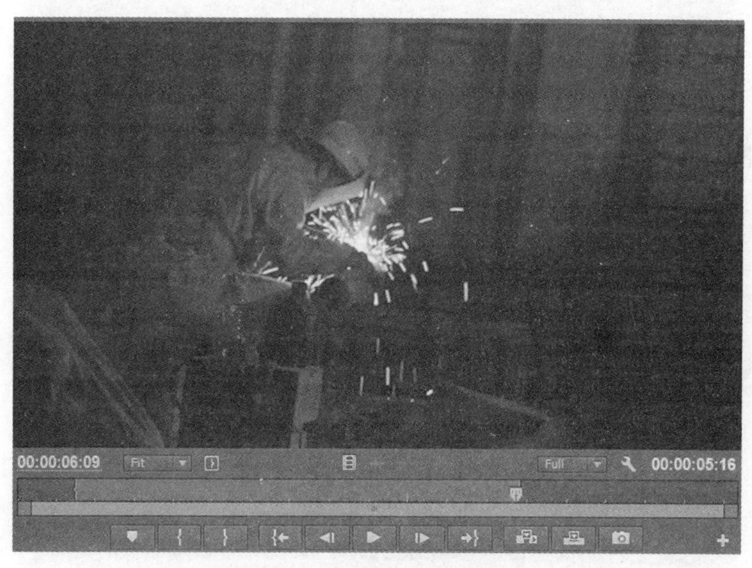

图 7-14　确定切入点与切出点

步骤 4：在 Timeline 窗口将编辑线定位到需要加入剪辑的位置，单击左侧 Monitor 窗口控制器中的“插入”按钮，即可将刚才设置了出、入点的剪辑片段经裁剪后放入 Timeline 窗口指定的位置，如图 7-15 所示。

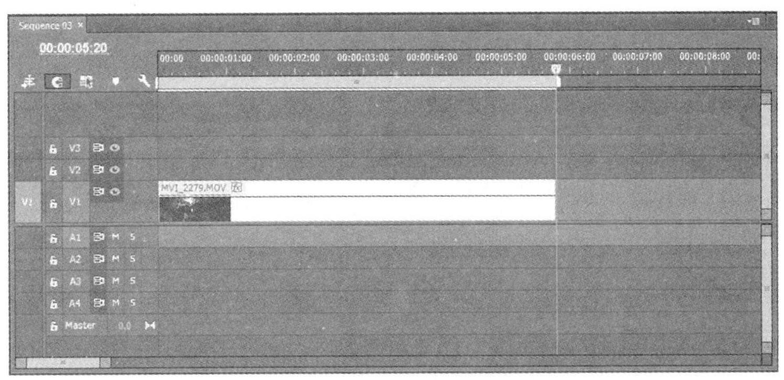

图 7-15　插入设置了出、入点的剪辑片段

7.5.2　编辑素材

1. 选择剪辑

(1) 选择单个剪辑

先在工具箱中选取选择工具按钮，然后鼠标单击准备选择的剪辑片段，这时剪辑片段就变成暗色，说明剪辑已经被选定，如图 7-16 所示。

(2) 选择群组剪辑

可以群组多个素材，把它们作为一个整体进行选择，按住“Shift”键用鼠标选择要编辑的片段就可以了，如图 7-17 所示。

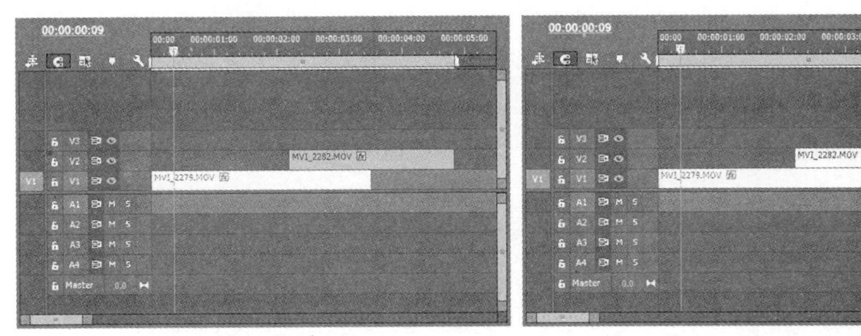

图 7-16　选择单个剪辑

图 7-17　选择多个剪辑

2. 设置素材有效或失效

在 Adobe Premiere Pro CC 中，可以设置 Timeline 窗口中素材的有效性。当素材失效时，素材不能在 Program Monitor 中被预览或输出。但只要不锁定含有失效片断的轨道，就仍可以对片段进行修改。

使素材失效在编辑复杂项目时非常有用，它可以提高编辑速度。可以将编辑完成的影

片设置为失效状态，预览时计算机将不对其进行计算，但要注意，在输出时应该将影片设为有效状态，否则失效影片将不能被渲染和输出。

步骤1：选择需要设置的素材片段。

步骤2：执行Clip（剪辑）→Enable（激活）命令，或者是在选中的素材片段上右击鼠标，从弹出菜单中选择Enable命令，所选素材片段便进入失效状态。

步骤3：选择已失效素材片段，右击鼠标，从弹出的如图7-18所示的快捷菜单中选择Enable命令，或执行Clip→Enable命令，便可以使已失效片段激活，变为有效。

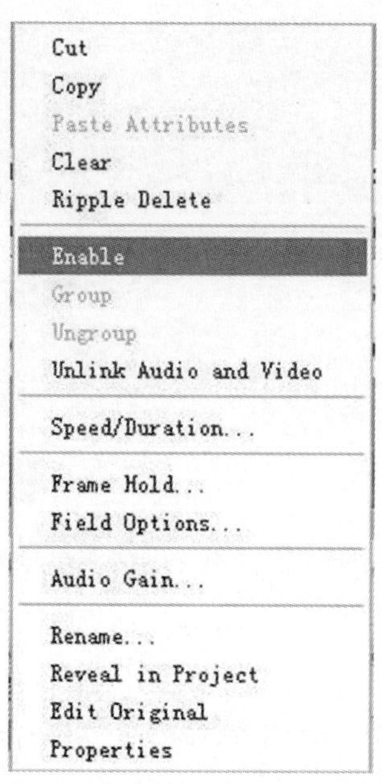

图7-18　利用快捷菜单选择Enable命令

3. 移动剪辑素材

在Timeline窗口中，单击选中的剪辑片段，然后用鼠标向左或者向右拖动改变剪辑位置（包括改变轨道），并使其边缘紧接另一剪辑的边缘，如图7-19所示。

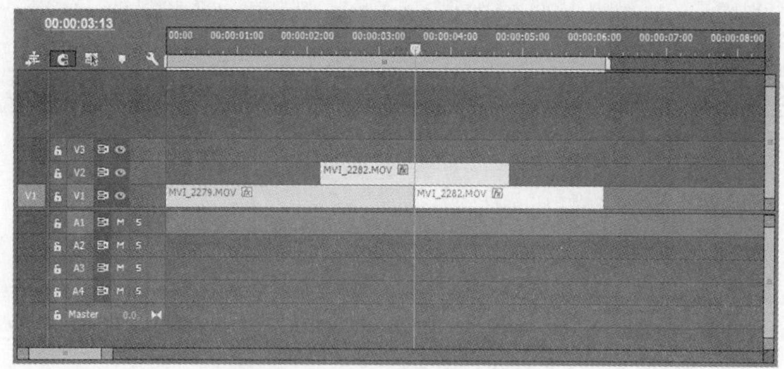

图7-19　移动剪辑位置自动对齐

4. 切割剪辑素材

大多数时候需要把一个剪辑素材分割成多个剪辑片段，此时可以采取以下步骤：

步骤 1：先选择要切割的剪辑素材，通过浏览将编辑线移动至要分割剪辑的位置。

步骤 2：在工具箱中选择 Razor Tool（剃刀）工具，单击编辑线，这样选中的剪辑片段“水”就会在编辑线处一分为二，如图 7-20 所示。

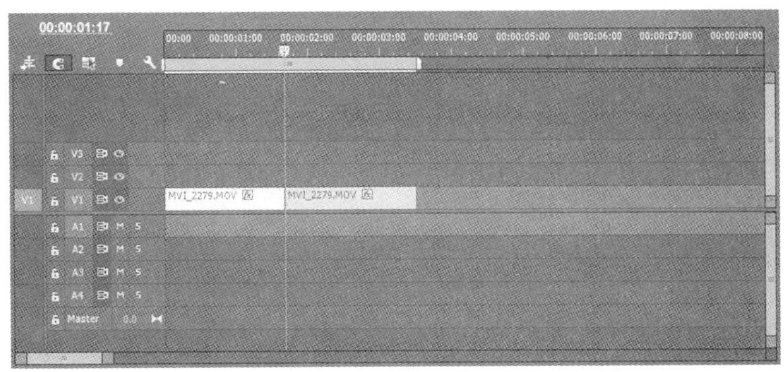

图 7-20　素材被切割

5. 删除剪辑素材

要想在 Timeline 窗口中删除多余的剪辑片段，可以首先选取工具按钮，然后单击准备删除的剪辑片段，将其选中，按“Delete”键即可将其删除；还可以执行主菜单“Edit→Clear”命令，同样可以完成删除动作。

如果只想删除剪辑中一定范围内的帧，则可以在“Timeline Monitor”窗口中设定新的切入点和切出点，然后单击“Timeline Monitor”窗口析取按钮，即可将切入点和切出点内的帧删除。

6. 复制和粘贴素材

在 Premiere Pro CC 中，编辑素材也会经常用到复制和粘贴命令。复制的使用与其他软件相类似，而粘贴命令在这里存在几种粘贴方式。选择“Edit（编辑）”菜单命令，在下拉菜单中有“Paste（粘贴）”“Paste Insert（粘贴插入）”和“Paste Attributes（粘贴属

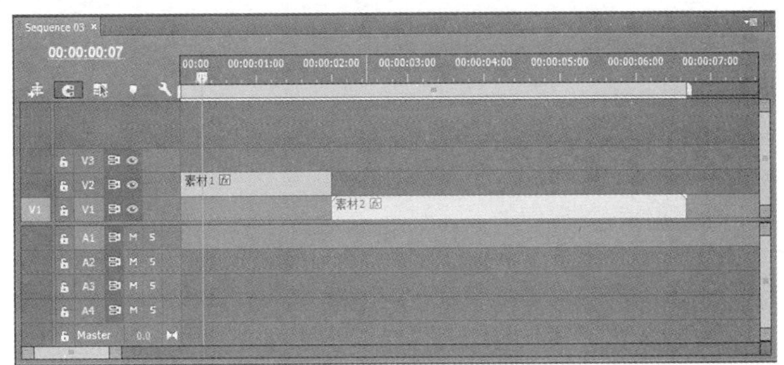

图 7-21　使用粘贴命令前

性）”几种粘贴方式。

（1）Paste（粘贴素材）

粘贴素材是指直接在 Timeline 标尺处粘贴，当后边有其他素材时，所粘贴的素材会覆盖后边相应长度的素材，而 Timeline 窗口中的素材总长度不变，使用粘贴命令前后的效果对比如图 7-21 和图 7-22 所示（在“素材 1”素材上粘贴“素材 2”素材）。

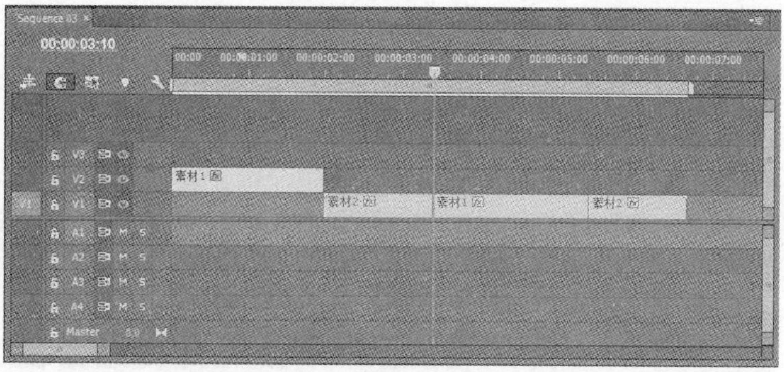

图 7-22　使用粘贴命令后

（2）Paste Insert（粘贴插入素材）

这种粘贴方式虽然也是在 Timeline 标尺处粘贴，但所粘贴的素材不会覆盖 Timeline 标尺后边的素材，而是插入 Timeline 标尺处并将 Timeline 标尺后边的素材向后移动以让出位置，Timeline 窗口中整个素材长度会发生改变，如图 7-23 所示。

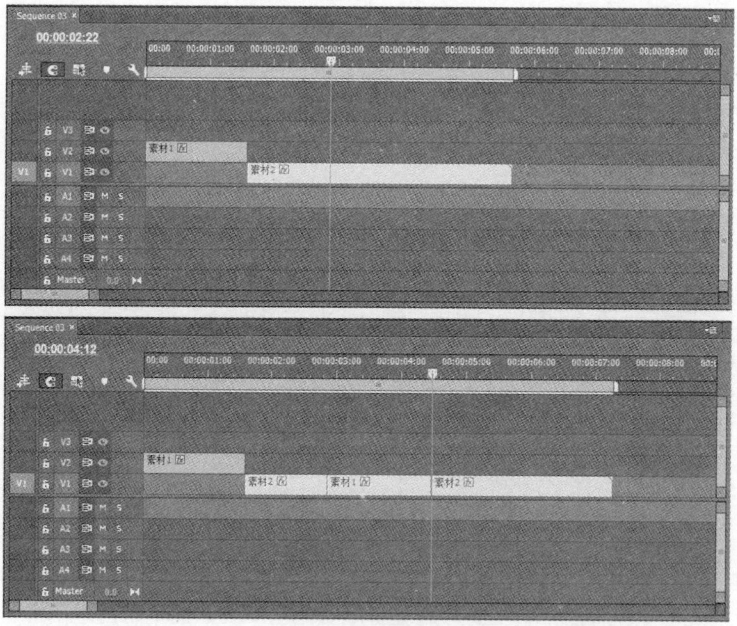

图 7-23　插入粘贴

(3) Paste Attributes（粘贴属性）

执行该粘贴命令时，可以将所有复制的属性粘贴到新的对象上。例如：对素材“A”设置了运动的效果，选择它并执行拷贝操作，然后选择素材“B”执行“Paste Attributes（粘贴属性）”，那么在素材“A”上设置的运动效果在素材“B”上也有效。

7. 插入和覆盖素材

在编辑过程中，有时需要将某个素材插入到其他两个素材之间或某一段素材的任意两帧之间，这种操作称为插入编辑。插入编辑会影响到未锁定轨道上位于插入点右边所有素材在 Timeline 窗口中的位置。因此，有时需要将其他轨道锁定，以免该轨道上的素材受到插入编辑的影响。

(1) 在两段素材之间插入编辑

步骤 1：在 Project 窗口中导入两段素材——“素材 1”和“素材 2”，然后选中这两段素材，按住鼠标左键不放并将它们拖放到 Timeline 窗口的视频轨道 1 上排列好，将要插入的素材——“素材 3”放在其他轨道（视频轨道 2）上以便对比观察，如图 7-24 所示。

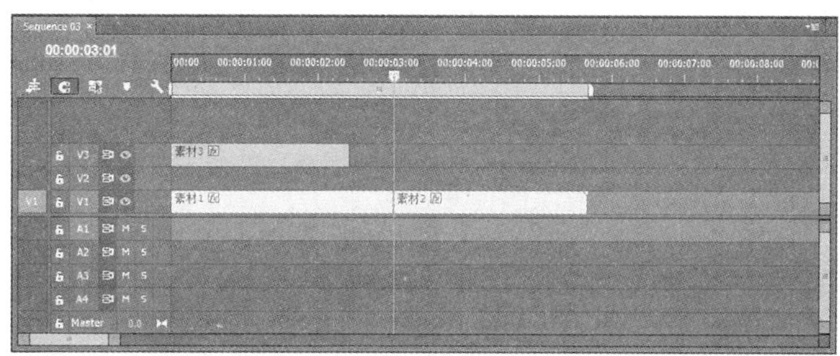

图 7-24　段间插入素材前的状态

步骤 2：将 Timeline 标尺移动到两段素材——“水”和“叶子”之间，在 Project 窗口中选取要插入的素材“豆子”，然后选择菜单命令“Clip→Insert”，为了容纳所插入的素材，Timeline 标尺右边的素材会自动向后移动，这样原来的两段素材之间就插入了一段新的素材，而轨道上素材的总长度也会发生改变，如图 7-25 所示。

图 7-25　段间插入素材后的状态

（2）在一段素材的相邻两帧之间插入编辑

步骤1：在 Project 窗口中导入一段素材——“素材 1”，然后选中该素材，按住鼠标左键不放并将它拖放到 Timeline 窗口的轨道上，将要插入的素材放在其他轨道上以便对比观察，如图 7-26 所示。

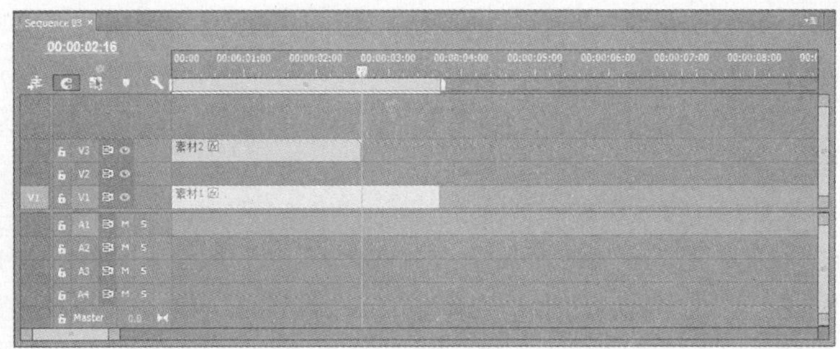

图 7-26　帧间插入素材前的状态

步骤 2：将 Timeline 标尺移动到目标素材——“素材 1”的两帧之间，在 project 窗口中选取要插入的素材——“素材 2”，然后选择菜单命令“Clip→Insert”。Timeline 标尺右边的素材会自动向后移动，这样就在这段素材中间插入了一段新的素材，而轨道上素材的总长度也发生了改变，如图 7-27 所示。

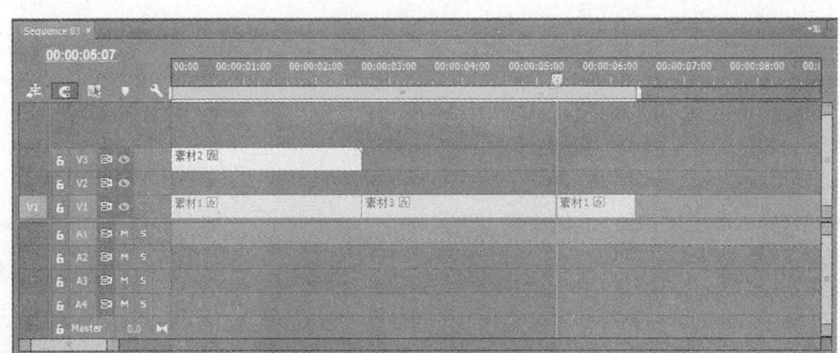

图 7-27　帧间插入素材后的状态

（3）覆盖编辑

覆盖编辑就是将原有的素材或空白位置用一段新的素材代替，和滚动编辑一样，不会对轨道上总的素材长度造成影响。

在 Project 窗口中选中素材，然后选择菜单命令“Clip→Overlay”即可用选中素材覆盖轨道上 Timeline 标尺后面的素材。在 Premiere Pro CC 中，还可以使用直接拖动的方式实现覆盖编辑，并且可以任意选择目标素材的位置和长度。因为它的操作和插入编辑类似，这里就不再细说了，可以自行对比操作。

8. 改变素材的长度和播放速度

当素材在 Project 窗口和 Timeline 窗口的序列中被选中时，可以设置该素材的长度和播放速度。使用主菜单 Clip 或者是快捷菜单中 Speed/Duration 命令弹出设置菜单（如图

7-28 所示），在菜单上为素材设定一个播放速度。

在 Adobe Premiere Pro CC 中，可以在素材长度和速度设置对话框中为素材指定一个新的百分比或长度来改变素材的播放速度。对于视频和音频素材，其默认播放速度为100％。速度可以从－100％～100％进行设置，负的百分比使素材反向播放。当一个素材的长度和播放速度被改变后，Project 窗口和 Info 面板会反映出新的设置。

图 7-28　“Speed/Duration”对话框

9. 链接与解链剪辑

在 Premiere Pro CC 中，可以将一个视频剪辑与音频剪辑连接在一起，这就是所谓的软链接（Soft Link）。从摄像机中捕获到的视频与音频同期声已经将视频和音频剪辑链接在一起了，这种链接就是所谓的硬链接（Hard Link）。在做影像编辑过程中，经常遇到要断开或者链接音频和视频的情形。

步骤 1：在 Project 窗口中，导入一段视频剪辑“素材 1”和一段音频剪辑“背景音乐”，将这两段剪辑分别拖放到 Timeline 窗口“Video1”轨道和“Audio1”轨道中，并使其播放的起始点相同，如图 7-29 所示。

步骤 2：选中视频和音频剪辑并单击鼠标右键，从弹出菜单中选择“Link Audio and Video”命令，即可将视频和音频链接在一起了，如图 7-30 所示。

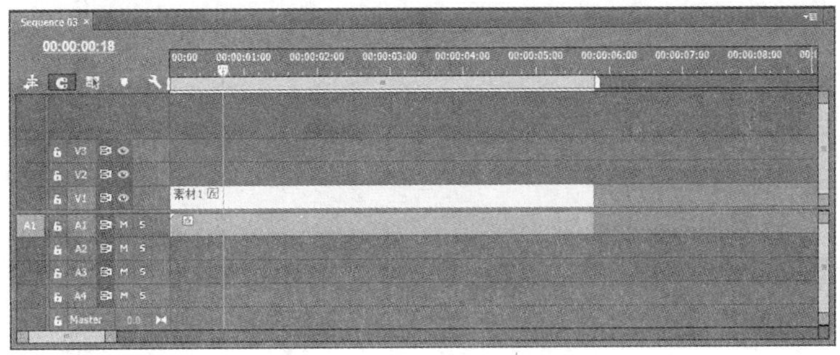

图 7-29　导入视频与音频剪辑

图 7-30　链接音视频

图 7-31 解除音视频链接

步骤 3：相反，如果选中已链接有音频和视频的剪辑并单击鼠标右键，从弹出菜单中选择“Unlink Audio and Video”命令，就可以将音频和视频分离，如图 7-31 所示，并可以单独进行移动等操作。

10. 组接剪辑素材

根据画面剪辑的基本原则，充分运用上述剪辑技术，按一定的思路组接所裁剪并保留下来的多个素材片段，将不同的剪辑片段分别放入 Video1 和 Audio1 或其他轨道上，并编排好剪辑的播放次序，这样就基本完成剪辑的组接工作了，如图 7-32 所示。

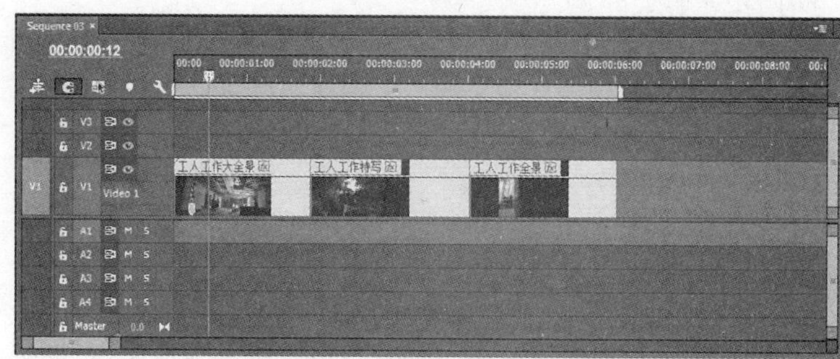

图 7-32　按照分镜头稿本顺序组接镜头

思考题

1. 什么是剪接点？剪接点有几种类型？
2. 镜头组接时符合逻辑主要体现在哪些方面？
3. 什么是轴线规律？如何避免越轴？
4. 固定镜头与固定镜头之间应该如何组接？
5. 运动镜头之间、运动镜头与固定镜头之间应该如何组接？
6. 运用分解法和省略法剪辑人物形体动作时要注意什么问题？
7. 景别的视觉效果和组接效果有哪些？在景别的组接中应该注意哪些问题？
8. 场面转换的依据主要有哪些？
9. 常用的无技巧转场方法有哪些？试举例说明。
10. 什么是作品的节奏？影响作品节奏的造型因素有哪些？
11. 如何处理作品的节奏？

实践建议

1. 观摩一部获奖的影视作品（最好是最佳剪辑奖），找出至少 5 处以上的体现镜头组接原则的段落，并分析其实现剪辑原则的技巧。

2. 以体育运动项目为题材拍摄一部短片，要求分别包含有连续运用运动镜头的段落和连续运用固定镜头的段落，并且在组接中不使用任何转场特效，保证主体动作的连贯。

3. 观摩各种片例，重点关注影视剧作品，注意观察其如何使用无技巧转场连接镜头，思考并体会无附加技巧的镜头连接方法如何符合观众视觉心理的规律。

4. 观摩不同类型的数字视频作品，注意体会编导处理节奏的技巧。

第 8 章

数字视频特效

数字技术在视频制作中的应用不但对原来的创作形式和方法提出了挑战，同时也进一步拓展了艺术创作与表现的空间和力度。而在视频制作数字化变革中最典型的应用莫过于数字特效。数字特效不仅改变了传统的制作方式，极大地提高了制作效率，同时也以更新、更奇的艺术表现力，带给观众更具震撼力的视觉冲击，大大丰富了视频制作设计手段。数字特效在今天已经得到了广泛的应用，种类与形式繁多，新技术和新技法也不断涌现。本章主要介绍数字特效的基本概念与分类，并探讨数字特效应用时应注意的问题。以 Premiere Pro 为例，介绍常见的特效的基本用法。

学习目标

1. 了解视频特效的作用和种类。
2. 了解视频特效的常见屏幕效果。
3. 理解数字视频特效制作的要点。
4. 掌握 premiere pro 中各种视频特效的使用方法。

8.1 数字视频特效概述

视频特效也称为视频特技。模拟时代的视频特效是指用电路方法产生各种信号，对电视画面进行技巧处理，包括切、混、扫、键，而最常用的是切换与混合，最活跃的是扫换和键控。视频特效用于视频图像播出或后期加工制作，以实现节目的多样化，并达到一定的艺术效果。而今天随着数字技术的发展，数字特效大行其道。数字特效提供了这样一种可能性：传统影视特效能做到的，它可以做得更好、更完美；传统影视特效不能做到的，它可以更出色地完成。数字特效（DVE）能对画面进行整体处理，将整个画面的参数（宽高比、位置、亮度和色度等）存储起来，然后进行任意的处理，得到各种新奇的效果。

从严格意义上说，包括叠加字幕和转场效果在内的我们今天已经几乎不再把它们视作特效的效果都属于视频特效。视频特效已经成了今天数字视频后期制作中最令人激动的部分。

8.1.1　视频特效的作用

1. 增强信息传播效果

影视作品（特别是电视节目），经常涉及无法用语言直观形象描述的数据内容，这时利用图文创作系统或者动画软件，将相关数据制作成图表、动态演示的彩色柱图或者饼图等，将枯燥的数据转换为生动的图形动画，大大地增强了信息的传播效果。

2. 改变画面的节奏，扩展或压缩运动的持续时间

例如经常可以看到的快动作，通过加快运动的速度，产生了喜剧效果，让人忍俊不禁。而通过放慢运动的速度产生抒情效果或表达某种情绪也是比较常用的特效。

3. 进行画面的意境创新，改变画面的构成，图像组合成新的整体结构，伴随着翻转、移动、缩放和旋转等多种运动形式以及光与色彩的变化，给观众以超现实的奇幻美妙的视觉感受和丰富的联想

例如：影片《辛德勒名单》中，在全片黑白影调的基础上，屠杀一场戏中出现了身着红色大衣的小女孩的形象，让观众的视觉受到强烈冲击，也表达了主人公辛德勒思想上的变化。

4. 特效制作形成了一套独特的画面语言，并丰富和扩展了画面语言的内容，扩大了画面的表现力，使画面的表达更加细腻

5. 以假代真、以假乱真，消除或减轻制作工作中的危险性，还可以节省大量资金，缩短制作周期

例如：影片《阿甘正传》中虚构的历史镜头——阿甘与肯尼迪总统握手，先在蓝幕前拍摄演员握手的镜头，再输入计算机与肯尼迪总统的历史镜头合成，经过精心地修饰，达到以假乱真的效果。冯小刚导演的《集结号》，就是利用了大量的数字特效实现了实际操作所达不到的效果。这个故事很感人，有很多情感的迸发和冲突，还有一种丢卒保车的悲剧色彩。影片中利用了很多数字特效，如子弹在空气中的运动轨迹，因为太危险了，甚至可能会危及演员的生命，因此无法实拍，这种效果用特效很好地表现了出来。这种类型的数字特效的特点是，在前期拍摄真人真物，以逼真为最终目的，让观众很难分辨镜头中的画面是真是假。这种类型是数字特效应用最早也最多的方式，创作的影片也很多。

6. 具有创造性和修补性，展示人们从未去过的地方，或者从未见过的东西

例如：影片《恐龙》中再现了几万年前恐龙生活的场面，完全是利用计算机生成各种动物，与在美国、南美和澳洲拍摄的实景合成在一起，呈现出恢弘的史前景观。国产影片《致命一击》中镜头起幅从海面开始，穿过城市上空，到达人物上空，然后向下俯冲，最后以人物全景俯角画面为落幅。这一镜头是通过实拍与计算机处理结合在一起完成的，摄影机分段实拍，计算机将它们平滑地串联在一起，这一镜头用传统实拍技术是不可能完成的。以上几个例子都是数字特效所具有的创造性，这在诸多好莱坞大片中体现得尤为明显，像《金刚》《角斗士》等影片都是利用数字特效创造出了一系列奇观胜景，并最终形成一种冲击力极强的视觉奇景。至于利用数字特效调整构图以及对拍摄画面的缺陷或不足进行修补的例子，则不胜枚举。

8.1.2 数字视频特效的分类

从数字视频制作过程中数字特效的功能应用方面进行分类，可以将数字特效分为数字影像处理、数字影像合成以及数字影像生成三大类。

1. 数字影像处理

数字影像处理是利用软件对摄影机实拍的画面或软件生成的画面进行加工处理，从而产生影片需要的新的图像，也包括对已有的影视资料的修复。用计算机软件来处理画面可以实现千变万化的效果，这种功能和传统的光学特效摄影技术相类似。数字影像处理在影视制作中主要应用于有画面的修饰、新拍做旧、数字复制、增加光效和模拟自然现象等。

2. 数字影像合成

在实际拍摄中，将要合成的影像通过摄影机拍摄下来，然后以数字格式输入计算机，用计算机处理摄影机实拍的图像，并产生影片所需要的新合成的视觉效果。此外，也可以将实拍的画面与计算机生成的影像进行合成，或者是将一个形象有机地移植到另一个形象上。采用数字影像合成技术制作而成的画面，既有实拍的真实感，又有合成之后的视觉冲击力，可以合成得天衣无缝，创造出超越时空、亦真亦幻的视觉效果。也正是数字影像合成技术在视频制作中的应用，一个与传统蒙太奇概念相对应的新概念被提了出来——像素蒙太奇。

3. 数字影像生成

数字影像生成是指利用计算机来生成影像，它是除了摄影和手绘以外的第三种生成影像的方式。数字生成影像采用的计算机图形成像（CGI）技术，是利用计算机动画软件从建立数字模型开始直到生成影片所需要的动态画面。其功能与用传统的模型摄影方法相仿，模型摄影技术先创造物体，进而创造画面，而计算机可以直接产生画面。它既可以生成如手绘一般的动画片，也可以创造出逼真自然的如同摄影机拍摄的影像。计算机生成影像技术正给影视创作带来一场革命，它可以创作出过去做不出来的、极具视觉冲击力的生动逼真的画面呈现给观众。

以上是从功能的角度对数字特效进行的分类，我们可以看出，这种关于数字特效的分类实际上是从广义上的特效来进行的，或者说主要是从电影制作的角度来进行的数字特效的分类。而实际上由于制作成本的原因，目前包括电视节目在内的大多数数字视频制作中的特效应用尚无法与电影（特别是大制作的电影）同日而语。基于此，我们在实际的后期编辑过程中所涉及各种特效，更多是从具体技法上进行分类的。以 Premiere Pro 软件为例，其特效包括了转场特效、滤镜特效、运动特效、合成与抠像特效等。

8.1.3 数字视频特效的常见屏幕效果

数字视频特效改变了传统画面的组合方式，甚至在某种程度上改变了“剪辑”的概念和传统时空转换的手段。为了便于理解各种数字视频特效的潜力，也为了更好地使用各种特效，我们必须对常见的数字特效所创造的屏幕效果有一个必要的了解与认知。数字特效一般可以分为三大类：影像大小、形状、亮度和色彩的处理；运动的处理；多重影像的生成与处理。其中每一类又包含了若干种具体形式，而且由于其参数设置的差异，这些特效在具体的屏幕呈现效果上存在很大的差异，因而我们不可能面面俱到去了解各种数字视频特效的屏幕效果，这里我们就主要的一些特效的工作原理及屏幕效果做简要的介绍。

1. 图像压缩、扩大及连续压缩

图像压缩、扩大及连续压缩可以实时改变图像全景的尺寸与位置，但在变化时仍带有原画面的边框，如图 8-1 所示。水平与垂直压缩连续缩小，屏幕上得到的整幅图像也连续不断地缩小，直到变为一点从屏幕上消失。图像的放大使若干样点重复读出，这虽使输入信号中的局部图像在屏幕上放大为整幅，但必然会使放大的图像因分辨率降低而呈现粗糙感，所以实际使用不多。

图像的压缩与放大可以使图像整个变形，使图像达到一个新的宽高比。最常见的是在播出时尚类节目时，如时装表演，刻意把图像拉长，突出一种修长的感觉。也有在节目最后，配合字幕的要求把图像压扁。还有的电视遮幅效果（画面的上下部分有两条黑色遮带），就是只通过垂直方向的压缩使画面看上去更加饱满，从而达到一种特殊的效果。压缩图像可以置于画面的任何位置，并且使画面活动起来并扩展到全屏幕。通常在新闻节目中可以看到，新闻播音员肩上方的小方框内图像活动起来，并且充满画面。

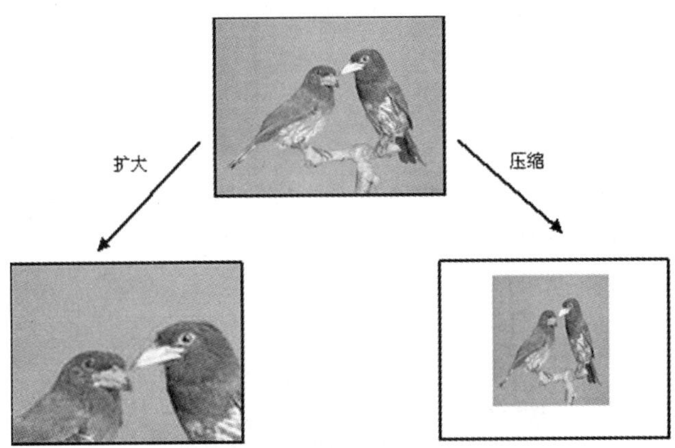

图 8-1　图像压缩、扩大效果

2. 透视

以这种方式扭曲影像可以使它看起来像三维立体或者像占据了三维空间，如图 8-2 所示。

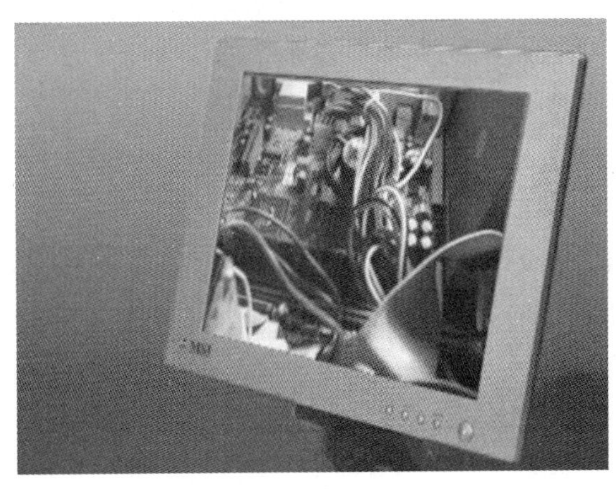

图 8-2　透视效果

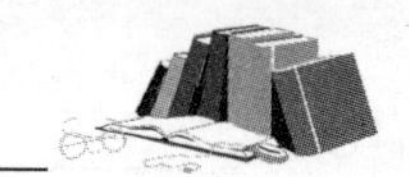

3. 马赛克

对输入信号的像素进行放大处理，使每个像素各自成为亮度和颜色都均匀的小方块，整个屏幕变成由一块块亮度和色度的小方块组成，产生类似用彩色马赛克（建筑上用的小方块瓷砖）镶嵌地板或墙面的效果，如图 8-3 所示。在一些新闻节目中需要隐藏人物的真实形象时，经常使用这种特效对人物的面部进行处理。

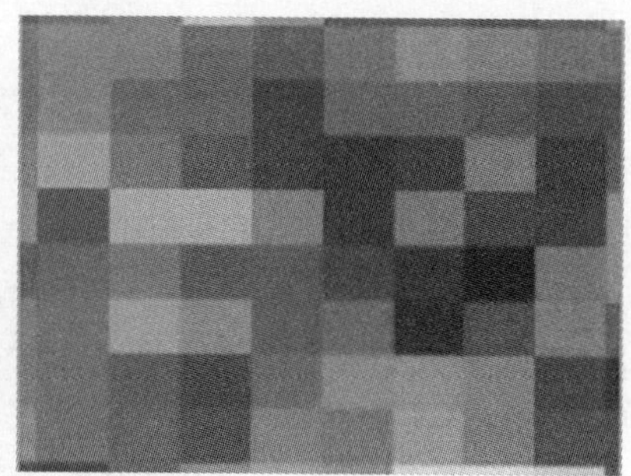

图 8-3 马赛克效果

4. 负像

负像效果使输入图像的亮暗部分反相呈现，得到如同黑白照相的底片一样的画面，如图 8-4 所示，负像效果一般用于对比的场合。

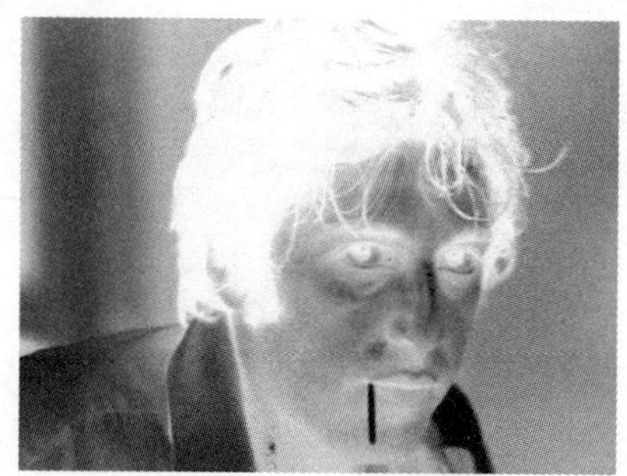

图 8-4 负像效果

5. 颜色效果

颜色效果主要用于改变画面的颜色、亮度和对比度。可以任意控制色彩及面积，得到不同需要的色缺损画面，如整个画面以红黑作为基调；又如，怀旧的画面就常常采用加黄，使画面呈现出旧照片的效果。在亮度范围被减少后，也可将色彩变为黑白，还可以逆转亮和黑的区域，实现一种照片底片的效果，常见的用以表现瞬间的激烈情绪或者代替某些定格。例如，前文中提到的《辛德勒名单》中的例子就是使用颜色效果的应用。

6. 滑动效果

滑动效果可以将整幅画面移位，使原画面沿水平或垂直方向移位，滑动常常与压缩结合使用，使全景画面上出现分画面，且分画面可随编导人员的意图而移位，如图 9-5 所示。集锦式片头，文艺晚会节目常用。

图 8-5　滑动

7. 翻页

翻页效果是比较典型的非线性特效，它是依照一页一页翻看书本画册的情景设计出来的效果，如图 8-6 所示。

图 8-6　翻页

8. 曲线移位

曲线移位是运动特效的一类，可以使原画面以某条曲线为轨迹，连续进行移位和压缩，从而得到从大到小或从小到大的曲线移位效果。曲线轨迹可任意确定，如图 8-7 所示。

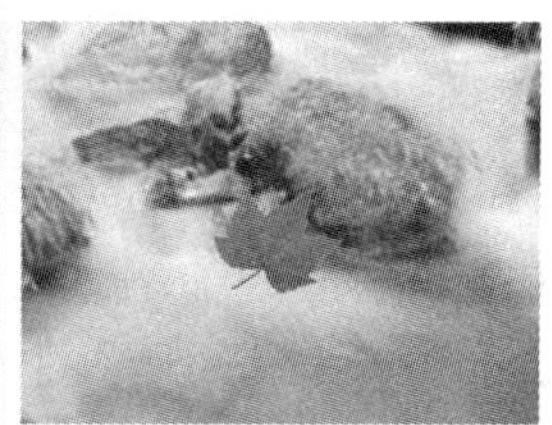

图 8-7　曲线移位

9. 旋转

旋转特效属于典型的运动特效，能够围绕三个坐标轴（X、Y、Z）做任意角度的旋转。但是一般而言，旋转常常特指围绕 Z 轴旋转的特技，而围绕 X 轴旋转被称作翻滚，围绕 Y 轴的旋转被称作翻转，如图 8-8 所示。三个坐标轴的旋转可分别或同时使用。

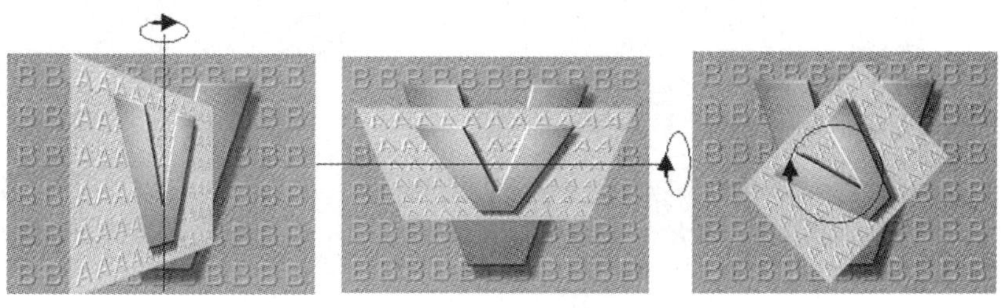

图 8-8　旋转效果

10. 多活动图像效果（多画屏分割）

原画面以多幅方式出现在屏幕上，可以是 4、8 或 16 幅。原画面只是缩小了，未做其他处理，如图 8-9 所示。呈现顺序可任意选择。

图 8-9　多画屏分割效果

11. 镜像效果

原画面在水平和垂直方向可以分别或同时产生对称的画面，如同镜子中的倒影一样的效果，如图 8-10 所示。

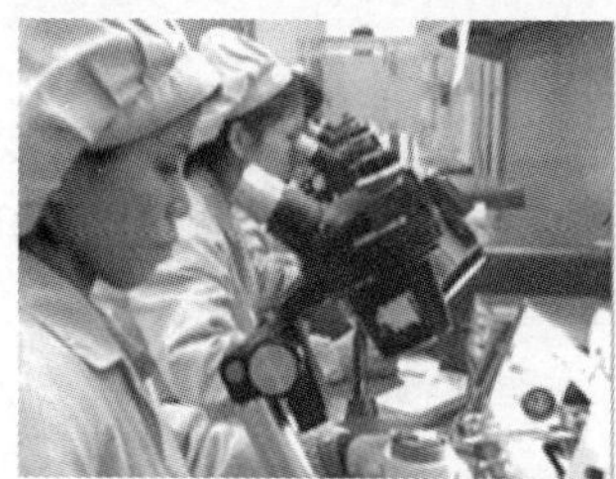

图 8-10　镜像

12. 合成效果

具体地说，合成效果是在传统色键技术上的拓展，除了提供丰富的色键操作外，还提供了文件遮罩（MASK）和 Alpha 通道等多种抠像手段，甚至还可应用“图层”技术，对前景和背景进行分离与代换，如图 8-11 所示。

图 8-11　合成效果

以上只是对常见的数字特效的屏幕效果做了简要的介绍，实际上，数字特效的屏幕效果远远不止上述几种，特别是多种效果的叠加，更是产生了千变万化的奇异效果。使用者可以利用软件提供的丰富功能加上自身的实践经验，最终实现“不怕做不到，只怕想不到”的效果。

8.1.4　特效制作要点

第一，特效形式与内容统一的原则。根据作品内容构思所需的特效效果。有些创作者为了追求数字特效的时髦手段，在画面中填补一些特效镜头，使特效形式化，脱离了作品的整体风格和结构，游离于内容之外，这些都是应该极力避免的不良倾向。正确的做法应该是从分镜头稿本甚至从创意开始就将特效制作的思想体现出来，贯穿整个制作过程，时刻不忘特效形式与作品内容的统一。

第二，最小代价原则。同一种特效效果可能会有几种实现方法。应选择既简单易行，质量又高的方法和流程。这是因为，尽管技术为我们提供了各种可能性，但这些可能性是与成本密切相关的。例如：慢动作的实现可以采用高速摄像、录像机慢放和非线性编辑系统慢放等多种方法。又如：遮幅效果的实现可以通过黑场遮罩、分画面特效或垂直压缩遮幅画面等方法来实现。不同方法制作出的效果，不但质量和程序不同，而且特效效果也不尽相同。

第三，艺术要素和谐统一原则。在特效制作过程中，合成特效非常依赖于来源不同的素材，但这些素材可能不是由同一组制作人员拍摄获得的。因此，透视关系、色调和影调等艺术造型元素往往存在着不一致，当把这两种素材合成到一起时，必然会出现造型要素不统一的严重问题。因此，严格遵守特效设计方案的技术要求，精心选择来源不同的特效素材是避免此类问题的有效办法。例如：后期要做遮幅，前期拍摄就要预留出天地，以免遮掉需要的部分。又如：画中画与分画面都可以实现大画面中放置小画面，但一个是压缩画面，一个是裁剪画面。因此，拍摄的构图也就不一样。特效画面要符合构图规律，要有一定的节奏感和平衡感。

8.2　Premiere Pro 中视频特效的设置

8.2.1　转场特效

1. 转场特效概述

为了使镜头段落之间产生自然、平滑、流畅的过渡效果而使用的一些特殊技术称为视频转场特效。随着视觉艺术的不断发展，转场特效的表现形式也取得了不小的进步。我们可以在技术和应用上将转场划分为三类：

● 运用传统摄像机的光学效果产生过渡效果。例如：上一个场景结束的地方开始增加曝光度，画面变得煞白，然后直接显示下一个场景。这种过渡显示实际上还是线性切换，只不过上一个场景本身就具备了过渡的效果而已。这种方式的运用场合还有：一个人或者物直接面向摄像机镜头走过来，一直走到摄像机面前将镜头遮挡住，然后显示下一个场景。

● 使用后期非线性编辑软件提供的转场效果，如 Premiere 提供的近百种转场特效。这些特效是通过程序编写出来的，由编辑软件在输出时为我们添加。

由此我们可以推断出有技巧转场的以下几点作用：

● 增加画面的趣味性和可视性，减少单调性。

● 缓和画面线性切换产生的突变等不良因素。

● 提供故事情节的阶段性切换。例如：当故事情节发展到一个阶段后（如先播放故事结局产生一个悬念，然后才开始叙说故事经过），或者前后两段情节在时间和空间上相差很大（如从古代到现在），就可以通过一个简单的淡出、淡入转场进行过渡。

除此之外，还可以用转场特效来实现一些奇妙的构思，为故事增加亮点。如可以通过一些策划和试验，拍摄某人在努力地推一堵墙，同时使用 Push 特效（在水平方向应用一次后）使这个人把旧的场景“推”出屏幕。

随着数字技术的发展，在数字视频作品中我们可以发现许多镜头不再是一个接一个的组合，而是后期制作将各种视觉元素加以创造性地融合。转场特效的应用已经超出了我们所讨论的场面转换的意义和内涵。在一些娱乐生活类数字视频作品中，利用非线性编辑软件的转场特效将一些固定画面有机地组合在一起，减少了画面的单调性，增强了趣味性。

2. *为素材添加转场特效的基本方法*

在 Premiere Pro CC 中使用转场特效非常简单，从 Transitions 面板中拖拽一个转场特效到剪辑素材上即可，而且大多数时候我们并不需要对这些转场的参数进行额外的设置，使用默认的效果即可。当然，Premiere Pro CC 提供了许多选项供我们调整这些特效，有些特效还有 Custom（用户自定义）按钮，它用一个独立的对话框显示该专场特效特有的选项供我们设置与调整。

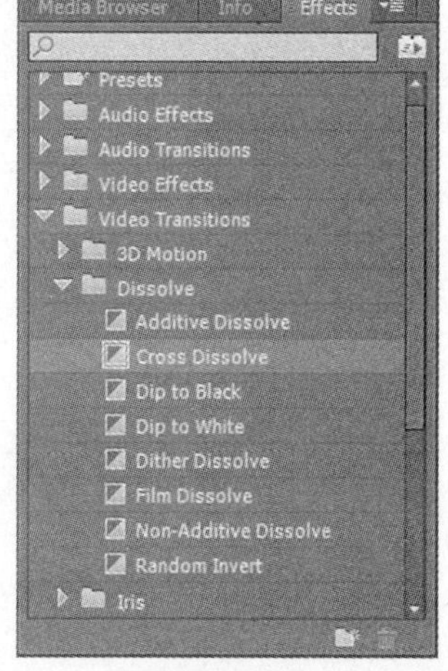

图 8-12

(1) *添加转场*

我们通过一个具体的例子来说明如何添加默认参数的转场效果。

具体步骤如下：

① 打开 Premiere Pro CC，创建一个新的项目 ch0801. ppj。

② 选择 Windows>Workspace>Effects。

③ 在 project 窗口中导入素材 fl1. jpg 和 fl2. jpg。

将 fl1. jpg 和 fl2. jpg 拖到 Video1 轨上，按反斜杠键扩展视图。

Effects 面板，展开 Video Transitions>Dissolve 文件夹，如图 8-12 所示。

Cross Dissolve 特效拖曳至序列上两幅素材 fl1. jpg 和 fl2. jpg 之间，将其放置在编辑点的中间，松开鼠标，如图 8-13 所示。

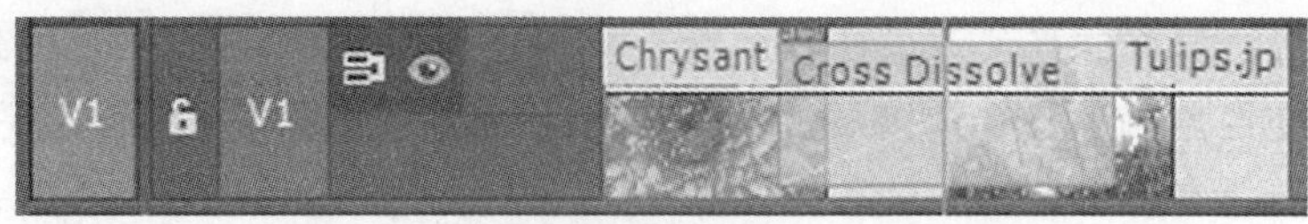

图 8-13

CTI 移动到特效的前方，按下空格键播放预览，效果如图 8-14 所示。

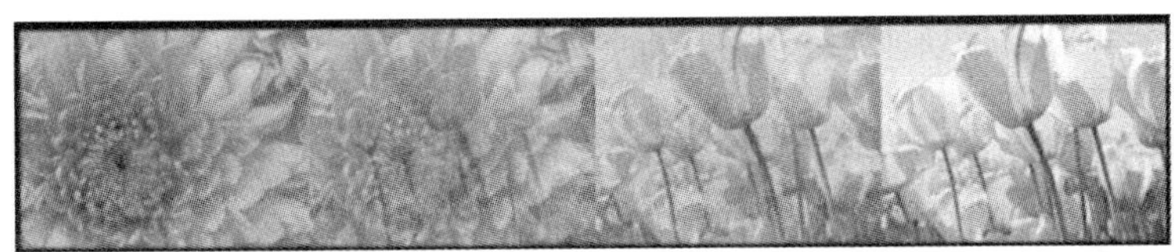

图　8-14

(2) 替换转场

如果对已经加入的转场效果不满意，则可以替换原来的转场，直接从效果面板中拖一个自己满意的效果。

(3) 删除转出

如果对已经加入的视频转场不满意，选中已经加入的视频转场，用键盘上的“Delete”键即可删除，也可以通过右键，在弹出的菜单中选择“Clear”键清除。

3. 转场特效的控制

通过前面的方法所加入的转场特效的参数均为默认值，我们可以根据需要灵活设置各种特效的参数，其方法是双击时间线上的转场即可在特效控制窗口设置，设置数值可以调节转场起始的效果、转场的长度和起始方式等。

同样，我们通过一个具体的实例来说明如何在 Effect Control 面板中设置转场特效的参数。

打开 Premiere Pro CC，创建一个新的项目 ch0802.ppj。

选择 Windows>Workspace>Effects。

在 Project 窗口中导入两幅素材。

选中导入的素材，将其添加到 Video1 轨上。

在 Effect 面板中，展开 Video Transitions>slide 文件夹，选择 Multi-spin（多方格旋转）转场。

将 Multi-spin（多方格旋转）转场添加到视频轨道 1 上的两个素材之间，如图 8-15 所示。

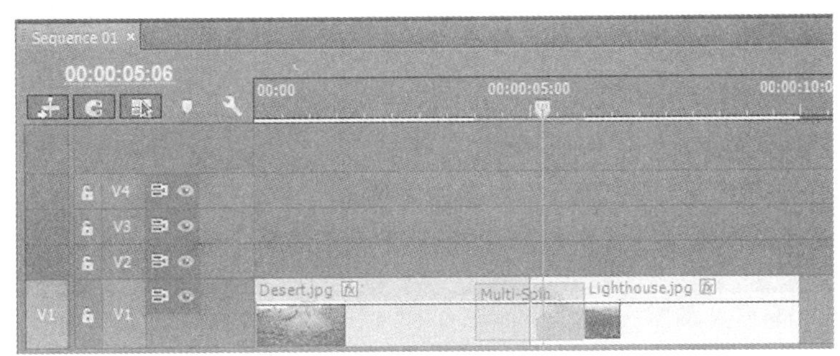

图　8-15

将 CTI 移动到特效的前方，按下空格键播放预览。

在特效控制面板中，将持续时间设置为 2 秒，设置边框宽为 2.5，边框色为黄色，选中反转复选框，如图 8-16 所示。预览效果如图 8-17 所示。

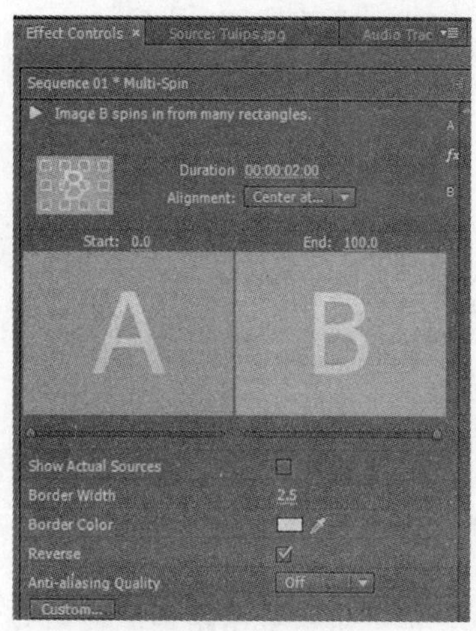

图 8-16

图 8-17

在特效控制面板中单击“自定义”按钮，在弹出的对话框中设置参数，如图 8-18 所示。

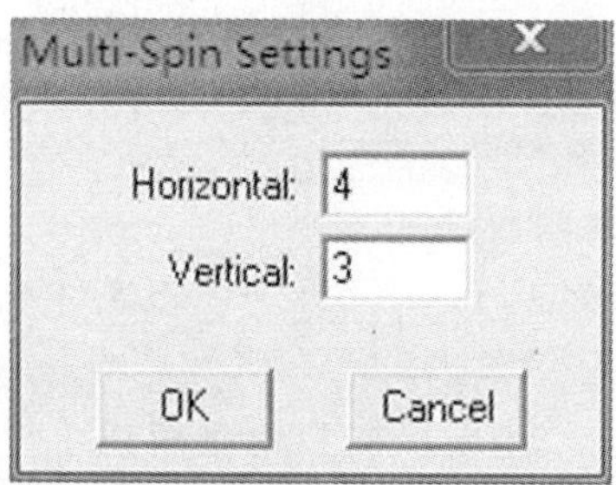

图 8-18

单击“OK”按钮，设置边框色为白色，效果如图 8-19 所示。

图 8-19

8.2.2　运动特效

1. 运动特效概述

在观看电视广告的时候，我们经常会看到视频剪辑飞到其他图像上或者剪辑在屏幕上旋转，开始时是一个小点，然后逐渐扩展到全屏大小。这些效果在 Premiere 中可以使用固定 Motion 特效来实现。

在 Premiere 中，固定 Motion 特效是一种经常用而且容易使用的工具。它为静止图像添加戏剧性效果，可以改变图像尺寸，使它们在屏幕上飞进、飞出以及旋转等。

2. 制作运动特效的方法

(1) 制作运动特效的基本步骤

视频运动特效可以应用于 Premiere 的任何轨道上，选中时间线窗口中的素材后，打开 Effect Controls（特效控制）控制面板，展开 Motion 选项后，即可对视频运动特效进行设置。我们以画面从左边进入右边退出为例，说明制作运动视频的步骤：

在时间线窗口中，选中要制作运动视频的素材，单击监视器窗口中的“特效控制”选项卡，选中 Motion 选项并展开设置面板，这时会发现右边预览窗口中的画面周围出现了一个可控制的方框，如图 8-20 所示。

图 8-20　Motion 特效控制窗口

展开 Motion 选项后，共有 4 组可供调节的参数：

● Position（位置）：该参数用于调整视频中心点所在的位置。需指出的是，Premiere 的坐标轴的纵轴的正方向是朝下设置的，所以当加大其纵轴坐标时，编辑的视频向下运动。

● Scale（缩放）：该参数用于调整画面的大小变化，在默认情况下 Uniform Scale（维持长宽比）是处于选中状态的。如果想单独调节宽度或者高度，可以使 Uniform Scale 参数处于非选中状态，这样就会呈现出两个百分比参数，一个用于高度调节（Scale Height），另一个用于宽度调节（Scale Width）。

● Rotation（旋转）：该参数用于调节视频的旋转角度，共有两个参数，第一个参数指定旋转的周数，第二个参数指定旋转的角度。

● Anchor Point（锚点）：使用鼠标左键单击 Effect Controls 控制面板的 Motion 选项使其变为灰色，这样就会在左面的节目窗口中出现 Motion 的控制窗口。

为了清楚地看到方框的移动轨迹，可以调节预览窗口的缩放级别（如10%）。将鼠标指针移动到控制方框内，拖动方框并移出显示窗口，这时候素材在窗口中已经看不见了，“Position”（位置）的数值也发生了变化。将时间线标尺移动到素材开始处，单击“Position”前面的按钮，在此处添加一个路径控制点（关键帧），如图8-21所示。

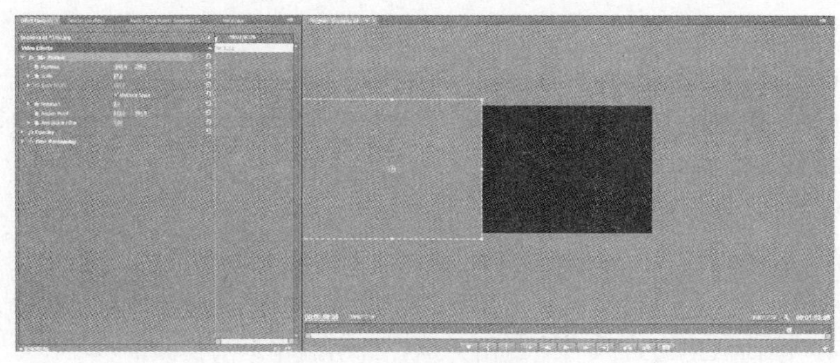

图 8-21　Motion 特效控制窗口

将时间线标尺移动到素材末尾处，然后将预览窗口中的控制方框向右拖动并移出显示窗口，这时在左边窗口中发现此处自动添加了一个关键帧，Position的参数也发生了变化，并且预览窗口中出现了一条直线路径，如图8-22所示。

运动可以适用于包括静态图片和字幕在内的所有视频素材，并且可以通过添加控制点给一段素材的某一部分设置运动效果。

在确定剪辑的位置时，我们需注意到Premiere Pro CC是用倒立的X/Y轴来确定屏幕上的位置的。这种坐标系统是基于Windows中使用的方法。这种方法已经使用很久。屏幕的左上角的坐标是（0，0），在其左边和上方点的X、Y值是负值，向右和向下点的X、Y值是正值。

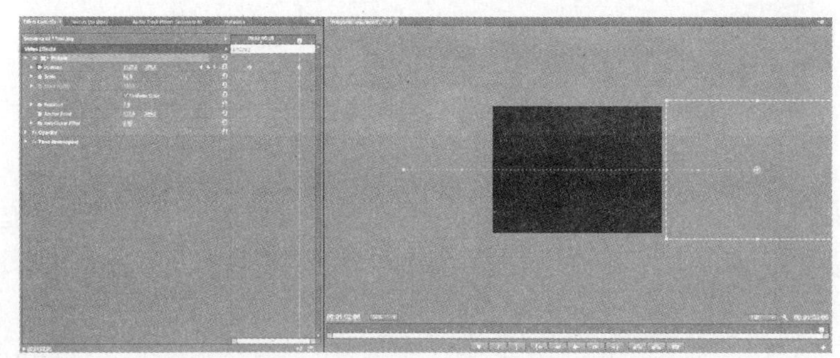

图　8-22

（2）改变运动速度

在“Monitor”窗口的Effect Control面板中，可以通过改变两个运动控制点之间的距离来改变素材的运动速度。距离远，运动速度慢；距离近，运动速度快。

（3）改变剪辑尺寸、添加旋转

与添加其他关键帧类似，添加运动视频的缩放变形和旋转效果，要在各个控制点对素材 Scale 和 Rotation 参数进行设置。需要注意的是，如图 8-23 所示，当 Uniform Scale（尺寸一致）复选框被勾选时，Scale Width（宽度尺寸）选项是不可用的，这时只能调节素材的 Scale 数值以进行缩放设置。如果取消对 Uniform Scale 复选框的勾选，则 Scale Width 和 Scale Height 两项都变为可设置状态了，如图 8-24 所示。

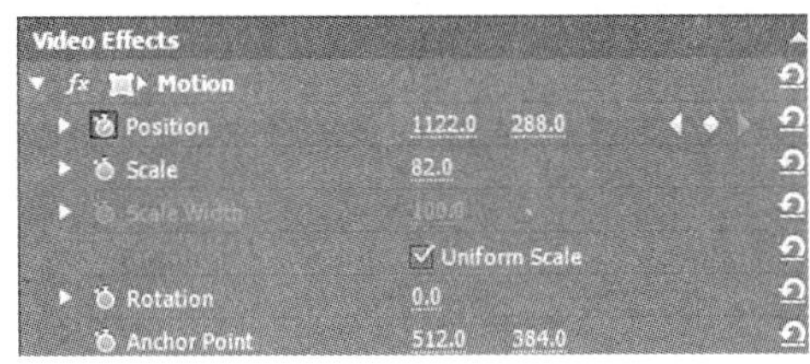

图 8-23

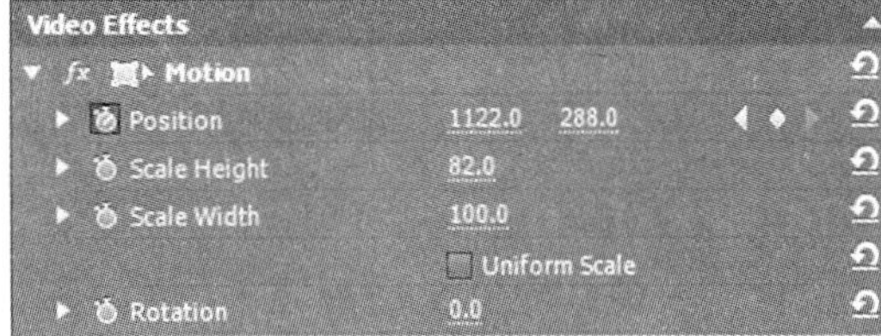

图 8-24

8.2.3 视频滤镜特效

1. 滤镜特效概述

非线性编辑软件提供了各种各样的视频滤镜，它类似于镜头前滤镜的功能。每一种滤镜都是数学运算式的组合，它们以特定的方式对图像进行像素的数值计算，进而改变画面的亮度、对比度、色调以及饱和度等方面的数据，从而得到反映这些像素点的新的数据，画面也随之更新。

滤镜特效一方面可以对原始素材的不足进行修补，另一方面也提供了制作视频特效的途径。例如：让画面中的局部变成彩色，其他部分都变成黑白色，或者让整个画面一下子从绿色调变成红色调。常见的表现一年四季快速变化的过程也都是通过视频滤镜得到的，而不是通过实际拍摄的。我们看到某些影片为了表达特定的情绪，整个影片的“基调”呈现某种颜色（在张艺谋拍摄的影片中比较常见，可参看第 7 章），这都是利用 Premiere Pro 中的图像控制类滤镜特效来实现的。

Premiere Pro 提供了十几类多达上百种滤镜特效，可以实现各种丰富的视觉效果。其中，比较常用的有以下几大类：

调整（Adjust）类视频滤镜包括亮度和对比度（Brightness&Contrast）、通道混合器（Channel Mixer）、卷积分亮度调整（Convolution Kernel）、提取（Extract）、色阶（Levels）、多色调分色（Posterize）和扩展（ProAmp）七种。调整类滤镜主要是对视频素材的各项颜色属性进行调整，使画面颜色的整体效果、鲜艳程度、亮度等达到编辑需要。

模糊与锐化类视频滤镜特效包括抗锯齿（Antialias）、镜头模糊（Camera Blur）、通道模糊（Channel Blur）、定向模糊（Directional Blur）、快速模糊（Fast Blur）、高斯模糊（Gaussian Blur）、高斯锐化（Gaussian Sharpen）、幻影（Ghosting）、径向模糊（Radial Blur）、锐化（Sharpen）和边缘锐化（Sharpen Edges）十个滤镜。

扭曲类视频特效主要是在画面中产生变形效果。扭曲类视频特效包括弯曲（Bend）、四角变化（Corner Pin）、透镜变形（Lens Distortion）、镜像（Mirror）、挤压（Pinch）、极坐标转换（Polar Coordinates）、涟漪（Ripple）、倾斜（Shear）、球面化（Spherize）、变形（Transform）、旋涡（Twirl）、波浪（Wave）、Z 字变形（ZigZag）。扭曲类视频特效主要是在画面中产生变形效果。

图像控制类视频特效主要是编辑与调整素材画面颜色，包括黑白效果（Black&White）、颜色平衡［Color Balance（HLS/RGB）］、颜色校正（Color Corrector）、颜色偏移（Color Offset）、颜色匹配（Color Match）、颜色过滤（Color Pass）、颜色替换（Color Replace）、珈玛校正（Gamma Correction）和染色（Tint）。图像控制类视频特效主要是编辑与调整素材画面颜色。

2. 滤镜特效的施加方法

在 Premiere Pro CC 中，添加滤镜特效的步骤如下：

首先，打开视频特效中的文件夹，选择所需要的视频特效，如图 8-25 所示。

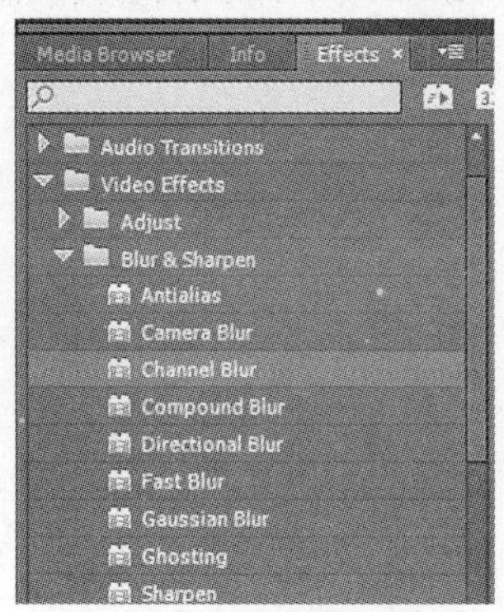

图 8-25　选择视频特效

然后将它拖放到时间线窗口中的素材上，添加了视频特效的素材上出现了一条线，表示添加成功，如图 8-26 所示。

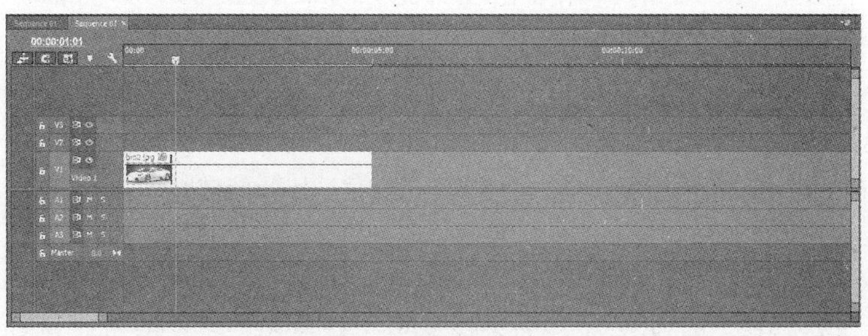

图 8-26　特效添加成功

在监视器窗口的“特效控制”面板中，可以进行相应的参数设置。直接输入数字或拖动滑块，就可以在监视器窗口中实时地预览效果。

如果要将不需要的特效删除，只需在时间线窗口中选中素材，然后在监视器窗口的“特效控制”面板中，选中要删除的视频特效项，直接按 Delete 键即可。

3. 添加关键帧并改变视频特效

以给素材的某一部分添加“高斯模糊”视频特效为例。

首先，在项目窗口的“特效”选项卡中，选择“视频特效”“模糊锐化”“高斯模糊”，并将其拖放到时间线窗口中的素材上。

然后，打开监视器窗口下的“特效控制”面板，设置添加的“高斯模糊”视频特效的参数。将时间线标尺拖动到要添加关键帧的起始位置，单击 Blurriness 左边的“动画开关”图标，就会在右边的时间线标尺上添加了第一个关键帧，这时将其 Blurriness 数值设为 0，如图 8-27 所示。

图 8-27　起始关键帧参数设置

再将时间线标尺拖动到下一个要添加关键帧的位置，单击“添加 / 删除关键帧”按钮，又会在右边的时间线标尺上添加了一个新的关键帧，这时将其 Blurriness 数值设为 25，如图 8-28 所示。

添加好关键帧后，就可以单击监视器窗口中的播放按钮进行预览效果了。

图 8-28　结束关键帧参数设置

8.2.4　合成类特效

1. 合成技术

合成技术是指将多种源素材混合成单一复合画面的处理过程。合成是数字视频后期制作的一项重要技术。数字合成特效实际上是在传统的键控特效的基础上发展起来的。数字视频的一幅幅画面都是由像素所组成的，视频的合成就是像素点的混合。每个像素的透明度都可以被控制，这样，在多层画面叠加时，每一层画面上的像素都可以混合在一起，而且每一层的透明度都可以调节。另外，也可以使画面上某些像素完全透明，叠加进其他的

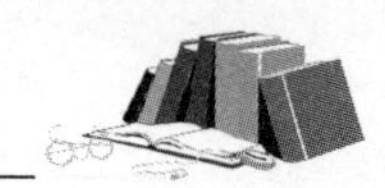

图像。叠加片段的某些区域要设置成透明的，以显示出其下面的背景片段。这种多层技法常用于添加标题、创建画面中的小画面以及把动作片中特效演员的表演和虚拟布景结合在一起。叠加的效果将按照片段在轨道中的顺序进行，即数字大的轨道置于数字小的轨道之上播放。在现今的视频广告中，合成技术的应用可以说是无处不在。

需要指出的是，在数字视频后期制作领域，一般来说各种系统及相应软件都有其特定功能。例如：非线性编辑系统主要擅长的是进行影视节目的编辑工作，当然也可以做一些数字特效和合成的工作，但它在这方面的功能不如专门的数字特效系统（主要是数字视频特效软件和数字合成系统）强大。

在数字设备市场上，一般把非线性编辑系统作为一类产品，将数字特效合成系统又作为另一类产品。例如：国产的非线性编辑系统大洋“DY”系列、奥维迅“精彩”系列等，主要还是用作节目的非线性编辑。如果要做数字特效与合成，则有专门的系统，如 Discreet 公司的 Flint/Flame/Smoke 系统、Quantel 公司的 Hal 系统等。在软件方面也有这样的区分，如本书中所使用的 Premiere Pro 软件是 Adobe 公司的产品序列中主要用来进行非线性编辑的，它的另一个产品 After Effects 是专门进行特效合成的。类似的产品还有许多，一般都是将非线性编辑软件与特效合成软件相伴，如 Discreet 公司 Edit 与 Combustion、Inferno 与 Smoke 等。当然，数字视频后期制作软件的集成化是其发展的一大趋势，原来各个独立的步骤（剪辑、合成、绘图、字幕、声音）被越来越多地集成到同一个软件之中，许多非线性编辑软件增加了其合成和绘图方面的功能，这样一来，合成软件和非线性编辑软件之间的区别越来越小，逐渐形成合并的趋势。

在这里我们主要介绍 Premiere Pro 这一非线性编辑软件中的合成类视频特效的应用。虽说 Premiere Pro 不是专业的合成软件，但其合成功能随着软件版本的升级也越来越强大，应付大多数应用也是绰绰有余。这里主要介绍的合成特效包括基本的合成、抠像技术和使用遮罩。

（1）基本合成（使用 Opacity 特效）

基本合成即使用 Opacity 特效，是 Premiere 中素材的固定特效，使用该特效进行合成的方法比较简单，将视频或图像素材放置到高层轨道上，然后改变 Effect Control 面板中 Opacity 特效的参数，使其部分透明，便可以看到低层轨道上的视频。Opacity 特效是最为简单、有用的合成技术，但它并不是在所有情况下都有效。

（2）使用抠像

对于一些图像来说，使用 Opacity 特效可以将两个或多个剪辑很好地组合在一起，但是这种方法不够精确，用抠像可以获得更为精确的合成效果。

为了快速了解 Premiere Pro CC 中的抠像特效，我们可以打开 Effect>Video Effect>Keying，其中有 17 种特效，可以分为三大类：

- 色彩和色度：Blue screen（蓝屏）、chrome（色度）、color（颜色）、greenscreen（绿屏）、Non-red（非红色）和 RGB Difference（RGB 差值）。
- 亮度：Loma（亮度）、Multiply（正片叠底）和 screen（滤色）。
- 遮罩：Difference（差值）、Garbage（垃圾）、Image（图像）、Remove（删除）和 Track（跟踪）。

在节目制作中，“抠蓝”（ Blue screen）是经常使用的去背方法，使用 Blue Screen Key 滤镜可以将上层视频轨道素材中的蓝色信息“抠掉”，变为透明，再将其与时间线下层轨道上其他背景画面重叠放置，产生叠加效果。下面简要介绍一下抠蓝的制作过程。素材分别为蓝色背景 1. avi 和背景. jpg，如图 8-29 所示。

图 8-29　“抠蓝”素材

首先，将背景. jpg 和蓝色背景 1. avi 分别拖入时间线轨道 Video1 和 Video2，如图 8-30 所示。

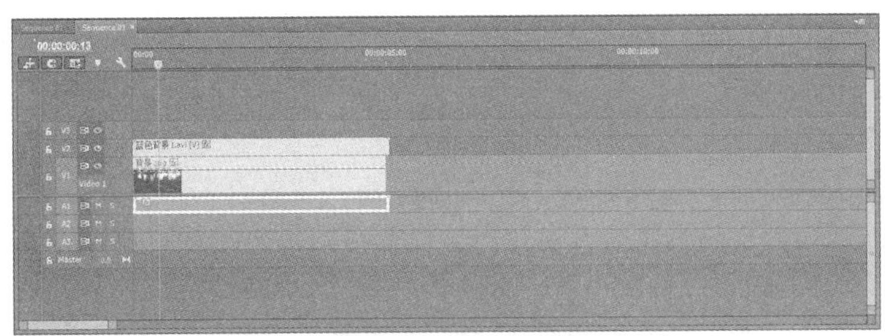

图 8-30　排列素材

展开 Video Effects/Keying，将其中的 Blue Screen Key 拖放到素材蓝色背景 1. avi 上。在特效控制窗口中将 Threshold 设置为 34. 0%，Cutoff 设置为 30. 0%，Smoothing 设为 High，如图 8-31 所示，在监视器窗口观看效果，如图 8-32 所示。

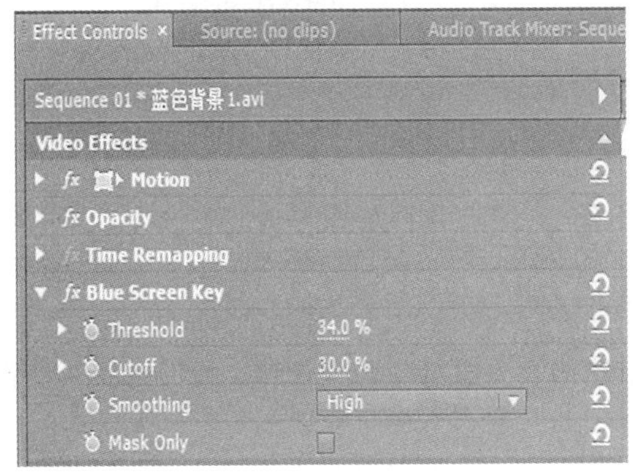

图 8-31　blue screen key 参数设置

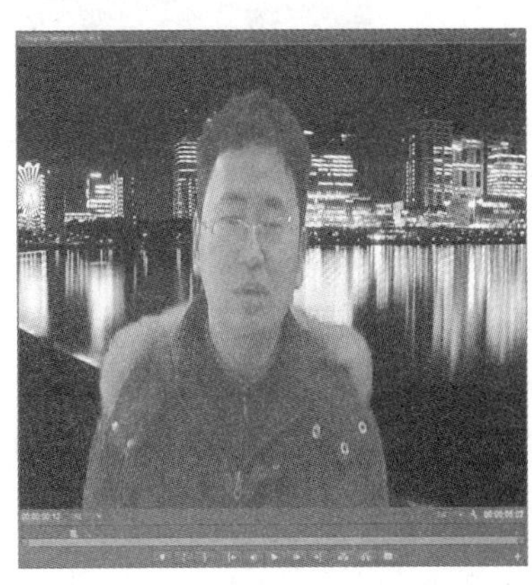

图 8-32　图“抠蓝”最终效果

（3）使用遮罩

遮罩的英文单词是 Mask，其字面意思是“面具”“掩饰”等，由此可以知道遮罩就是在视频画面上再添加一层，通过遮罩上的“空洞”看到遮罩下的画面。遮罩通常和透明度等参数结合起来使用。通过遮罩设置好哪些区域需要显示，哪些区域需要被隐藏，然后选择相应的透明度参数即可，这个透明度参数通常被称为去背。

多数遮罩文件中只有黑白两种颜色，其次为带有黑白渐变色的灰度文件。彩色的遮罩文件较少使用。遮罩抠像是抠像特效的一种特殊应用。它好像在剪辑上开个“孔”，是另一个剪辑的一部分显示出来，或者创建出类似剪切画的东西，可以把它们放置在其他剪辑上方。

8.3 基础实例

8.3.1 实例1——汽车欣赏

在一些数字视频作品中，我们经常可以看到类似国画卷轴展开的效果，用 Premiere 的运动特效和转场特效，我们也可以制作出一样富有诗情画意的画卷展开的效果。

1．实例展示

如今，汽车已经成为人们生活水平的标志之一。本实例将各种各样的名车图像巧妙地组合在一起，并为其添加丰富多样的视频转场特效、经典汽车广告语字幕以及背景音乐等，制作出具有时尚气息的汽车欣赏视频作品。本实例最终效果如图 8-33 所示。

图 8-33　转场实例：汽车欣赏

2．创意思路

本实例主要练习综合运用并设置转场效果，注意根据画面图像的特征选择合适的转场效果并设置恰当的参数。

3．操作步骤

本实例的实现过程将分为 6 个步骤，分别为导入素材、调整素材、添加转场、设置转场属性参数、添加字幕、作品输出。

步骤 1：启动 Premiere Pro CC，在新建项目对话框中的选项卡下面选择可用的预置模式为 DV _ PAL 的 standard 48kHz 选项，在名称文本框中输入文件名，并设置文件的保存位置，如图 8-34 所示。

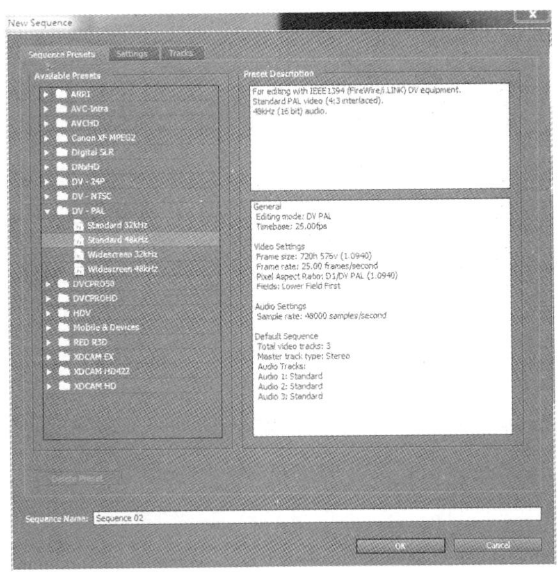

图 8-34　新建项目对话框

步骤 2：项目参数的设置。进入操作界面，选择编辑｜参数选择｜综合命令，弹出参数选择对话框，在该对话框中设置参数，如图 8-35 所示。

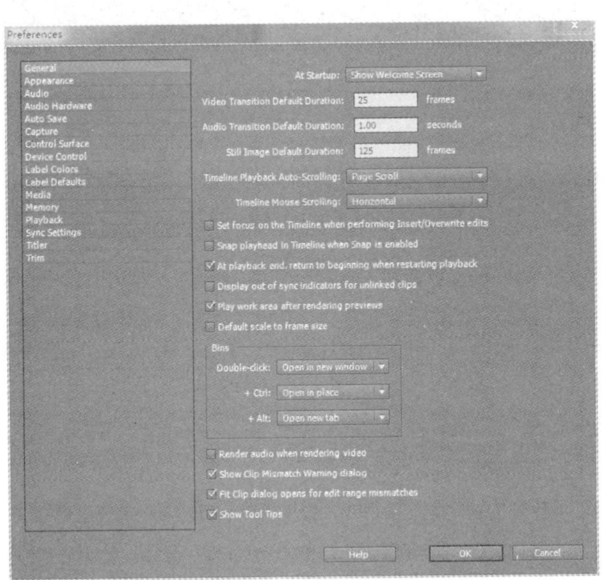

图 8-35　项目参数设定

步骤 3：导入素材至项目窗口，按下快捷键“Ctrl+I”或在项目窗口中双击鼠标，导入光盘中“ch08\汽车欣赏”中的所有素材文件。

步骤 4：将导入的素材添加到 Video1 轨道上，并按如图 8-36 所示的次序排列好。

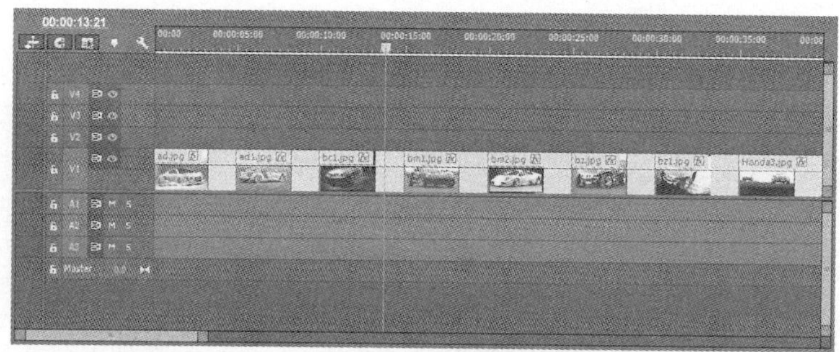

图 8-36

步骤 5：为素材添加转场效果。在特效面板中展开“视频转换”选项，将“Wipe”类的 Gradient Wipe 转场添加到 Video1 轨道上的“ad.jpg”和“ad1.jpg”之间，如图 8-37 所示。

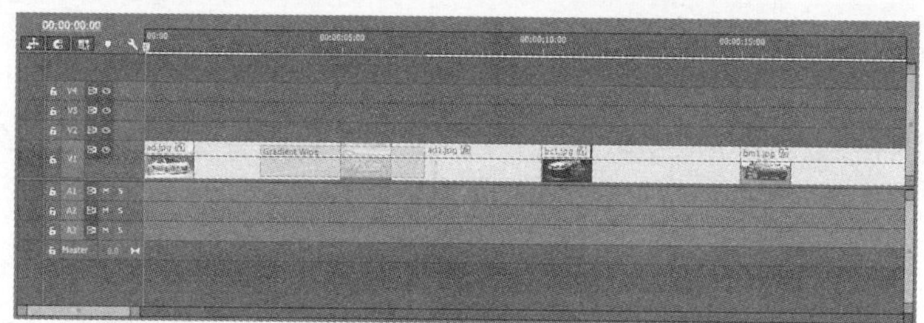

图 8-37

步骤 6：同理，在素材“ad1.jpg”和素材“bc1.jpg”之间添加 Checker Wipe 的特效，在“bc1.jpg”和素材“bm1.jpg”之间添加 Band Wipe 的特效，在素材“bm1.jpg”和素材“bm2.jpg”之间添加 Paint Splatter 的特效，在素材“bm2.jpg”和素材“bz.jpg”之间添加 Pinwheel 的特效，在“bz.jpg”和素材“bz1.jpg”之间添加 Checker Board 的特效，在素材“bz1.jpg”和素材“Honda3.jpg”之间添加 Random Wipe 的特效，在素材“Honda3.jpg”和素材“Honda4.jpg”之间添加 Random Blocks 的特效，在素材“Honda4.jpg”和素材“sl.jpg”之间添加 Venetian Blinds 的特效，在素材“sl.jpg”和素材“sl1.jpg”之间添加 Wedge Wipe 的特效。设置完成后如图 8-38 所示。

步骤 7：转场特效参数的设置。选中素材“ad1.jpg”和素材“bc1.jpg”之间的 Checker Wipe 特效，在 Effect Control 面板中设置边框宽为 3，设置边框色为玫红色。选中素材“bm1.jpg”之间的 Band Wipe 特效，在 Effect Control 面板中设置边框宽为 3，设置边框色为浅蓝色。选中在素材“bz1.jpg”和素材“Honda3.jpg”之间的 Random Wipe 特效，在 Effect Control 面板中设置边框宽为 3，设置边框色为白色。选中素材“Honda3.jpg”和素材“Honda4.jpg”之间的 Random Blocks 特效，在 Effect Control 面板中选中 Inverse 复选框。其余转场特效均采用默认设置。

图　8-38

步骤 8：添加字幕。在本例中我们采用 Photoshop 制作了的三段字幕，分别在视频的开始、中间和结尾处添加到 Video2 轨道上。

步骤 9：添加音效。导入光盘中的三段音效，将导入的音效添加至 Audio4 轨道上，并为音效添加音频转换效果。完成后如图 8-39 所示。

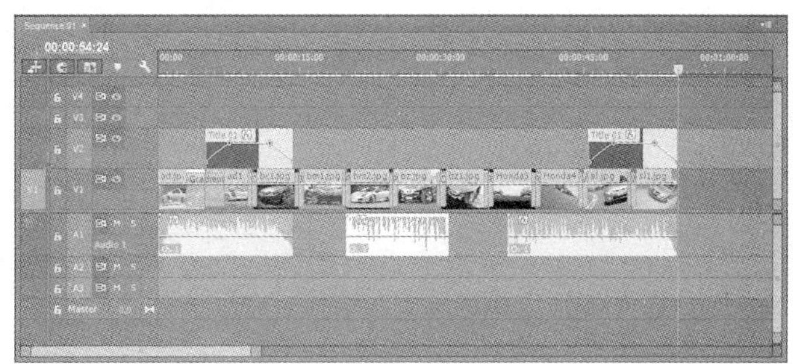

图　8-39

步骤 10：输出影片。选择文件>保存命令，将项目文件保存。选择文件>输出>影片命令，在弹出的“输出影片”对话框中设置相应参数后完成视频作品的输出。

随着影视的发展，转场特效的运用已经越来越多地和特效连接在一起。虽然每个人都很喜欢丰富多变的转场，每个软件也以自己拥有众多的转场特效而自豪，但如果您是一名细心的观众，您会发现在电视机中很少见到转场，在电影中则几乎看不到。这并不是说转场已经从后期中消失了，转场已经开始作为一种特效存在于各种节目中。例如：本章开头提到的利用落下的树叶来表示转场，这说明转场并不是我们通常意义上理解的两个镜头间的切换了，它更多地和故事情节融合在了一起。但是，在一些生活类数字视频作品中，转场特效的合理运用会将一些固定画面有机地组合在一起，减少了画面的单调性，增强了趣味性。

8.3.2　实例 2——画卷展开效果

在一些数字视频作品中，我们经常可以看到类似国画卷轴展开的效果，用 Premiere 的运动特效和转场特效，我们也可以制作出一样富有诗情画意的效果。

1. 实例展示

石湖景区宣传片《石湖印象》中的卷轴效果如图 8-40 所示。

图 8-40　画卷展开效果

2. 创意思路

石湖景区为国家级太湖风景名胜景区之一。两宋明清时期，名人雅士常在此筑墅隐居，纵情山水。为了在片中较好地表现石湖景区的历史人文特色，可以用拉开卷轴（古画轴）呈现石湖景色诗句的方式来演绎石湖风光，体现石湖集吴越遗迹、江南田园山水风光于一体的人文——山水型风景名胜。

3. 实现步骤

1）新建项目，设定项目自定义参数，如图 8-41 所示。

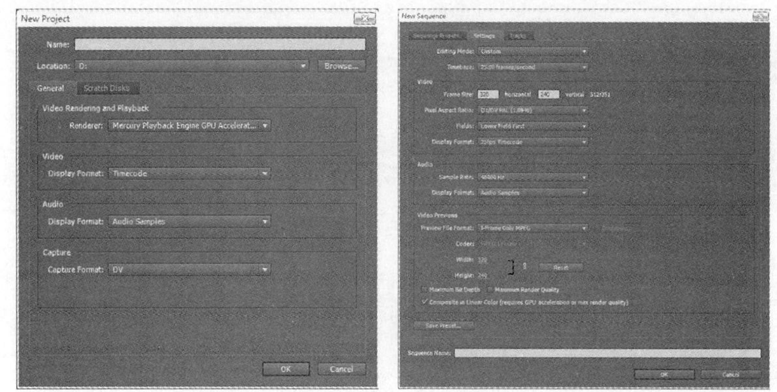

图 8-41　项目参数设置

2）选择 File/Import/File 命令，引入“shihu_lake.avi”和“石湖诗句.psd”两个素材文件（在本书配套光盘“ch08\画卷展开”中可以找到）。石湖诗句.psd 文件有多个层，其中的层“轴”和层“诗句”应分别导入，具体方法如图 8-42 所示。

图 8-42　导入含有层的图片素材

3）选择 Sequence/Add Tracks 命令，打开 Add Tracks 对话框，如图 8-43 所示，在 Video Tracks 的 Add 选项框中输入 1 增加两个视频轨道，这样在时间线窗口中就有 4 个视频轨道可用了。

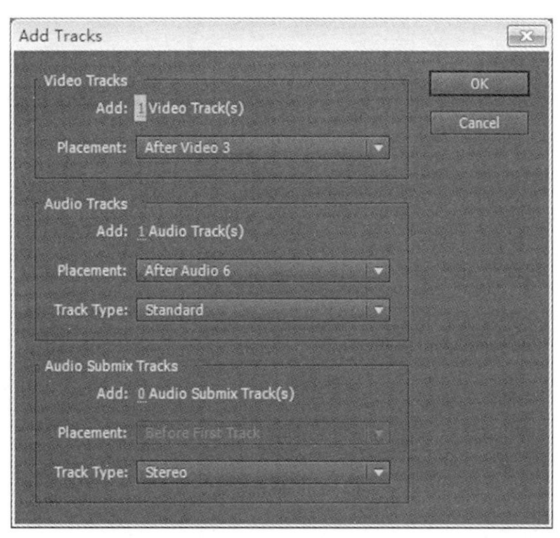

图 8-43　增加视频轨道

4）拖拽“shihu _ lake. avi”到 Video1 轨道上，入点在第 0 秒处，出点在第 18 秒处。拖拽“石湖诗句. psd”文件的诗句层——“诗句/石湖诗句. psd”到 Video2 轨道上，入点在第 0 秒处，出点在第 9 秒处，如图 8-44 所示。

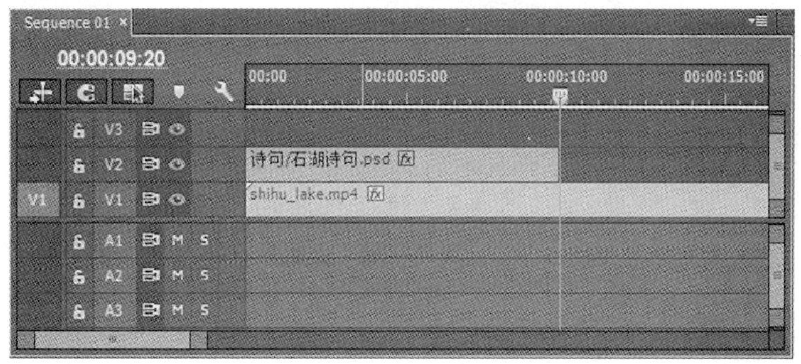

图 8-44　轨道素材排列

5）这一步将用 Wipe 转场效果模拟画卷的展开效果，其方法为展开 Project 控制面板的 Effects 选项页，然后展开 Video Transitions 选项夹，再展开下一级的 Wipe 选项夹找到 Wipe 转场效果，直接拖动 Wipe 转场效果给 Video2 轨的视频素材参数不需要设置，保持默认效果即可。设置完后的时间线窗口显示如图 8-45 所示。

图 8-45　添加转场特效

6）拖拽“石湖诗句. psd”文件的“轴”层——“轴/石湖诗句. psd”到 Video3 视频轨道上，设置其入点和出点与 Video2 轨道上的素材相同，预览现在的视频可以看到已经在画卷左侧出现了画轴，这是因为 psd 文件自身带有 Alpha 的缘故。

7）两次拖拽“石湖诗句. psd”文件的“轴”层——“轴/石湖诗句. psd”至 Video4 轨道上，对齐素材的入点和出点，下面将产生右侧画轴滚动的效果。

8）选择 Video4 轨道上的画轴素材，展开 Monitor 控制面板中的 Effect Controls 选项页，拖动时间线窗口时间滑标到画卷刚刚展开的位置，添加一个 Position 的关键帧，参数设置如图 8-46 所示。

图 8-46　设置第一个关键帧参数

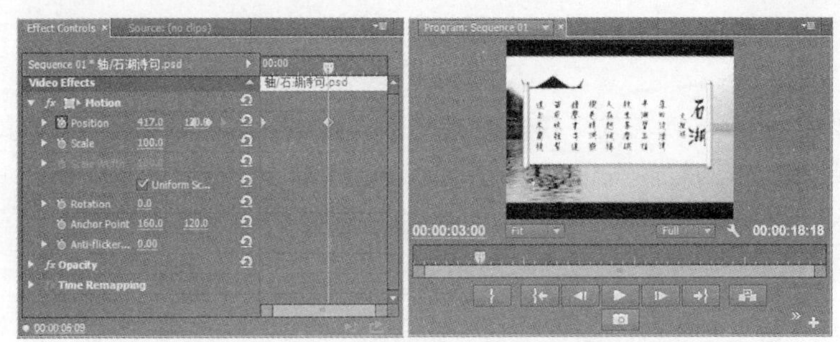

图 8-47　设置第二个关键帧参数

9）继续拖动时间滑标到画卷展开即将结束的位置，再次添加一个 Position 的关键帧，其参数设置如图 8-47 所示。

10）按下 Enter 可预览效果，选择“File/Export/Movie”命令输出影片。至此，实例制作完成。完成后的时间线窗口如图 8-48 所示。

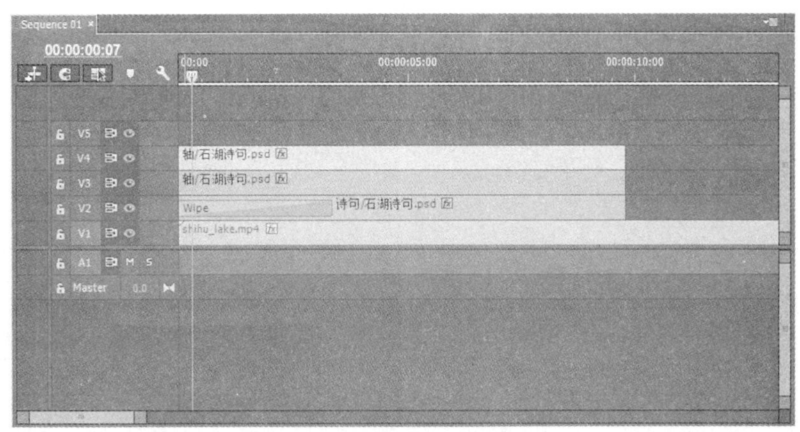

图 8-48　完成后的时间线窗口

在本实例中，Video2 轨道上放置的素材是诗词图片，读者可以根据需要在该轨道放置自己所需要的各种视频素材，配合 Motion 特效其他参数的灵活设置，可以实现更为丰富的效果。

8.3.3　实例 3——抠像合成效果

1．实例说明

本实例运用 Premiere 的视频特效 Keying 中的 Blue Screen Key 效果来模拟一个娱乐节目主持现场，如图 8-49 所示。

图 8-49　抠像效果片段

2．创意思路

娱乐节目画面包装非常重要，若用演播室现场进行道具布置，费时、费力，效果一般；虚拟演播室能营造出画面炫美、逼真、立体感很强的电视演播室效果。但由于价格昂贵，很难普及和推广，不适合一般的 DV 制作。本实例就用 Premiere 合成特效来模拟一个娱乐节目主持现场，该效果与虚拟演播室效果类似。

3．操作步骤

本实例的实现过程将分为 6 个步骤，分别为导入素材、调整素材、添加转场、设置转场属性参数、添加字幕、作品输出。

1）启动 Premiere Pro，在新建项目对话框中选择 Custom Setting（用户自定义）选项，Editing Model（编辑模式）选择 Desktop，大小为 480×320，并指定文件名和存储路径。具体参数设置如图 8-50 所示。

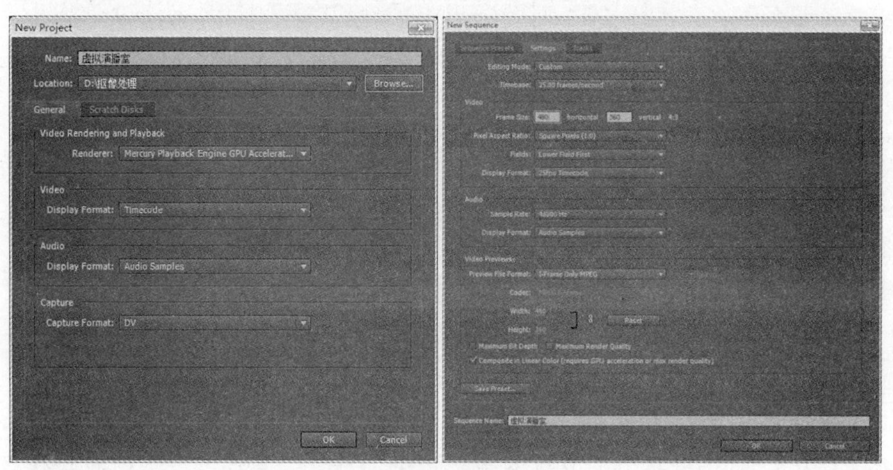

图 8-50　项目参数设定

2）导入素材至项目窗口，按下快捷键“Ctrl＋I”或在项目窗口中双击鼠标，导入光盘“ch08＼抠像合成”中的所有素材文件“蓝屏素材．avi”“ybs.jpg”和“倒计时．avi”。

3）将素材“蓝屏素材.avi”引入到 Video2 轨道，“ybs.jpg”引入到 Video1 轨道上，入点都设在第 0 秒处，并直接拖曳 Video1 轨道上的“ybs.jpg”图像素材使之与 Video2 轨道上的视频素材“蓝屏素材.avi”等长。完成后的 Timeline 排列如图 8-51 所示。

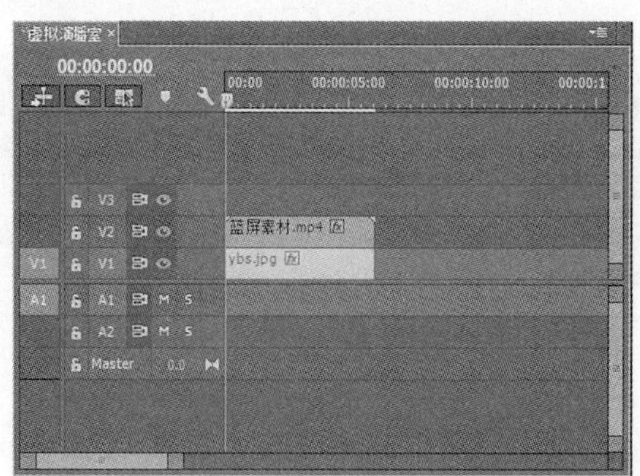

图 8-51　引入素材后的 Timeline 排列

4）接下来我们对蓝屏素材设置抠像效果，其方法为展开 Project 控制面板的 Effects 选项页，然后展开 Video effects 选项夹，再展开下一级的 Keying 选项夹找到 Blue Screen Key 效果，直接拖动 Blue Screen Key 给 Video2 轨的“蓝屏素材.avi”之上。打开 Effects Controls 面板，设置 Threshold 参数为 35.8%，Cutoff 参数为 23.9%，选择 Smoothing 参数为 High，具体如图 8-52 所示。

图 8-52　在 Effect Controls 窗口设置参数

5）这时，我们可以在 Program（目标）窗口观察到抠像合成效果，抠像合成前、后效果分别如图 8-53 和图 8-54 所示。

图 8-53　未经抠像的蓝屏效果

图 8-54　抠像后的合成效果

6）利用 Distort 特效制作叠加动态视频效果。将素材“倒计时.avi”引入到 Video3 轨道，在展开的 Video Effects 选项夹，找到下一级的 Distort 选项夹中的 Corner Pin（边角畸变）效果，直接拖动 Corner Pin 给 Video3 轨的“倒计时.avi”之上。打开 Effects Controls 面板，设置参数如图 8-55 所示。这样“倒计时. avi”视频画面就被合理地安置在背景图片中液晶电视屏幕上了。

图 8-55　Corner Pin 特效参数设置

7）为了让主持画面与接下来的节目内容画面实现顺畅过渡，这里采用了让液晶电视屏幕中的视频画面位移并充满整个画面的方式进行过渡，具体方法为：在 Timeline 窗口中将时间标尺移动到“00：00：05：19”处，选择工具箱中的剃刀工具将 Video3 轨道的视频素材“倒计时.avi”分割为两段，并选中后半部分，打开 Effects Controls 面板，设置 Corner Pin 参数，将时间标尺移动至“00：00：05：20”增加一关键帧，设置参数如图 8-56 所示。

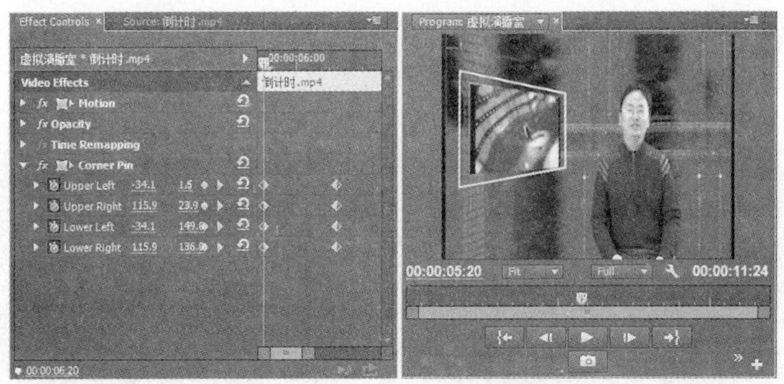

图 8-56　Corner Pin 第一个关键帧参数设置

8）将时间标尺移动至“00：00：06：01”处，再添加一关键帧，设置参数如图 8-57 所示。

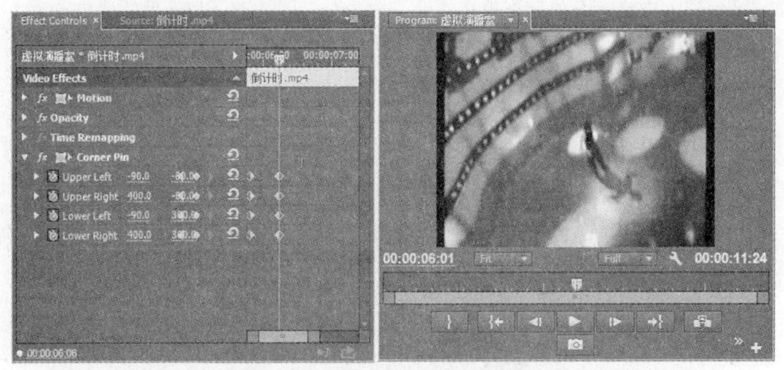

图 8-57　Corner Pin 第二个关键帧参数设置

9）按下 Enter 可预览效果，选择“File | Export | Movie”命令输出影片。至此，实例制作完成。完成后的时间线窗口如图 8-58 所示。

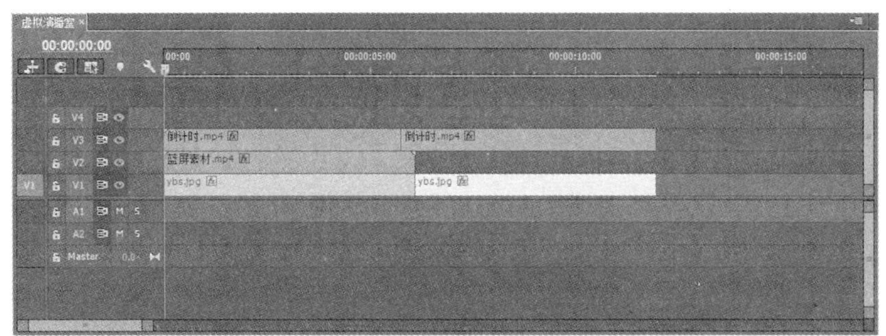

图 8-58　完成后的时间线窗口

8.4　拓展提高实例

8.4.1　实例展示

本实例制作的是一档新闻节目“环球报道”的片头。本实例综合运用了多画面叠加、动态遮罩、滤镜等特效，最终的效果如图 8-59 所示。

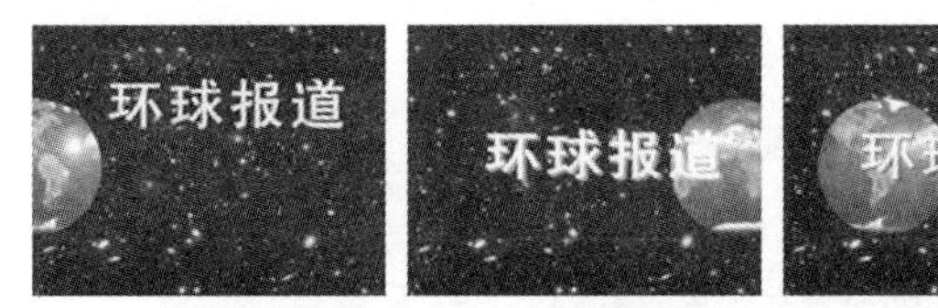

图 8-59　环球报道效果

8.4.2　创意设计思路

一个好的视频作品的片头都是很讲究的，制作时从画面选择到特技制作，都需要精雕细琢。我们可以看到一些电视节目的片头与节目本身一起成为观众心中永恒的经典。片头一般比较短，几秒到一分钟不等，这就决定了它必须具有大信息量才能达到浓缩内容、展现风格的目的。为达到大信息量，一个途径是加快剪辑节奏，另一个途径是采用多画面叠加合成。在本实例中，我们就制作了一个转动的地球同时配以动态的背景和字幕，为观众展现了整个节目的定位，即报道全球新近发生的事情。

8.4.3　实现步骤

1）启动 Premiere Pro CC，新建一个项目，在“New Sequence”窗口中设置“Sequence Preset”选项卡中的“Available Presets”为 DV-PAL 下的 Standard 48kHz 选项，

并设置项目文件名称为“环球报道片头”。单击“OK”按钮完成项目文件的初始化设定，进入 Premiere Pro CC 的工作界面。

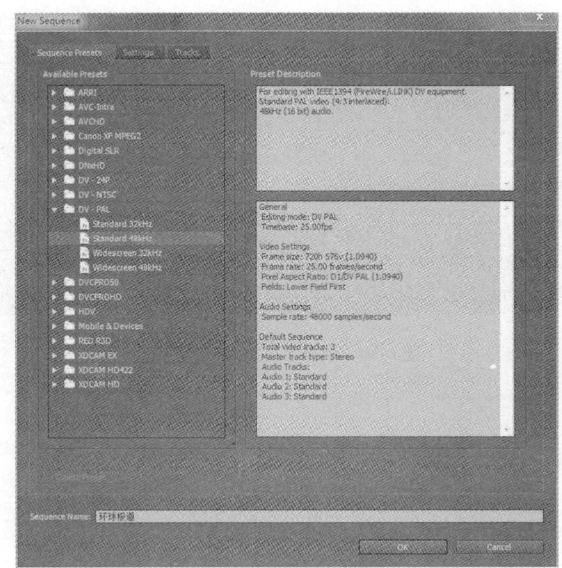

图 8-60　项目设置

2）选择文件（File）菜单新建（New）子菜单中的字幕（Title）选项，打开 Adobe Title Designer 字幕编辑窗口，制作遮罩如图 8-61 所示，并命名为“遮罩. prtl”。

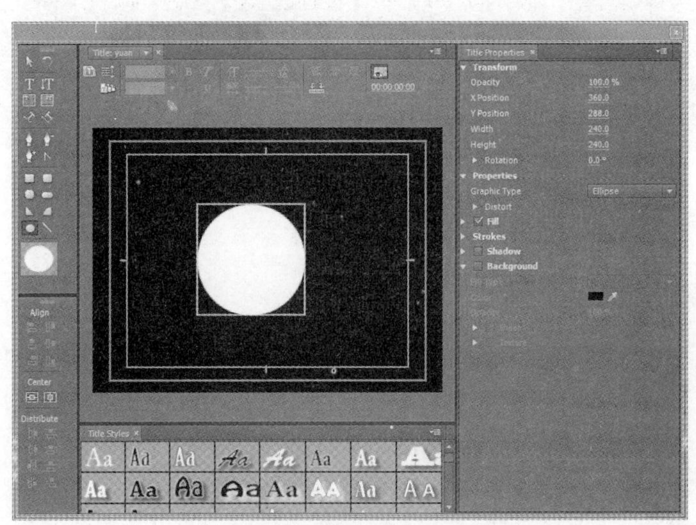

图 8-61　遮罩参数设置

3）将随书光盘实例 \ ch08 \ 环球报道中的素材导入到项目窗口中，将“星空. jpg”“地球. jpg”和刚才制作好的“遮罩. prtl”文件分别拖入 Timeline 窗口的 Video1、Video2 和 Video3 视频轨道上，将 Music. wav 拖入到 Audio1 轨道上，设置三条视频轨道与 Audio1 对齐，如图 8-62 所示。

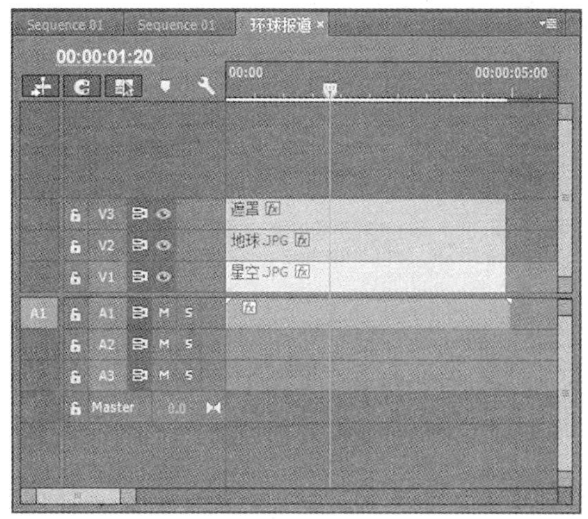

图 8-62　排列素材

4）选择文件（File）菜单新建（New）子菜单中的字幕（Title）选项，打开 Adobe Title Designer 字幕编辑窗口，制作环球报道的字幕，设置参数如图 8-63 所示，并命名为“环球报道.prtl”。

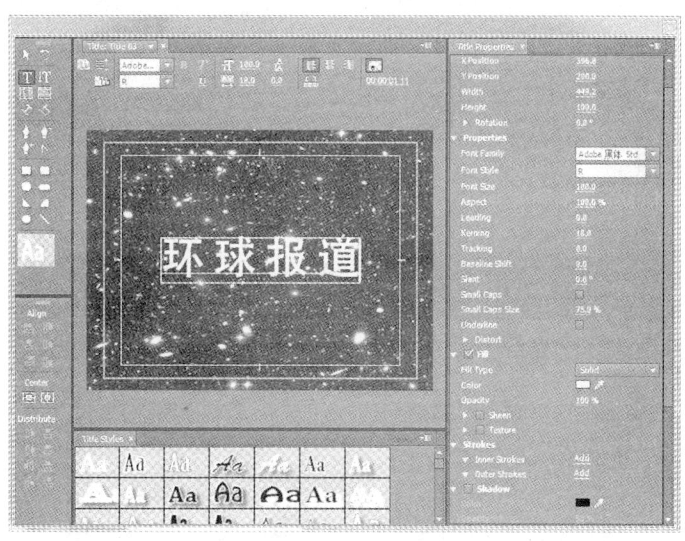

图 8-63　字幕参数设置

5）将“环球报道.prtl”拖入 Timeline 窗口的 Video4 轨道上，并与其他三条轨道对齐，如图 8-64 所示。

图 8-64　将字幕添加到时间线窗口

6）通过 Motion 特效的设置，参数设置如图 8-65 所示，使 Video2 轨道上的地球图片由左向右运动。

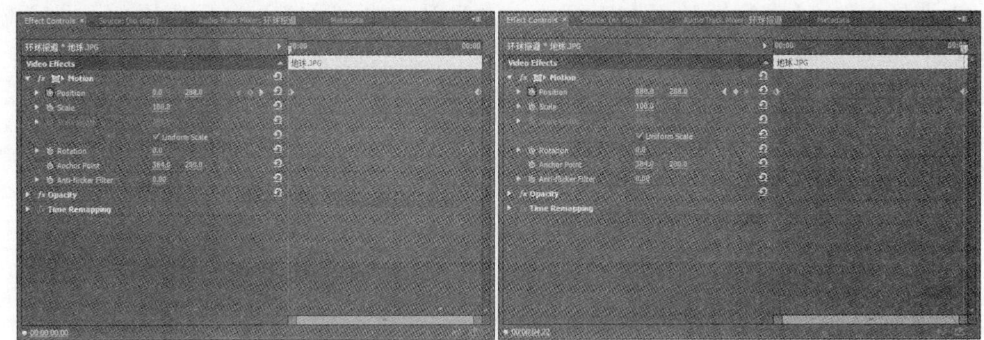

图 8-65　Motion 特效参数设置

7）对 Video4 轨道上的“环球报道. prtl”设置 Motion 特效，设置参数如图 8-66 所示，使字幕由屏幕上方向下运动至屏幕中央后停止。

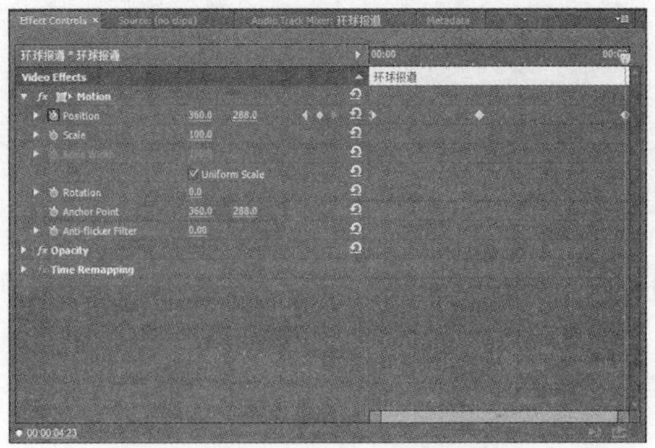

图 8-66　Motion 特效参数设置

8）将扭曲（Distort）类滤镜中的球面化（Spherize）滤镜赋予“地球.jpg”文件，设置参数如图 8-67 所示，使“地球.jpg”文件中间部分显示为球面效果。

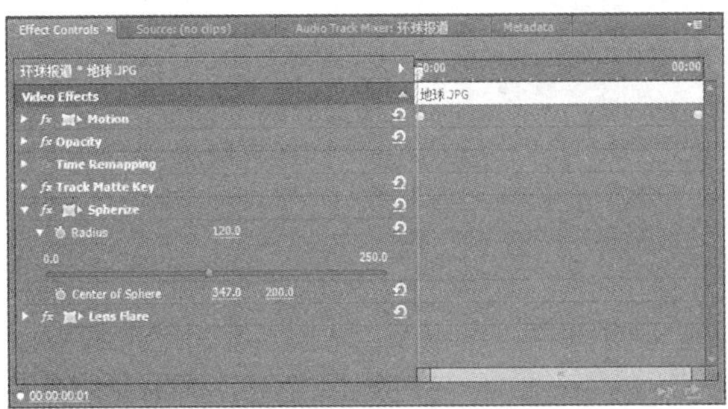

图 8-67　球面化（Spherize）滤镜参数设置

9）将色键（Keying）类滤镜中轨道遮罩（Track Matte Key）效果赋予“地球.jpg”文件，遮罩（Matte）选择遮罩所在轨道 Video3，只剩下中间的地球形状。

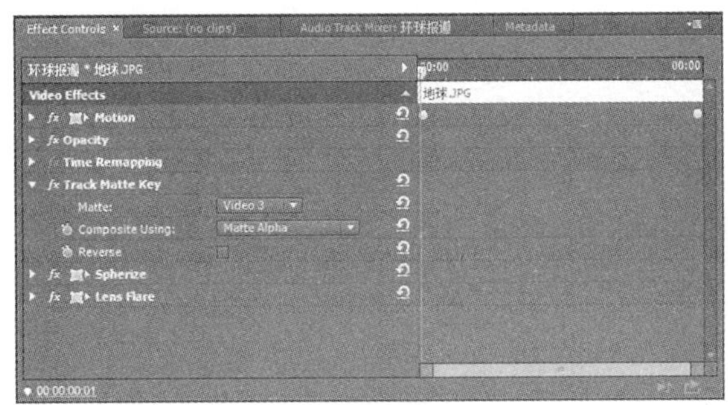

图 8-68　轨道遮罩（Track Matte Key）设置

10）将镜头光晕（Lens Flare）效果赋予“地球.jpg”文件，分别在片头开始处和结束处添加关键帧，参数设置如图 8-69 所示，注意 lens type 设置为 35mm，如图 8-70 所示。制作出光晕划过的效果。

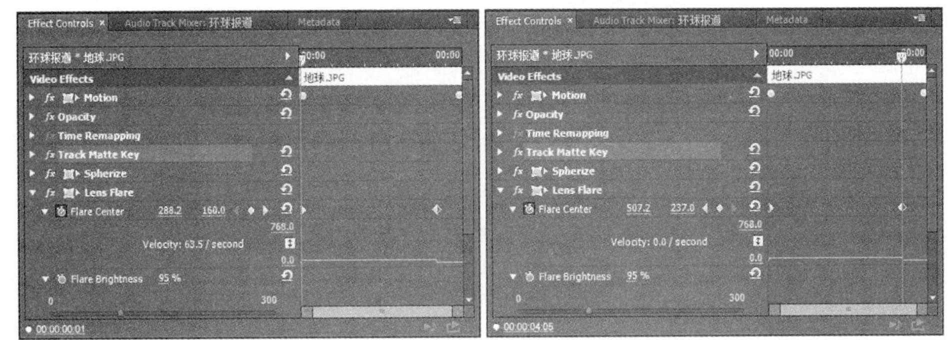

图 8-69　镜头光晕（Lens Flare）滤镜参数设置

图 8-70　最终效果

至此，该实例制作完成。

思考题

1. 特效在数字视频作品创作中的作用主要有哪些？
2. 简述常见视频特效的种类。
3. 在作品中使用特效应注意哪些问题？

实践建议

1. 观摩各种类型的数字视频作品，注意观察其中特效的形式与目的，体会数字视频特效在不同类型作品中应用的特点。

2. 使用 Premiere Pro 完成一个节目片头的制作，要求：

(1) 至少包含三个以上的轨道。

(2) 综合运用运动、滤镜和合成特效，其中至少使用三种以上的滤镜。

(3) 至少有一个轨道设置了关键帧动画。

第 9 章

字幕设计

在数字视频作品中，字幕是一种不可或缺的元素，特别是在逻辑意义概括上的功能，使它与图像、声音和特技等要素一起组成了一种共时间和共空间的多方位、多信息渠道的传播手段。字幕可以增加画面的信息量，对画面有说明、补充、扩展和强调等作用。同时，它可以加强信息的准确性和明晰性，减少听觉误差。另外，汉字也会参与到视觉美感的构成之中。因而，字幕被广泛地用于各种类型的数字视频作品制作中。本章主要介绍了字幕的常见形式及设计运用的原则与要点，并给出了 Premiere Title Designer 字幕设计制作的具体方法和步骤。

学习目标

1. 了解字幕的分类与其传播功能。
2. 掌握字幕在数字视频中的作用及设计原则。
3. 使用 Title Designer 等工具制作字幕与图形。

9.1 字幕设计的基础知识

字幕是指以文字形式显示电视、电影和舞台作品里面的对话等非影像内容，也泛指影视作品后期加工的文字。字幕是数字视频作品屏幕信息的重要组成部分。如今，在数字视频制作中，几乎没有不存在字幕的作品类型。无论是一些色彩绚丽、设计精致的频道、栏目或节目宣传片，还是专题类节目、新闻类节目、影视剧，字幕都是不可或缺的。

9.1.1 字幕的类别及功能

字幕作为影视视觉语言的重要组成元素之一，在画面整体构成中的意义和作用正备受瞩目。现代影视艺术已经把字幕作为承载信息和传播信息的重要手段。画面擅长表现“现在进行时”，而对“过去时”和“将来时”以及思维、逻辑、推理、概念等抽象的内容却

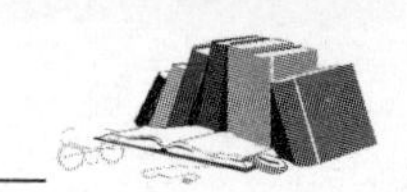

难以表现。声音可以弥补画面的不足，但又存在稍纵即逝，不能产生视觉刺激的“先天不足”，而字幕的介入则在声画之间起到黏合剂的作用，字幕既有颜色、字体等自身形象可以诉诸人的视觉加强画面的表现力，又可以与声音一道起到叙述说理的作用。如今，字幕在影视中不仅具有补充、配合、说明、强调、渲染和美化荧屏的作用，而且还具有画龙点睛、为作品增光添彩的艺术效果，已成为影视艺术领域不可或缺的重要组成部分。数字视频中常用的字幕有两种：一种是数量较少而需要精心设计制作的字幕，如片头字幕、宣传片字幕和标题字幕等，字幕在其中起着画龙点睛的作用；另一种是数量大而随机性强的字幕，如新闻字幕、影视剧对白字幕和垂直与水平游动字幕等，这种字幕最主要起着传达信息、补充强化画面含义和修饰画面的作用。

概括而言，字幕的主要功能有以下三点：

1. 信息传播功能

在影视传播特定的语境及特定的图像情景之中，文本的意义和情感得到较为明晰的传达。在电视新闻这个包容着声画艺术的媒体中，字幕已被作为与画外音、解说词同样重要的“第二解说”。电视字幕丰富了视觉感观，较画面而言，更为直观地传达给了观众所要了解的信息，对电视节目（特别是电视新闻）的主题既是点睛之笔，又起到了深化画面主题的作用。如果字幕能和图像完美地结合起来，那么就能大大提高电视节目（特别是电视新闻）的可视性。

字幕作为新闻标题出现较多，通常是一则消息的点睛之笔，对新闻内容起到强调、解释和说明的作用。

2. 补充和强化画面的含义

字幕是视觉语言的一种，它以文字符号的方式传递着信息，它可以为受众提供抽象的意义空间，是对声音与图像所表达的内容的补充和强化。

例如：在摄录的同期声素材里面，如果被采访者说的是方言或口语，那么就容易造成视听误差。这时，如果在屏幕下端配上被采访者同期声内容的字幕，那么就能避免因方言或口语而造成的偏差，字幕成为当事人话语的翻译器。同样，一些海外引进的影片，随着国民素质的不断提高，已不再是对白与字幕全盘翻译，而只是在影片下方出现中文字幕，一方面大大节省了制作成本；另一方面，观众还可以在理解影片内容的前提下欣赏原汁原味的音响效果。

在电视新闻中，特别是在现在的中央台、省电视台的新闻联播节目中解读一些新出台的政策、法规和规定的时候，采用多媒体技术，即以计算机为核心，集图、文、声处理技术于一体，选用一些便于观众记忆以及与政策、法规和规定相近的画面为背景，与播音员解说的同时出现字幕，会对受众起到加深理解的作用。

广告中的广告字幕有各种色彩及变形的字体，对于引起受众注意并成为企业标志的作用通过电视媒介的动画效果或是情景引导得到加强。

3. 修饰画面的一种元素

字体搭配，相得益彰。不同的字体体现不同的艺术风格。随着非线性编辑软件以及专用字幕软件功能的不断完善，不仅字号和字体的种类日益增多，而且出字的表现手法也是“百花齐放”。字幕还可以与三维动画和数字特技相结合。这些艺术表现手法无疑能使字幕更加绚丽多彩，使受众在看、听新闻的同时也能享受到画面的美。

色彩醒目，烘托气氛，突出重点。根据画面的色彩和内容、节奏、气氛的需要，选择适当的颜色配置字幕，不仅能给人以美的享受，而且还可以丰富画面的色彩，起到渲染气氛、扬抑情绪和突出重点的作用。例如：色彩暗淡的画面，打出一行红字，不仅醒目，而且还能给画面增添活力。通过字幕这种表现方式，使受众可以获得更多的信息。这在新闻联播中经常出现。例如：一些会议的报道，在单调的画面上打一些与会议相关的字幕，可增强画面动感，突出主题，弥补不足。中央台的新闻联播还经常采用画面透体字的方式，对一些行业性及成就性报道进行表述。它可将一些观众听起来较为枯燥的数字、百分数及不易理解的术语等通过透体字幕的形式表现出来，使受众在视觉上直接了解、掌握那些画面加解说难以表达清楚的信息，从而达到视、听完美的效果。

9.1.2　字幕设计的原则

字幕是屏幕形象的重要构成要素，必须经过精心设计和认真处理。在字幕的设计中，要注意以下几个基本原则：

1. 适配性

字体设计必须从文字的内容和应用方式出发，形象而生动地体现文字要表达的主题思想。字体、字形、字号及呈现方式的选用，要与正文的要求和屏幕显示的特点相适配。

2. 易读性

为了保证屏幕上的文字易读，一般需要注意两点：一是合理选用字体、字号及字间距、行间距，使之符合大多数人的阅读习惯；二是合理选用色彩和明度，确保文字在背景上清晰、醒目，一目了然。

3. 艺术性

现代设计中，文字因受其历史、文化背景的影响，可作为特定情境的象征。因此，在具体设计中，字体可以成为单纯的审美因素，发挥着和纹样、图片一样的装饰功能。在兼顾实用性的同时，可以按照对称、均衡、对比和韵律等形式美的法则，适当调整字形大小、笔画粗细甚至字体结构，使文字在表达内容的同时，也为画面增添一些艺术因子。

9.1.3　字幕的形式设计

早期的字幕制作工艺复杂，制作质量难以保证，而现代字幕制作系统，特别是数字化制作技术，为字幕创作带来了极大的便利。在具体的字幕制作中，需要从以下几个方面综合考虑：

1. 字幕的颜色

颜色选择是影视字幕制作的一个重要内容。字幕的颜色多种多样，有单色、多色、加边色，也有渐变色、金属色、过渡色和半透明色等。字幕颜色的配置应与画面的色调、内容、节奏和情绪相吻合，既可以丰富画面本体色彩，还可以起到渲染气氛、抑扬情绪和突出重点等作用。这是因为不同颜色的字幕表现不同的情绪和气氛。白色显得客观、真实、准确；红、橙、黄等暖色比较活跃，常用于表达热烈、温暖和令人振奋的内容；青、蓝、紫等冷色相对沉静，情绪趋于平静、压抑甚至消沉；绿色显得宁静、轻松，比较平和。通常应选择和画面背景颜色相对的颜色为基本色，力求清晰醒目，突出重点。画面如果是黑色调，则可以考虑选用白色和黄色；如果是色影暗淡的画面，打出一行红字，不但醒目，

而且会给画面增添活力；如果画面热闹、火热，打一行金字则更为亮丽、辉煌。纪录片和新闻节目中用白色字，真实与朴实兼顾。

2. 字幕的字体

不同的字体可以表现不同的艺术风格。目前，影视字幕中使用的字体大致可以分为三类：

第一类是书写字幕。我国的书法艺术源远流长，用它们来表达特定的内容或者展现人物的个性具有独特的韵味。

第二类是计算机字幕。这也是目前运用最为频繁和制作工艺最为简单的一种字幕。许多字幕机装载了丰富的汉字字体，由于节目内容自身的特点，可以恰当地选用。一般的节目用宋体、楷体、仿宋体和黑体，这样整体画面较为正规，清晰度和可辨认度也较高。对于艺术性要求较高的节目，也可采用其他字体，如行书、隶书、魏碑和细圆等，甚至可以采用一屏多体的方式，以提高屏幕文字的可视性和可读性。总之，无论采用何种字体的字幕，都要与节目本身的内容相结合，为节目整体效果服务。

第三类是美术字。通过某些变形、夸张和艺术处理，美术字别有一番神韵，在动画片和儿童片等节目中运用较多。

3. 字幕的排列

屏幕是三维空间，节目中字幕的排版格式包括在画面中的具体位置及其分割的比例或面积，这两个方面对于内容的表达具有较强的控制力。或突出主体，吸引观众的注意力，或辅助画面描述，字幕在画面中的位置是灵活多变的。

字幕作为数字视频中的一种画面元素，在屏幕上的位置的排列以及字幕与画面的结构关系形成了字幕的构图形式。比较常见的字幕构图形式有以下几种：

（1）整屏式

整屏式是指字幕成为屏幕上最主要的构图元素，并且占据了屏幕主要位置的构图形式。在字幕文字较多的时候常常使用这种形式。需要注意的是，应将文字控制在2/3左右，以便留出一定的空白和间歇，便于观众看清文字内容。一般情况下，每行不宜超过14个字，这也是目前许多电视台新闻节目中使用的基本规范。

（2）底部横排式

底部横排式是指字幕横向排列在屏幕底部的构图形式。可以说，这种形式是字幕最基本、最常用的形式。这种形式适用于文字内容较少的情况，如电视剧中的人物对白和翻译字幕，电视新闻节目中的播音语言显现、新闻人物语言、内容提要和新闻标题等，都是以这种形式构图的。它的好处在于字幕位于屏幕的底部，不会对画面构成干扰，横向排列又比较符合观众的阅读习惯。

（3）滚动式

滚动式是指字幕以滚动的形式通过屏幕逐次展示其所负载的信息的形式。这种形式的字幕可以置于屏幕的底部或顶部，也可以置于屏幕的左边或右边。底部或顶部的字幕一般应该按从右到左的方向滚动，左边或右边的字幕一般应该按由下至上的方向滚动。滚动字幕所承担的传播功能一般是信息功能。

（4）竖排式

竖排式是指字幕竖直排列在电视屏幕的左边或右边边缘的形式。

竖排式字幕主要起到说明性的作用。在新闻节目中，竖排式字幕主要用来介绍新闻人物或相关人员的身份、姓名等信息。竖排式字幕一般有两列：一列介绍身份，另一列介绍姓名。

(5) 固定式

固定式是指字幕以小方块的形式固定在屏幕某一位置的构图形式。固定式字幕主要是用来传播诸如天气情况、股市行情、时间、外汇牌价、节目名称或标志等内容的。

当然，在具体使用时，根据内容需要，可以横排，也可以竖排，甚至可以斜排；字与字之间的间距可以相等，也可以不等；字体的大小可以相同，也可以大小不等、错落有致。总之，字幕的排列既要灵活多变、节奏明快，又要不失章法和整体感。

4. 字幕的使用

随着现代数字视频制作技术的不断进步，字幕的出现方式、种类、形式愈加新颖，表现效果也更加引人入胜。写出、竖移、横移、斜移、显出、切入、划出、甩出、翻飞、飞入/飞出、上下拉式、左右拉式、插入、闪入、卷入、变入、急推、缓推、转动和动画等等，不同的出现方式具有不同的韵律美和节奏美，为精彩纷呈的屏幕增添亮色。在实际创作中，应根据作品的具体内容有针对性地加以选用，如果随意使用，则反而会分散观众的注意力，削弱作品的表达效果。

5. 字幕的背景

在影视传播中，字幕的背景也是符号谱系之一，制作和选择一幅从视觉上冲击观众的字幕背景，不仅能提高信息含量，无疑也会为节目锦上添花。在过去的几十年间，人们习惯把字幕设置在蓝底上，早期的专题片和广告片都用单一的底色作为背景，千篇一律，没有新意。近年来，随着技术的发展和人们需求的变化，多姿多彩的背景已经凸显于荧屏。各种各样的纹理、图案、照片和光效图充分发挥它们的优势。更多的影视作品中，实景画面成为字幕的衬底，字幕在画面的延续中作说明、解释。

9.2　字幕工具的使用

9.2.1　使用 Title Designer 创建字幕

Premiere 自 6.5 版本以来字幕功能日臻完善，这就是它内置的 Title Designer。该工具可以使用系统中安装的任意字体创建三类字幕，分别是静态字幕、滚动字幕和基于模板的字幕，并且可以创建或插入图形图像来制作 Logo。

1. Title Designer 的组成

Title Designer 是 Premiere Pro 自带的字幕工具。该软件从界面上主要分为图文编辑区、主工具栏、工具箱、属性设置区和样式库几个部分，如图 9-1 所示。

(1) 图文编辑区（字幕绘画区）

图文编辑区用于编辑文字和图形的区域，与项目（Project）的分辨率设置相同，安全区域线显示也与项目相同（与监视器窗口安全区域线显示相同），类似一般图形/图像软件中的工作区。

(2) 主工具栏（Main Toolbar）

在主工具栏中可以设置文字的运动状态、打开样式模板和定义背景视频显示等。

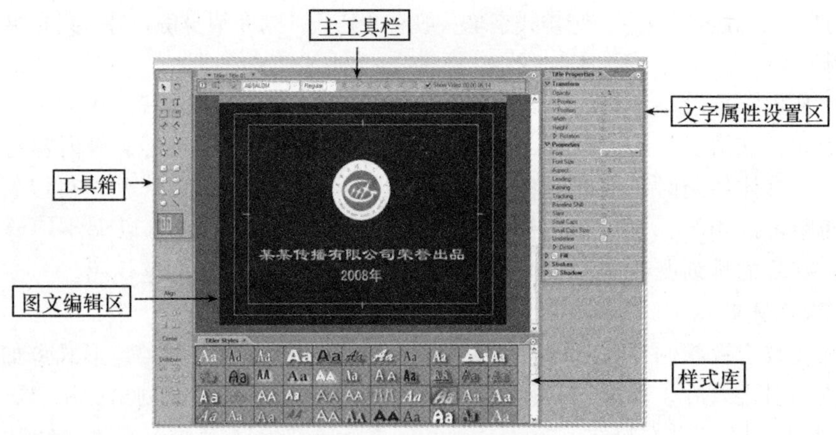

图 9-1　Title Designer 的组成

(3) 工具箱（Toolbox）

工具箱类似于其他图形图像软件，是用来创建与修改文本及图形的工具组合。

(4) 属性设置区（Object Style）

属性设置区直译应该是“对象风格”，是对创建好的文本与图形（统称对象）进行属性设置与添加效果（风格）的菜单区域。

(5) 样式库（Style）

样式库是对字幕或图形填充颜色、描边、辉光和添加阴影等属性设置的保存工具，选中对象（文字或图形）后，单击某样式可以同时改变对象的各项属性（与 Photoshop 软件中的图层样式库概念相同）。Premiere Pro 中自带了一些样式，用户也可以将编辑的效果存储为样式，以提高工作效率。

2. 创建字幕的基本流程

(1) 创建新字幕

静态字幕可以在 Title Designer 的属性窗口设置文字的各项参数，并且可以方便地通过样式调板确定字幕的颜色及效果。

(2) 使用模板创建字幕

基于模板的字幕是 Title Designer 的一个亮点，在完成一些小标题、片花以及结尾字幕等方面，能够直接调用 Title Designer 的模板，大大提高了工作效率。其创建方法可以通过 Premiere 菜单命令实现（如图 9-2 所示）。

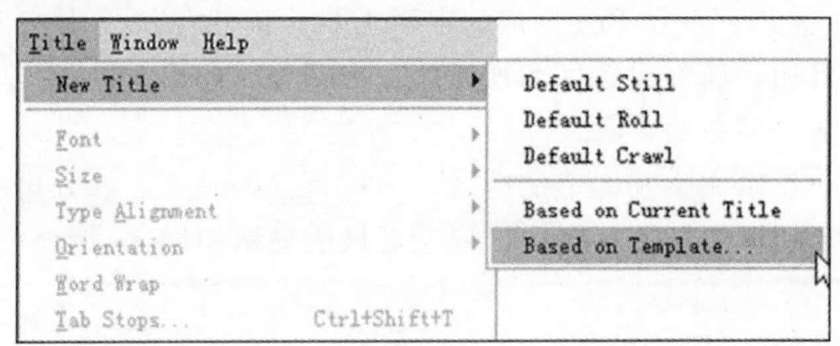

图　9-2

Title Designer 提供了 13 个大类的模板，而每个大类下还有更多的分类，足以应付大多数情况下的标题字幕，如图 9-3 所示，如果要创建有个性的标题字幕，还可以自定义模板。

图 9-3　字幕模板

3．编辑字幕的基本方法

（1）文字的输入与修改

文字的输入与修改主要使用工具箱中的各种工具，其中 T 为创建水平字幕工具，IT 为创建垂直字幕工具，选中该工具在需要输入文字的位置单击鼠标左键，即可开始文字输入。使用这两种工具创建字幕时，默认的情况下，当文本到达安全区域边界时不会自动换行。选择“Title/Word Wrap”命令，将 Word Wrap 设为 On 状态，文本到达边界时自动换行。

为水平段落字幕工具，为垂直段落字幕工具，也称为文本框工具。在图文编辑区按下鼠标不放，拖动一个区域（文本框），在区域内键入文字。用水平段落字幕工具定义出的文本框，字幕在区域内水平向右延伸，当到达右边界时，自动跳转到下一行的左边界继续，直到选区内填满文字。垂直段落字幕工具则创建竖直行文的文本框，垂直段落字幕排列方向从右至左。

为水平路径文字工具，为垂直路径文字工具。选择路径文字工具，在工作区域中创建路径，单击可以创建折点，拖拽可以创建平滑曲线，随后输入的文字将沿路径排列。在输入文字后，使用相应工具修改路径，文字将沿修改后的路径排列。

（2）文字的属性与风格设置

在属性设置区域中共有五项，如图 9-4 所示：变形（Transform）、属性（Properties）、填充（Fill）、描边（Strokes）和阴影（Shadow）。

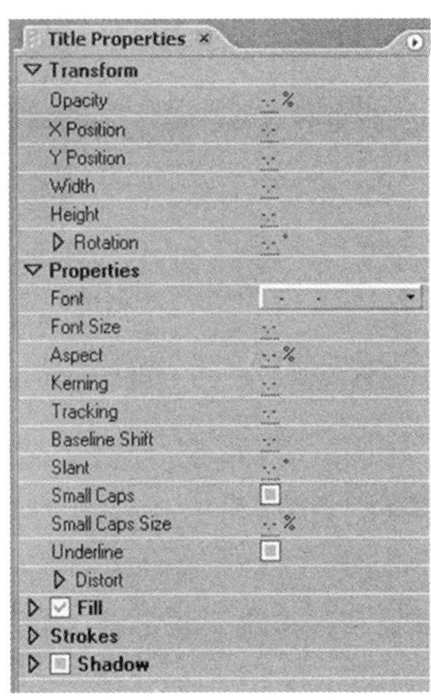

图 9-4　属性设置面板

变形（Transform）选项包括透明度（Opacity）、X 轴坐标（X position）、Y 轴坐标（Y position）、宽度（Width）、高度（Height）和旋转（Rotation）。通过上述参数的设置，可以改变文字的位置、大小和方向（角度）。

Properties（属性）选项包括字体（Font）、字号（Font Size）、比例（Aspect）、行距（Leading）、字间距（Kerning）、轨迹扩张（Tracking）、基线移动（Baseline Shift）、倾斜（Slant）、大写显示（Small Caps）、大写文字缩放比例（Small Caps Size）、下划线（Underline）和扭曲（Distort）等设置。

Fill（填充）选项中包括填充（Fill）、辉光（Sheen）和纹理（Texture）三大部分及相应的子选项，在应用填充前，需要先选中填充前面的选择框（默认为选中），否则文字（与图形）为透明效果，无法看到。

Strokes（描边）选项是以某种填充方式为对象（文字或图形）建立边缘效果。以对象边际为界限分为内描边（Inner Strokes）与外描边（Outer Strokes）两大类，每类中有立体化（Depth）、轮廓线（Edge）和投影（Drop Face）三种描边方式。

Shadow（阴影）选项可以为对象添加阴影效果以增强空间感觉。阴影设置包括设置阴影颜色（Color）、阴影透明度（Opacity）、阴影角度（Angle）、阴影距离（Distance）和阴影发散程度（Spread）。

4. 动态字幕与字幕特效

滚动字幕是 Title Designer 比较实用的一个功能，它可以和专业字幕机一样创建向上滚动或水平游动的字幕动画，这在设计片尾字幕时极其方便。在创建滚动字幕前，单击 Title Designer 主界面的 Roll/ Crawl Options 按钮，选择字幕类型，Roll 是向上滚动字幕，Crawl 是水平游动字幕，右侧是水平游动的方向。在 Timing（Frames）一栏，是字幕入画与出画的参数设置区域，其单位以帧来计算。如图 9-5 所示，字幕从屏幕下方向上进入画面，滚动至字幕的结尾处，动画冻结 50 帧（2 秒）。

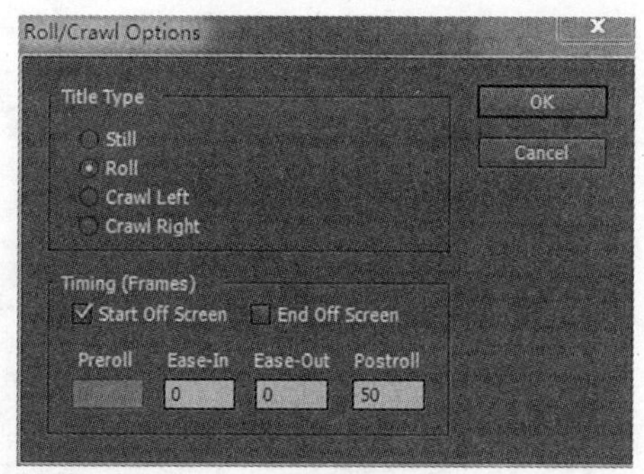

图 9-5　滚动字幕设置窗口

对于结尾字幕，可能有不同的段落和不同的对齐方式，在 Title Designer 中可以通过制表符的设置来解决。如果默认的动画播放速度不能满足用户的需要，那么直接在 Premiere 时间线上延长或缩短该字幕动画的长度就可以延缓或加速字幕的动画速度了。

9.2.2　其他主要字幕工具

不同类型的影片以及影片不同段落的字幕，可以采用不同的工具来实现。

1. 三维字幕

影视字幕中，气势磅礴的片头字幕离不开三维软件的参与，我们最为熟悉的莫过于

3dsMax 和 Maya 了，而 Softimage 的 XSI 是与它们同样超强的 3D 动画工具，在国际间享有盛名，在动画领域可以说是无人不知，中央台以及各地方电视台的频道包装、电视广告里，到处是它们的身影。虽然这些工具制作的字幕有震撼效果，但在追求品质与效益的今天，使用一些小型软件也能起到异曲同工的作用，Cool3D 就是其中著名的一款工具。

Cool3D 是友立公司专业的视频字幕和图片编辑软件，全称是 Ulead Cool3D Studio，它可以制作专业的动画和三维字幕，显著的优点是占用计算机资源少、渲染动画速度快。由于 Cool3D 操作简便，没有计算机基础的人都可以直接上手使用。

2. Photoshop 制作字幕

由于 Premiere 和 Photoshop 都是 Adobe 公司开发的软件，因此两者兼容性极强，在 Photoshop 中使用图层技术创建的文字，可以无缝运用到 Premiere 中。对于影片解说词的制作，Photoshop 是比较理想的工具，具体方法如下：

步骤 1：新建文档。根据 Premiere 中的项目设置进行文件预设，如 DV-PAL，在新建文档时，“预设”设置“胶片和视频”，“大小”选择“PALD1/DV”，如图 9-6 所示。

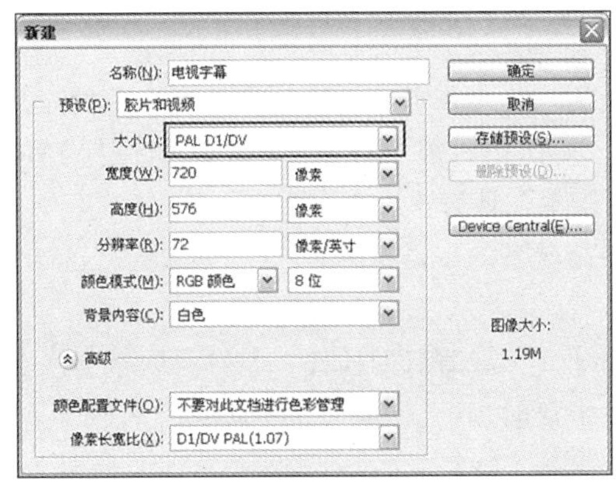

图 9-6

步骤 2：新建的空白文档已经有默认的视频和文字的安全区参考线，文字最好放在内侧的文字安全框里，也可以取一图作为背景，并自定义参考线制作字幕安全区，如图 9-7 所示。

图 9-7　字幕安全区

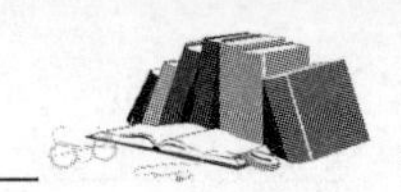

步骤3：打开解说词电子文档，拷贝第一句解说词，切换至Photoshop程序，选择文字工具，在底部文字参考线上方位置单击后粘贴，调整位置及大小即可。解说词字幕字体较小，单色文字容易造成色渗透，需要描边，可通过图层样式来实现。接着将此图层复制形成副本层，用第二句解说词来替换副本层的文本，依此类推，我们所做的工作就是“复制”和“粘贴”。一个场景或章节的解说词用一个PSD文件就可以实现了。

步骤4：在Premiere中以文件夹形式导入刚才完成的PSD文件，此时，在项目窗口就可以看到以该文件名命名的一个文件夹。将文件夹打开，所有的层就按照顺序排列在了根目录下，我们依次将这些层文件拖至时间线的视频轨即可。

3. 字幕插件

Premiere的字幕插件也有很多，近几年在我国比较有影响的应该是KBuilder和Title Motion。

(1) KBuilder字幕

KBuilder多媒体字幕工具是一款国产软件，20世纪80年代末由湖南益阳的一位电教工作者开发而成，被称为小灰熊字幕，官方网址为www.xmsdev.com，主要定位在卡拉OK字幕的制作上。

KBuilder使用极其简便，是制作卡拉OK同步变色字幕的理想工具，安装后可使Premiere支持卡拉OK字幕，是国内电视节目制作者常用的一款Premiere插件。它用最简单的办法建立卡拉OK歌曲脚本，该脚本文件可以在Premiere中作为素材直接使用，并且自带Alpha通道，能生成较高质量的字幕视频。

(2) Title Motion

Title Motion是Premiere一款著名的插件，其自身附带的专业字幕模版、字体及字幕动画多达上百种，而且都非常时尚、经典，用户只需简单改动其中的文字内容，就可在Premiere中直接输出专业字幕了。

9.3 基础实例

9.3.1 遮罩字幕——满园春色

1. 实例说明

经常可以在电视节目中看到用带有文字轮廓的视频特效，有一种动静结合的效果，使用字幕做遮罩就可以实现这一类效果，如图9-8所示。

2. 实现步骤

步骤1：首先在Adobe Title Designer中使用比较粗的字体写出需要的文字，如图9-9所示。

步骤2：在视频轨道Video1、Video2上分别放置背景素材与效果素材，在Video3上放置字幕，如图9-10所示。

图 9-8　遮罩字幕

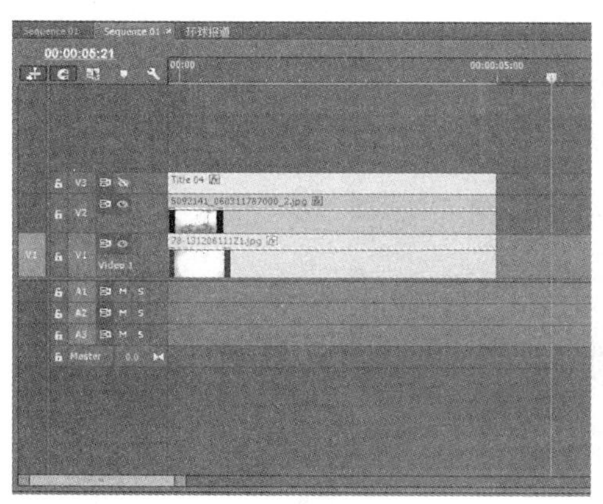

图　9-9

图　9-10

步骤 3：将 Video3 的可视性取消，给 Video2 上的素材添加轨道遮罩滤镜，将遮罩选为 Video3，完成字幕遮罩效果制作。

9.3.2　动态变色字幕

1. 实例说明

我们在卡拉 OK 以及电视广告和影视片头中，经常可以看到一行字幕逐字变色。这种动态变色字幕的制作方法有多种，如使用小灰熊字幕制作动态卡拉 OK 字幕。这里我们使用 Premiere Pro 的字幕设计并结合视频特效来实现这种效果。最终效果如图 9-11 所示。

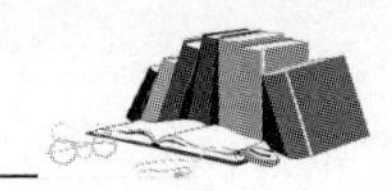

图 9-11　动态变色字幕

2. 实例制作步骤

步骤 1：打开 Premiere Pro CC，新建一个项目文件，命名为“动态变色字幕”。

步骤 2：新建一个字幕，命名为 Title01，其设置如图 9-12 所示。

图 9-12　新建字幕文件

步骤 3：单击字幕设计窗口左上方的，在 Title01 基础上新建一个字幕 Title02，设置如图 9-13 所示。注意：主要是改变文字的颜色，文字的大小和位置保持不变。

图 9-13　输入字幕内容

步骤 4：将刚才制作好的两个字幕分别放置在视频轨道 Video2、Video3 上并对齐，Video1 轨道上放置背景素材。将变色前的字幕放在 Video3 轨道上，变色后的字幕放在 Video2 轨道上，两者次序不能搞错，如图 9-14 所示。

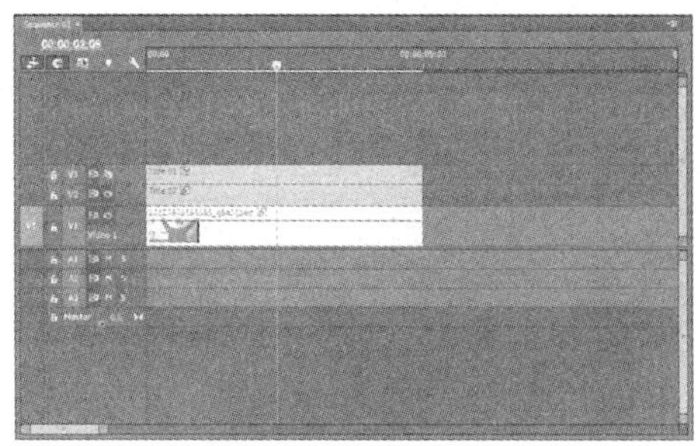

图 9-14　对齐字幕文件

步骤 5：为 Video3 轨道添加“crop”视频特效并进行设置，在字幕的起始位置和结束位置分别增加关键帧并设置参数 0—100，如图 9-15 所示。

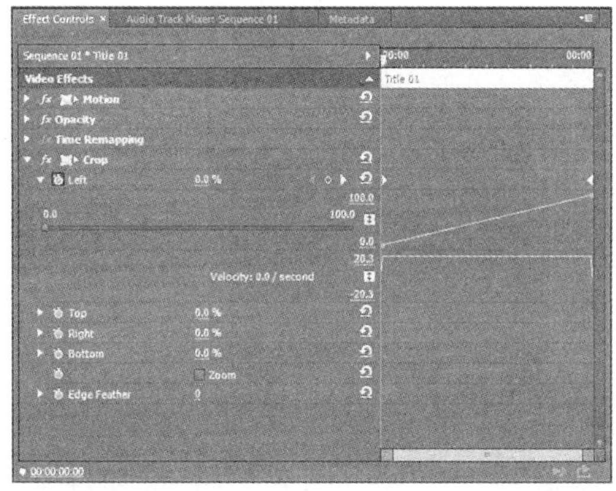

图 9-15　添加“crop”视频特效

步骤 6：至此制作完成，单击播放，就可以看到我们制作的动态变色字幕了。

9.4　拓展提高实例

9.4.1　实例展示——《石湖印象》宣传片片头

本片段主要运用文字这一视觉符号来表现石湖印象，片段部分画面如图 9-16 所示。

图 9-16 《石湖印象》片头字幕片段

9.4.2 设计创意思路

本实例作为石湖景区的宣传片片头，在创意上重点考虑如何突出景区依山傍水、山清水秀、人文荟萃、风光柔美秀丽的特色，从字体、色调以及片头中其他形式的元素的结合和特效形式上做了精心的设计。首先，整个片头的色彩基调确定为绿色，以彰显石湖景区自然山水的特色；其次，片名字幕的字体选用了行楷，在特效形式上采用了经典的淡入效果，呼应景区山水秀美的特点，并通过为片头字幕添加发光效果来强化视觉美感；最后，本实例使用文字的材质贴图，罗列部分景点的图片，使观众可以对石湖景区有个总体认识，紧扣石湖印象的主题。

9.4.3 实现步骤

1. 新建项目工程 9-3. prproj

2. 新建一个颜色蒙板（Color Matte）

使用菜单命令“File | New | Color matte”，或单击项目调板底端的新建按钮，在弹出的菜单中选择“Color Matte”，调出拾色器对话框，在其中设置 R、G、B 三色的值为 0、122、122，单击“OK”按钮，在随后的文件名对话框中输入 ColorBg，单击“OK”按钮，这样就完成了短片背景的制作，如图 9-17 及图 9-18 所示。

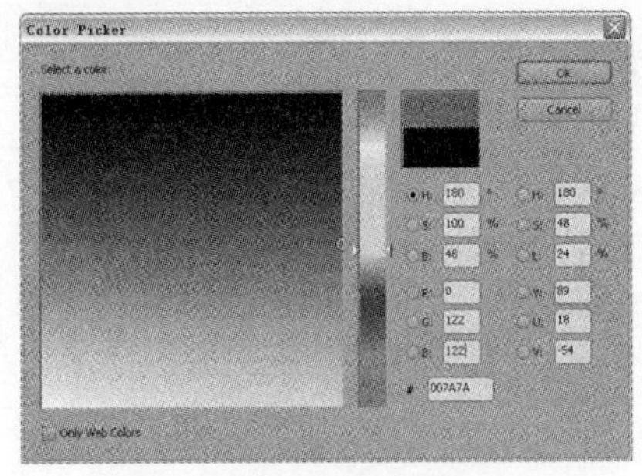

图 9-17 颜色蒙版拾色器设置

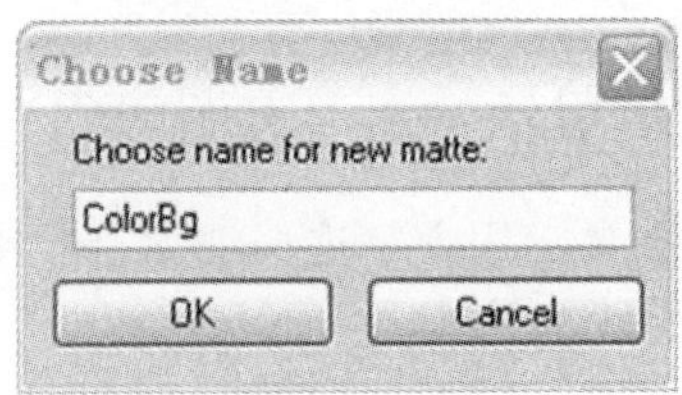

图 9-18 设置颜色蒙版

3. 创建文字素材

步骤 1：使用菜单命令“Title | New Title | Default Still”，新建“matte1”字幕文件，在字幕主窗口输入“上方古山”，属性调板中设置字体以及大小、位置参数，如图 9-19 所示。

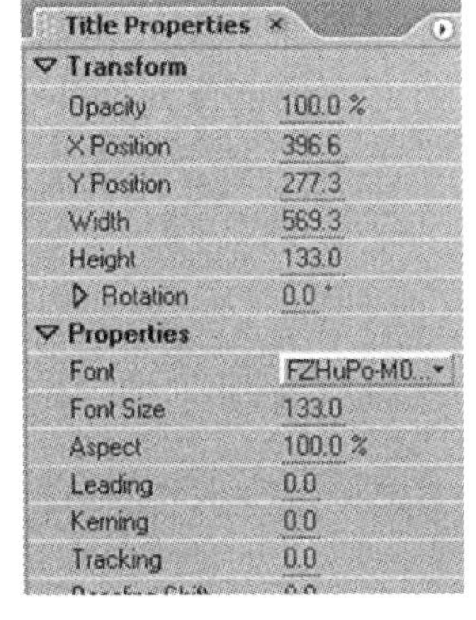

图 9-19　matte1 文字属性设置

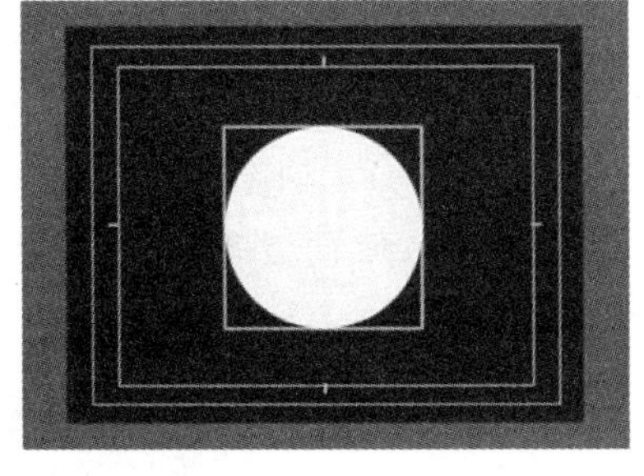

图 9-20　matte2 绘制正圆

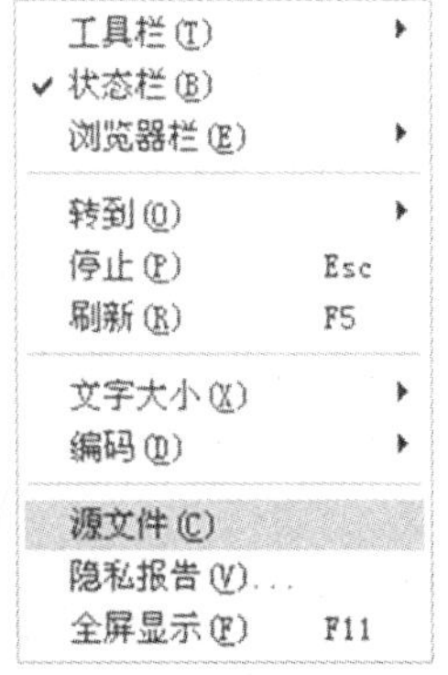

图 9-21　复制网页文件源代码

步骤 2：新建“matte2”字幕文件，在字幕主窗口中，使用工具面板的椭圆钢笔工具绘制一个正圆的图形，如图 9-20 所示。

步骤 3：切换到 IE 浏览器，随机打开一个网页，执行菜单命令“查看 | 源文件”，如图 9-21 所示，在随后展开的记事本中复制一段源代码。

切换回 Premiere 程序，使用菜单命令“Title | New Title | Default Roll”，在主窗口中新建段落文本“Title abc1”，粘贴刚才复制的文本，设置文字属性参数，使其置于左半侧，如图 9-22 所示，关闭 Title Designer 后，在 Premiere 的项目调板中创建该字幕文件的一个副本“Title abc2”，双击 Title abc2 进入编辑状态，将其位置移到右侧，如图 9-23 所示。

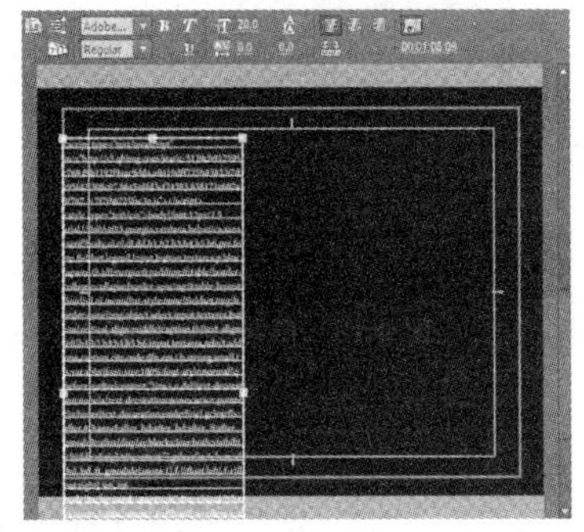

图 9-22　输入段落文本“title abc1”

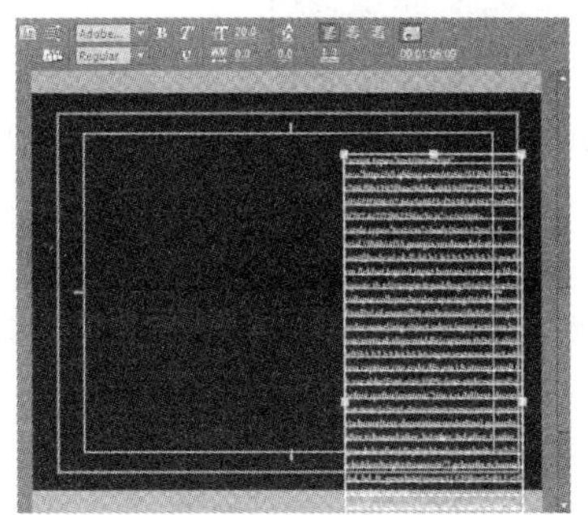

图 9-23　编辑副本“title abc2”

步骤 4：创建六个小图案 Title abc3，如图 9-24 所示。

图 9-24　用 Title Designer 创建的“Title abc3”

六个图案是在 Premiere 的 Title Designer 中实现的。使用菜单命令“Title | New Title | Default Still”，新建“Title abc3”字幕文件，在字幕主窗口左下方先绘制一个正圆的图形，调整其大小，添加材质（Texture），如图 9-25 所示。然后复制五个同样的图形，调整其布局，分别设置材质，并通过 Action 面板调整六个图形的位置，如图 9-26 所示。

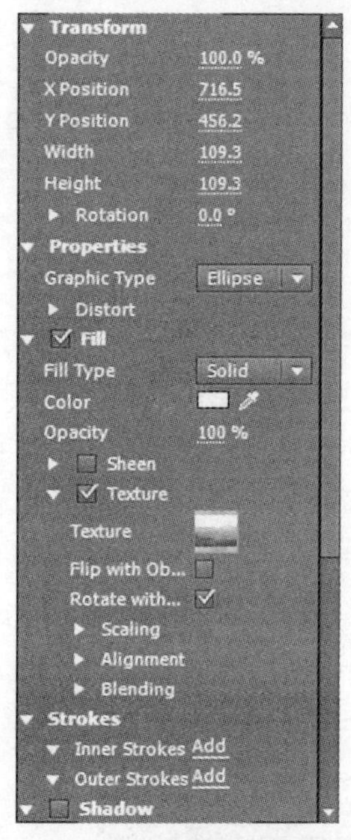

图 9-25　材质设定

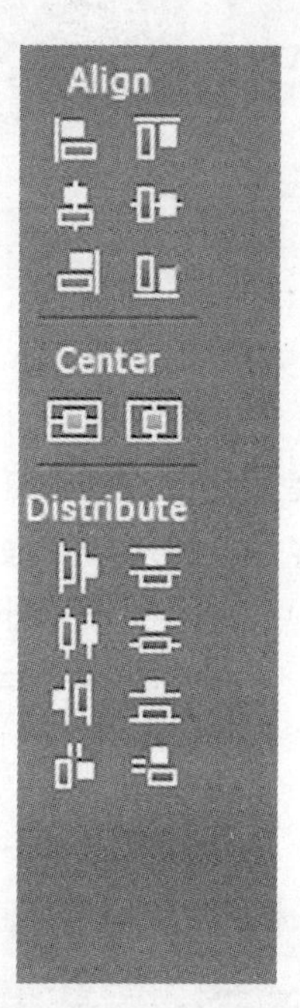

图 9-26　通过 Action 面板调整六个图形的位置

步骤 5：创建片头字幕。“石湖”和“印象”用了不同的草体，颜色和大小也故意作了区分，为使画面有层次感，在属性调板中添加了描边（Strokes）和投影（Shadow）。

4. 导入其他素材

导入本书配套光盘“ch09\石湖印象”中的素材 fs.jpg 和 shihu.png。前者不用做任何调整处理，直接导入就可以使用了；后者是一张远景照片，由于需要透明信息，因此是在 Photoshop 中处理后导入的。

音乐也是不可缺失的，因为它直接决定了短片的节奏和长度。本项目中使用的是一首长度为 10 秒的 011pt010.mp3 音乐（在本书配套光盘“ch09\石湖印象”中可以找到）。

此时，我们的素材准备阶段已经完成了，在 Premiere 的项目调板应该有 10 个素材文件和一个时间线，如图 9-27 所示。

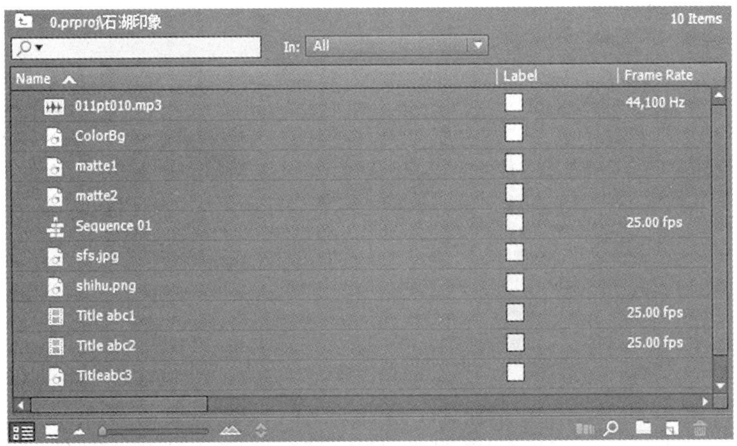

图 9-27　完成素材准备的项目调板

5. 排列素材

根据音乐的节奏和画面的需要，在 Premiere 的时间线上将各素材如图 9-28 所示进行排列。

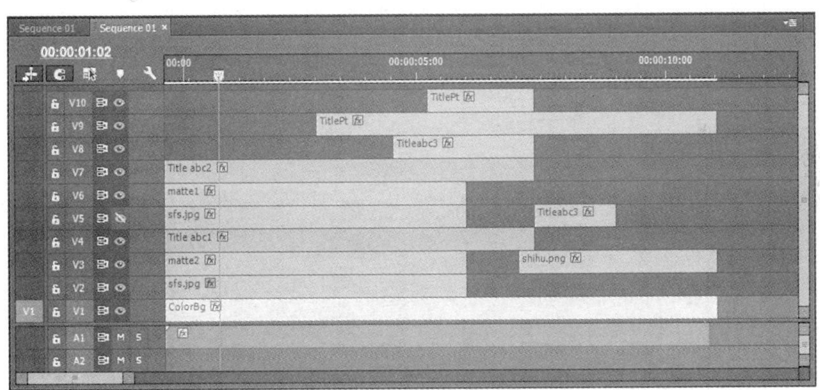

图 9-28　在时间线窗口中排列素材

6. 添加效果

步骤 1：选择 Video2 轨的 sfs. jpg，添加 Video Effects｜ Keying｜ Track Matte Key 以及 Video Effects｜ Image Control｜ Tint 两个特效，具体参数如图 9-29 所示。

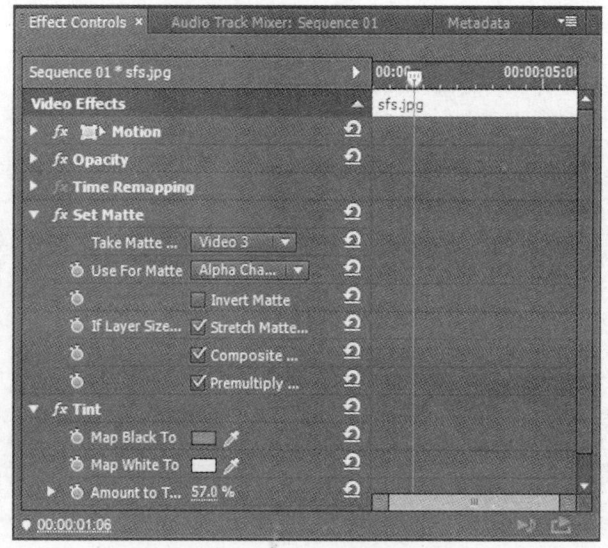

图 9-29　Video2 轨的特效控制调板

Set Matte 特效是控制 sfs. jpg 只显示 Video3 轨的 Alpha 通道部分，Tint 特效是为了去除该图片中的一些杂乱信息，同时给人以烟雨朦胧的感觉。

步骤 2：Video 5 轨可以和 Video2 轨一样处理，Matte 选择 Video6 轨，如图 9-30 所示。

图 9-30　Video 6 轨蒙版特效设置

步骤 3：调整 Video2 上的 sfs. jpg 素材在时间线起始的地方和最后一帧，分别设置 Motion 关键帧，调整位置和大小的参数，如图 9-31 及图 9-32 所示。

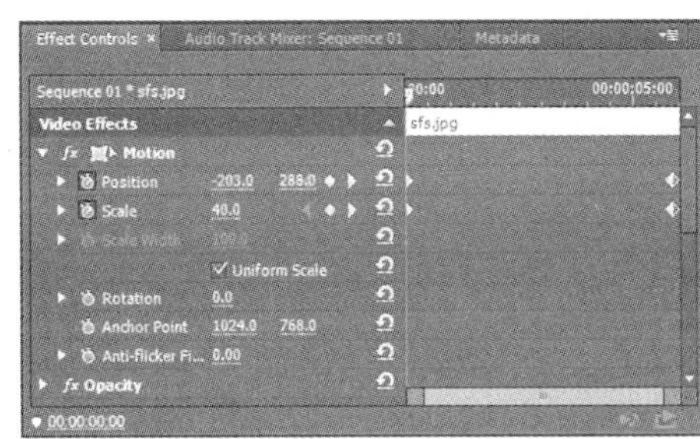

图 9-31　Matte2 起始帧参数设置

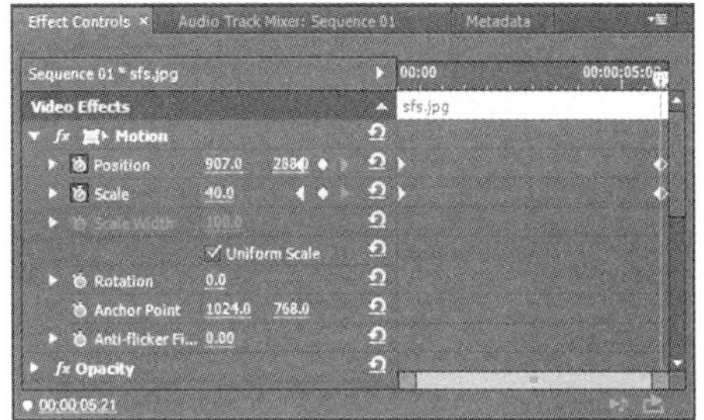

图 9-32　Matte2 末尾帧参数设置

步骤 4：调整 Video5 上的 sfs. jpg 素材在时间线起始的地方和最后一帧，分别设置 Motion 关键帧，调整位置的参数，如图 9-33 及图 9-34 所示。

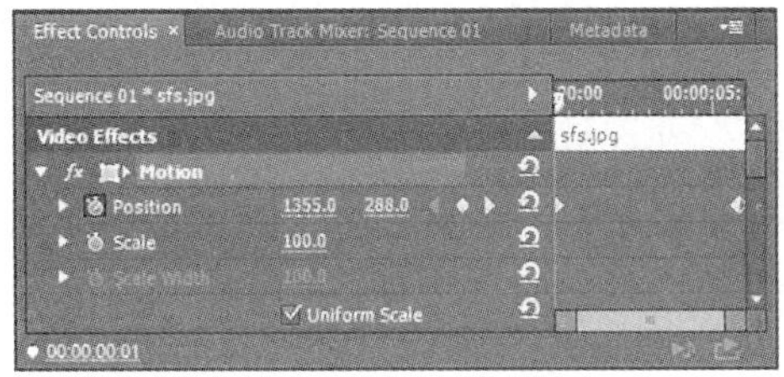

图 9-33　Matte1 起始帧参数设置

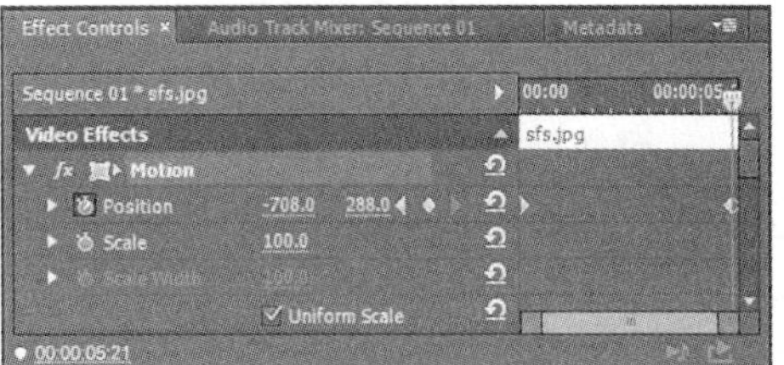

图 9-34　Matte1 末尾帧参数设置

步骤 5：Video4 轨的 Title abc1 和 Video7 轨的 Title abc2 是滚动字幕，Title abc1 添加效果 Video Effects ｜ Transform ｜ Clip，设置 Clip Top 的值为 61。至此，该实例制作完成。

思考题

1. 字幕的传播功能主要有哪些？
2. 字幕设计的基本原则是什么？
3. 字幕的形式设计包括哪几个方面的内容？

实践建议

1. 使用 Adobe Premiere 内置的 Title Designer 创建字幕，具体要求：
   (1) 利用 Title Designer 模板创建字幕。
   (2) 利用 Title Designer 创建滚动字幕。
2. 使用 Adobe Photoshop 制作影片解说词字幕。
3. 结合多种工具，设计并制作片头字幕。

第 10 章

数字视频中的声音

声音作为影视节目中不可或缺的成分，具有增强真实感和连贯性的作用，进一步解放了画面，甚至使沉默和省略都成为一种表现手段，因而在一个完整的视频作品中声音的效果是至关重要的。本章主要介绍了数字视频中声音的主要类型及其剪辑要领，以及如何使用 Premiere Pro 软件及其他相关软件处理与剪辑音频素材的方法和技巧。

学习目标

1. 了解数字视频中声音的主要类型及其作用。
2. 理解声音蒙太奇。
3. 掌握声音的剪辑技巧。
4. 掌握 Premiere Pro 中的音频编辑技术。

10.1 声音编辑基础

10.1.1 数字视频中声音的类型

1. 语言

语言是屏幕上的人物在表达思想和情感时所必需的各种声音之一，是数字视频反映社会生活的重要手段之一。语言除了表达逻辑思维、传递各种信息的功能外，还具有表现情绪、性格和气质等形象方面的作用。数字视频中的语言具有以下几种主要的表现形态：

(1) 对话

屏幕上两个或两个以上人物之间的对话称为“对白”，它是语言的主要表现形式。对白是推动剧情发展、塑造人物性格、论证事理和交代说明的重要手段。在刻画人物时，人物对白不仅可以用于表现人物性格，激起外部形体动作，也能展示人物性格成长的历史，以及人物复杂的心态。因此，电视艺术创作者要反复选择、推敲、锤炼人物的语言，从而找到最能显示性格、最符合特定情境、最生动精彩的也是独一无二的人物对白。

(2) 现场采访同期声

现场采访同期声是指拍摄现场中画面上所出现的人物的同步说话声音。由于这种声音发自拍摄现场人物本身，不是编辑记者后期加工制作的，所以属于纯客观声音语言。

在节目传播中，同期声可以发挥声、画的双重功能。

(3) 旁白

旁白是代表剧作者或某个剧中人物对剧情进行介绍或评述的解释性语言。在绝大多数的情节下，它以画外音的形式出现，超然于画面所表现的那个时空之外，直接以观众为交流的对象。它和画面中任何一个人物均无交流关系。

旁白的作用视其在剧中出现的位置不同而不同。旁白在开头的部分，通常是为了使观众能更好地理解即将开始的内容，从而对事件发生的时间、地点和时代背景等作一些简略的交代；旁白若出现在剧情之中，多半是将省略掉的内容作大体介绍，起到承上启下的作用，不使其有中断感；旁白出现在剧终，通常是为了使全剧有一个结束感，并与开头的旁白作结构上的呼应。

运用旁白，要尽可能简洁，不要用它代替画面形象直接去议论剧作的主题。

(4) 解说

解说是对画面内容的解释和说明。它一般出现在新闻、专题片、科教片或教学参考片等作品中，配合画面阐述作品的内容，对画面内容作必要的解释和说明，使观众对它有深刻、正确、全面的理解。

(5) 独白

独白是用语言形式再现人物内心活动的一种方法，它表现为画外音。独白不同于旁白，旁白超然于画面的时空，是一种解释性的语言；而独白发自于画面中某一个角色的内心，是角色思想活动的表现。独白是画面所表现的那个特定时空里发生的语言，不是直接讲给观众听的。

2. 音响

音响也称为效果声，是指除语言声和音乐以外影视片中的所有声音。在实际运用中常分为以下几种：

(1) 自然音响

自然音响是指自然界中非人的行为动作而发出的声音，如山崩海啸、风雨雷电和虎啸狼嚎等。

(2) 动作音响

动作音响是指由人物或动物的动作所产生的音响，如人的脚步声、开关门声、打斗声、叫骂声和动物奔跑等。

(3) 背景音响

背景音响也称为群众杂声，如集市上的叫卖声、集会或运动场上的喊叫声、战场上的冲杀声等。

(4) 机械音响

机械音响是指因机械设备运转而发出的声响，如汽车、轮船和飞机的行驶声以及工厂和矿山机器的轰鸣声、电话铃声、钟表的嘀嗒声等。

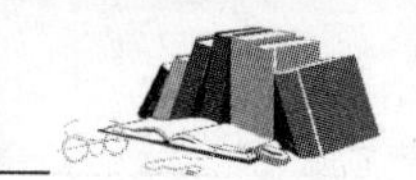

（5）枪炮音响

枪炮音响指使用各种武器弹药所发出的声音，如枪炮声、炸弹爆炸声、子弹飞行呼啸声等。

（6）特殊音响

特殊音响又称为效果音响，是指人为制造的非自然音响或对自然声进行变形处理后的音响，是自然音响的补充。一般而言，使用特殊音响可以弥补自然音响的缺失或者取得与自然音响同样逼真的效果。

3. 音乐

音乐是一种擅长抒情、具有丰富表现力的艺术形式，它是一种时间艺术。在电视片中，音乐可分为两大类：一类是音乐节目，即整体的音乐作品，在这里音乐以画面内声源出现，如 MV 等追求音乐自身的旋律美和节奏美的节目形态；另一类是节目音乐，在节目中音乐以画外音出现，借助音乐形象来表述节目内容、深化主题思想、烘托环境气氛、抒发人物情感、推动情节发展，使节目内容更加生动感人、引人入胜。

根据音乐在电视片中的作用，可分为主题性音乐、背景音乐、环境音乐、生活音乐、抒情性音乐、描绘性音乐和说明性音乐等。音乐是电视艺术的有机组成部分。

音乐的作用主要包括以下几点：

● 概括画面的基本性质，有利于内容的阐述。

● 烘托、渲染特定的背景气氛。用背景音乐可以烘托、渲染作品的情绪和气氛，或紧张热烈，或欢快轻松，或沉闷压抑。

● 有助于形成节奏。

● 描绘富有动作性的事物或情景。

10.1.2 声音蒙太奇

声音蒙太奇也属于蒙太奇手法的一种，是以声音的最小可分段落为时空单位，在画面蒙太奇的基础上进行声音与画面、声音与声音之间的各种形式和关系的有机组合。

1. 声音与画面的关系

人们在影视节目的声音与画面的关系上进行了许多创作，力图使声音的形象更加鲜明、完整，与画面高度统一。一般按影视中声源的视觉形象和它所发出的声音之间的关系可分为三种，即声画合一、声画分立和声画对位。

（1）声画合一

声画合一是最简单、最常见的声画结合形式，即画面中出现的人和物就是声音的发音体，或者声音就是在具体说明画面中的事物情景，镜头中的视觉形象和它所发出的声音同时呈现并同时消失。声画合一时的声音完全依附于画面形象，为写实音。

这种声画合一的组合方式能加强传播内容的真实感、可信度、完整性和重要性，因此在新闻类节目中较多采用。在剧情类节目中，声画合一的组合方式用来表现主要内容和情节，以引起观众注意、加深印象。声画合一的组合方式是声音和画面的初级组合方式，也是基本组合方式。

（2）声画分立

声画分立是指镜头画面中视觉形象和它发出的声音互相离异的声画有机结合形式。也就是说声音来自画面之外，以“画外音”的形式出现，观众在这个镜头里听到的声音信息并非来自看到的影像信息，观众必须对两种信息进行加工，才能完成正确的接受。在视频节目中，若一切声音与画面机械一致会降低作品的信息量及其艺术感染力，而采取声画分立的方法，不但可以增加作品的信息量，同时在总体情感、情绪上又有一种相互映照的关系。下面这则新闻就是声话分立的一个典型实例。

东方卫视 2005 年 12 月 15 日报道了一则消息《贵州在建桥梁垮塌 5 人死亡 15 人受伤》：

【主持人】下面，我们再来看一起突发事件。昨天（12 月 14 日）凌晨 5 点半左右，贵州一座正在施工中的大桥突然垮塌，当场造成至少 3 人死亡，1 人失踪，还有 1 人被卡在钢管架里，情况十分危险。（导语）

（事故现场的镜头）

【解说】事故发生后，大批救援人员在第一时间赶到现场，很快，他们发现带来的装备没法使用。

（贵阳市消防特勤大队阎明勇在现场接受采访）

【同期声】塌方面积比较大，再一个桥面塌方的水泥板比较重。

【解说】救援人员发现，被卡在钢管架中的人很可能已经死亡，但他们依然没有放弃救援。

（在抢救现场，记者采访阎明勇，阎明勇的身后是抢救人员正在进行紧张的抢救活动中）

【同期声】我们要尽我们的力量把他救出来，这个人救出来后，再用我们的音频和视频装备对其他人员进行搜索。

【解说】坍塌的小尖山大桥是贵阳市到开阳县高等级公路上的一座桥梁，今年 1 月开建。大桥长 155 米，桥墩高 47 米。受伤人员说，大桥坍塌时没有一点预兆。

（在医院，受伤工人黄启黔头部扎着绷带躺在床上接受记者的采访，黄启黔告诉记者有关情况）

【同期声】我当时正在桥面上对桥栏杆进行施工，突然觉得往下一落，我就伸头一看，桥面从零号台一齐往下掉。

【解说】目前，事故死亡人数已经上升到 5 人，另有 15 名伤员还在医院抢救，事故原因正在调查中。新华社记者报道。（完）

声音对画面起到了解释说明的作用，它交代了事件发生的时间、地点、人物等背景，同时，画面还对声音（解说）作了相应的补充和说明，这则短短的消息中就出现了大量的画面，出现了桥梁垮塌后的镜头，有钢筋、混凝土、桥墩，这些镜头体现出了这则消息的真实性和现场性。还运用了现场同期声，如交警的说话和受伤人员的同期声。事件已经发生，桥梁垮塌瞬间无法拍摄，无法记录，只有运用了这些同期声才能对事件发生现场进行补充说明，用画面对事实进行佐证，这样既不会丧失新闻的真实性，又能再现新闻现场。

在这个例子中，声音与画面的关系是各自独立、互相补充、若即若离。在声画分立之时，声音一般不会来自画面之中，而以“画外音”形式出现，但在总体情感、情绪上又有一种相互映照的关系。

(3) 声画对位

声画对位是指镜头画面中视觉形象和声音分别表达内容，二者按照各自的规律去发展，从不同的方面说明同一涵义的声画结构形式。这种形式强调声音与画面的独立性和相互作用关系，通过观众的联想，达到对比、象征和比喻等对列效果，产生某种声画自身原

本所不具备的新的寓意，拓展了作品的信息量，增加了作品的艺术感染力。

例如：在影片《苦恼人的笑》中，下面这个片段就采用了声画对位的形式将原本各不相干的声音和画面有机地结合起来，从而产生了单是画面或单是声音所不能完成的整体效果。

画面	声音
一张张的报纸雪片般地从印刷机中飞出来。	傅彬给女儿讲《狼来了》的故事的声音。
报亭中的报纸无人问津，秋风席卷着零乱的报纸。	故事讲到放羊娃数次撒谎后自食其果的尾声。

在这个例子中，报社记者傅彬教育女儿别撒谎时，画面出现的是报纸印刷的情景，声音却是讲《狼来了》的故事声音，这时声画是各自独立的；讲到孩子撒谎自食其果时，画面出现了报纸无人问津的情景，这里声画又有机地结合，从“声画分立”过渡到“声画对位”突出了诚实与谎言的对立，无情地揭露和嘲讽了十年动乱时期谎言弥天的真实历史。

2. 声音与声音的关系

除声画之间的三种关系外，声音往往不只是一种，而是多个声源的声音与画面交织在一起后表达主题思想，从而构成多层次的声音空间，所以声音和声音之间的关系与配合也属于声音蒙太奇范围。声音与声音的关系有以下几种：

● 声音的互相补充是多种声音混合应用中最广泛和最简单的方式。当一种声音的表现力或感染力较弱时，要增加一种或多种声音来共同表现或说明一个问题，以补充声音力量的不足。其实现实生活中声音本来就是复杂和多样的。

● 声音互相替换也是各种声音混合应用的方式。当某种声音不能增加，甚至可能会限制画面表现力的时候，可以用其他类别的声音来代替。例如：可以用音响效果声替换人声来表现人物内心活动等。

● 声音互相对列是各种声音混合应用的又一种方式。与镜头的对列、声画对位相似，将一些可能造成对比并有一定含义的声音加以并列组合，其效果有时比画面形象的对比更为强烈，声音间的对列发展是很有效的表现方法。

10.1.3 声音的剪辑

1. 对白的剪辑

(1) 平行剪辑

平行剪辑是指对话声与画面同时出现、同时切换（如图 10-1 所示）。其特点是比较平稳、严肃、庄重，它能具体地表现人物在规定情境中所要完成的中心任务。

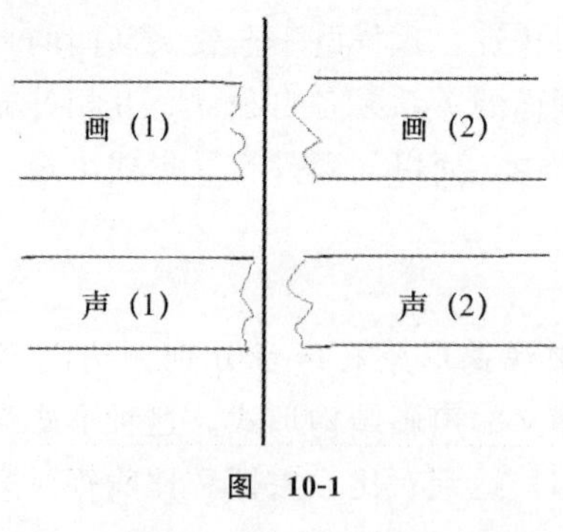

图 10-1

(2) 交错剪辑

交错剪辑是指对话声与画面不同时切换，是交错地切出和切入。它有两种具体的剪接方法：

1）声音滞后

上个镜头画面切出后，声音拖到下个镜头的画面上；当上个镜头的声音结束之后，下个镜头的声音维持与该镜头在口形、动作、情绪上的吻合。如图 10-2 所示。

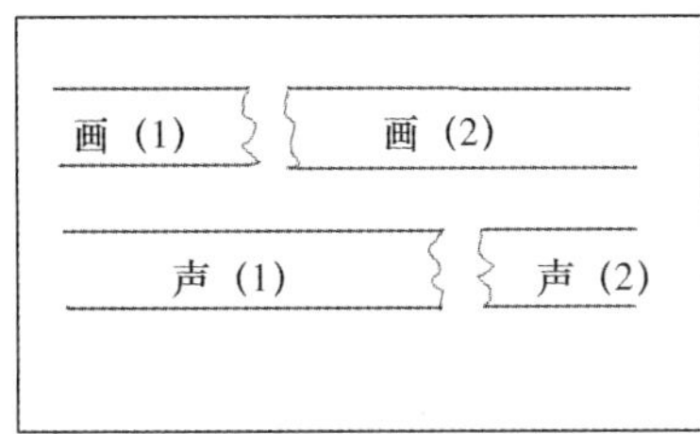

图 10-2　声音滞后示意图

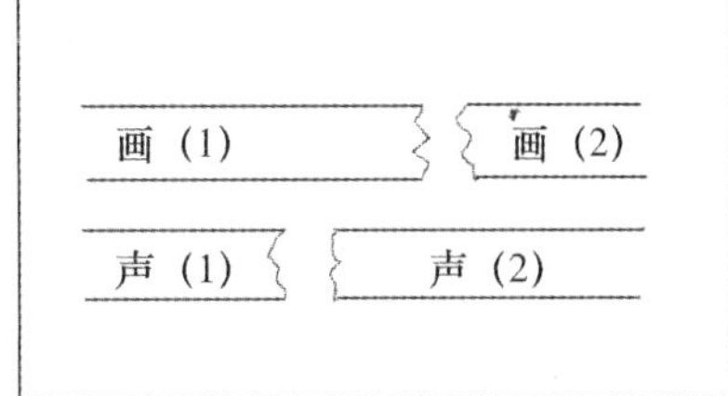

图 10-3　声音导前示意图

2）声音导前

上个镜头的声音切出后，画面内的人物表情动作仍在继续，而将下个镜头的声音超前到上个镜头中去。这样剪接的效果是先闻其声，后见其人，声音的开始部分叠在前一个画面上，讲几句话再出现其人，不会使观众感到突然。如图 10-3 所示。

2. 现场采访同期声的剪辑

根据采访者和被摄对象关系的不同，采访同期声可以分为三种。

(1) 采访同期声的形态

1）主动型

即以采访者或主持人身份出现的人物讲话声，如电视新闻现场报道开头，记者手拿传声器，面向摄像机叙说开场白（即导语），用来讲述事实或发表议论。

2）被动型

即被采访者或被拍摄者的语言，用来讲观点、释疑问，使被采访者面对观众有直接的交流感。这种讲话要根据内容发展的需要，有选择地截取使用。在编辑中，往往去除采访者的主动提问，直接将同期声讲话插入到解说词中。

3）交流型

即采访者和被采访者，组织者和被组织者之间一问一答式的语言，或一群人的讨论声音，相当于专题或纪录片中的对白，它有较真实、较活跃的现场气氛。这种方式在访谈或谈话节目中大量运用。例如：央视的《实话实说》《面对面》和凤凰卫视的《铿锵三人行》中的同期声都属于这一类型。

(2) 采访同期声的编辑要求

1）内容精练

人物同期声首先应该言之有物，无论是专家学者、政府官员，还是普通百姓，所有采访都要能表达一定的内容，或讲述事实，或亲切交谈，或表达观点，或激情高歌，关键是恰到好处，言之成理。

2）衔接顺畅

同期声编辑中的第二个要求是画面的流畅表达。对同期声画面处理的场合有几种：其一，对冗余信息进行删减，如果上下镜头为同机位、同景别，则可在衔接处用插入镜头加以组接；其二，对一些较长段落的又有价值的采访镜头进行信息的补充和强化说明，如将采访者提及或介绍的相关画面以“声画对位”的切出方式组合。

3. 音乐的剪辑

按照音乐的配制方式，音乐在数字视频中的出现形态有以下几种：

(1) 整体式

整体式是指整个电视节目从头到尾都配上音乐。这种方式出现有两种情况：一是纯粹的、以音乐为主的电视节目，如音乐电视；另一种是时间较短的作品，如专题节目或者广告片等。有时可以在一个作品中以一种音乐内容为主，如上海申办世博会的宣传片全片以江南民乐《茉莉花》旋律贯穿始终，分别使用评弹、交响乐和摇滚乐等形式出现，使空气中仿佛都散发着茉莉花那股清新又浓郁的芳香，让人看后心潮澎湃。

(2) 分段式

分段式是指在电视片的某一段落或几段里配上音乐，而不是贯穿全片。这种方式是影视作品中最常见的形式，尤其是影视剧类作品，音乐往往会在不同的场景中以不同的内容或者形式呈现。通常，一部电视剧会有一个主题曲，也会有不同的插曲，还会有许多变奏的处理。电视连续剧《大宅门》里大量运用京胡及琵琶的重复变奏，把观众带进一个特定的历史环境中，形成一条贯穿全剧的情感链，对全剧的戏剧结构和剧情发展起到了起承转合、推波助澜的作用。

(3) 零星式

零星式是指在某几个镜头上，或一个镜头的某一画面上配点音乐，对画面起强调、烘托作用。有时在镜头或段落之间配点音乐，对画面起衔接作用；有时在片头、片尾的画面上配点音乐，表示全片的开始或结束，引起观众的注意。

(4) 综合式

一部作品配不配音乐，怎样配，没有具体的规定，主要依据作品的样式和主题内容来确立。根据表达的需要，可以不配，可以分段式地配置，也可以零星式地配置，以加以点缀。

4. 音响的剪辑

音响的运用可以分为写实运用和写意运用两种，即声画合一和声画对位。具体来说有以下几种剪辑方法：

(1) 同步法

同步法是指音响与画面发声物的响声同时出现和同时消失，主要是指现场效果音响，包括画面中一切发声体所发出的音响。新闻节目和纪录片中大量运用实况录音效果，但在其他片种中，还需要从音响资料效果库中挑选。在选取和运用音响素材时，应力求做到与画面配合真实。

(2) 交替法

如果相连两个镜头中的形象都发出声音，而每个镜头所配合的声音又都比画面长，则这时可以利用多声道交替混合，一方面将前一个镜头的效果声延续到后一个镜头，另一方面在后一个镜头中同时开始该镜头本身的效果声，形成一种混响效果。

(3) 延伸法

将前一个镜头的效果向后一个镜头延长，可以保证效果声的尾音完整，使前一个镜头画面所表现的情绪或气氛不致因镜头的转换而中断，并能连贯、充分地发挥出来。例如：前一个镜头表现听众热烈的掌声，后一个镜头是演讲者走上讲台。在后一个镜头的画面上，虽然没有鼓掌的人，鼓掌声却往往延续下去，这样可以将鼓掌的情绪充分地发挥出来，同时也能更符合现实的情况。

(4) 预示法

这种方法可以使后一个镜头的效果声在前一个镜头画面中开始，可以给观众带来对后一个镜头画面内容的预感，引起观众对将要出现的画面形象的注意。例如：在机场迎接贵宾，前一个镜头表现机场上等待的人群抬头向天空观望，后一个镜头表现空中飞行降落的飞机。将配合后一个镜头的飞机声向前推进，使它由等待迎接的人群画面开始，预示性地明确告诉观众，这些群众所看见的不是别的，而是他们等待的飞机。

(5) 渲染法

有时在一系列画面上，其主体本身根本不发出声音，或者即使发出声音，它们也是无足轻重的，不能加强主题的表现。这时，音响的运用不必局限于画面所呈现的形象，而可以根据内容加强画面本身的表现力，也能使画面产生创造性的含义。例如：表现一个人烦躁不安，可以配上室外大街上车水马龙的喧闹声；表现清晨户外的画面，可以配上小鸟的鸣叫声等，以加强画面效果。

10.2　数字视频录音制作设备与技术

工欲善其事，必先利其器。我们了解了数字视频中声音的构成和作用，以及声音编辑的要点和方法后，在正式进入声音编辑工作之前，还需要对录音设备进行必要的认识和掌握。离开了这些设备，我们的后期声音编辑也就无从谈起。专业的录音制作设备主要包括话筒、调音台和数字录音机。

10.2.1　传声器

传声器俗称话筒、麦克风，是将声信号转换成音频电信号的装置。传声器是拾音的关键器件。

1. 传声器的性能指标

传声器的性能指标是评价传声器质量好坏的客观参数，也是选用传声器的依据。传声器的性能指标主要有以下几项：

(1) 灵敏度

灵敏度是指传声器在一定强度的声音作用下输出电信号的大小。灵敏度高，表示传声器的声电转换效率高，对微弱的声音信号反应灵敏。技术上常用在 0.1Pa [1μbar（微巴）] 声压作用下传声器能输出多高的电压来表示灵敏度。习惯上也常用分贝来表示传声器的灵敏度。

传声器在不同频率的声波作用下的灵敏度是不同的。一般以中音频的灵敏度为基准，把灵敏度下降为某一规定值的频率范围称为传声器的频率特性。频率特性范围宽，表示该传声器对较宽频带的声音都有较高的灵敏度，扩音效果就好。理想的传声器频率特性应为20Hz～20kHz。

（2）输出阻抗

传声器的输出阻抗是指传声器的两根输出线之间在1kHz（即1千赫兹）时的阻抗，有低阻抗（如50Ω、150Ω、200Ω、250Ω和600Ω等）和高阻抗（如10kΩ、20kΩ和50kΩ）两种。

（3）动态范围

传声器的动态范围是指传声器在可以允许失真限度内，能够传输有用音量的范围。可以用传声器的最大声压级与最小声压级的差值，或传声器的最大声压级表示其动态范围。超近距离拾音时，要选用宽动态范围的传声器。

（4）频率响应

频率响应是表征传声器对不同频率声波的灵敏度。高频时，声波振动速度快，传声器膜片振动难于同步，使高频输出少、响应差；低频时，声波振动速度慢，传声器膜片不易受振，较难产生有效输出，低频响应不好；传声器的中频响应一般较好。

传声器的理想频率响应曲线要较为平坦，使人耳能听到从20Hz～20kHz的声音。人物说话以中频为主，录制语言要选用中频响应好的传声器；音乐与效果声的频率比较宽，录制音响要选用高、中、低频响应均好的传声器。

（5）方向性

方向性表示传声器的灵敏度随声波入射方向变化而变化的特性。例如：单方向性表示只对某一方向来的声波反应灵敏，而对其他方向来的声波则基本无反应或输出；无方向性表示对各个方向来的相同声压的声波都能有近似相同的输出。

2. 传声器的分类

按照结构的不同，传声器可以分为动圈式传声器、电容式传声器、压电式传声器和半导体式传声器等；常用的传声器是动圈式和电容式两种传声器。

根据使用的方式，传声器可以分为有线式和无线式两种。

按接收声波的方向性，传声器可以分为无指向性和有方向性两种，有方向性传声器包括心形指向性、强指向性和双指向性等几种。

（1）动圈式传声器

动圈式传声器是一种最常用的传声器，主要由振动膜、音圈、永久磁铁和升压变压器等组成，如图10-4所示。它的工作原理是当人对着话筒讲话时，膜片就随着声音前后颤动，带动音圈在磁场中做切割磁力线的运动，根据电磁感应原理，在线圈两端就会产生感应音频电动势，从而完成了声电转换。

动圈式传声器的特点是结构简单、稳定可靠、使用方便、固有噪声小，被广泛用于语言录音和扩音系统中。其不足是灵敏度较低、频率范围窄。

图 10-4　动圈式传声器

(2) 电容传声器

电容传声器是靠电容量的变化而工作的，主要由振动膜、极板、电源和负载电阻等组成，如图 10-5 所示。振动膜是一块重量很轻、弹性很强的薄膜，表面经过金属化处理，它与另一极板（振动膜）构成一只电容器。由于它们之间的间隙很小，虽然振动面积不大，但仍可以获得一定的电容量。它的工作原理是当膜片受到声波的压力并随着压力的大小和频率的不同而振动时，膜片与极板之间的电容量就发生变化。与此同时，极板上的电荷随之变化，从而使电路中的电流也相应地变化，负载电阻上也就有相应的电压输出，从而实现了声电转换。

电容传声器的频率范围宽、灵敏度高、失真小、音质好，但结构复杂、成本高，多用于高质量的广播、录音、扩音中。

图 10-5　电容传声器

(3) 无线传声器

无线传声器实际上是一种小型的扩声系统，由一台微型发射机组成。发射器又由微型驻极体电容式传声器、发送电路、天线和电池仓等部分组成，如图 10-6 所示。无线传声器采用了调频方式调制信号，调制后的信号经传声器的短天线发射出去，其发射频率的范围按国家规定为 100～110MHz，每隔 2MHz 为一个频道，避免互相干扰。

无线传声器体积小、使用方便、音质良好，话筒与扩音机间无连线，移动自如，且发射功率小，因此在教室、舞台、电视摄制方面得到了广泛的应用。除了使用专用调频接收器，一般的调频收音机只要使其调谐频率调整在无线传声器发射的频率上，同样能收听到无线传声器发出的声音。

图 10-6　无线传声器

10.2.2　声音的调整处理技术

1. 调音台

调音台是录音、放音、扩音的重要音响设备，利用调音台对来自话筒或其他信号源设备的声音信号进行技术加工和艺术处理，然后馈送给录音机或其他扩音设备。实际上，调音台是多路的前置放大器和信号处理设备的有机结合，被誉为音响系统的“心脏”，如图10-7 所示。

图 10-7　调音台

调音台的种类较多，但无论何种类型的调音台，其基本功能主要包括以下几个方面：

(1) 放大

从话筒、卡座、CD 机等信号源送来的信号，电平很小，必须经过放大，在放大过程中又必须调节、平衡，最后送达录音机或经功放送到扬声器输出。

(2) 混合

四路、八路或几十路的节目源信号，可能同时输入到调音台来，进行技术上的加工和艺术上的处理，然后混合成一路（单声道）或两路或四路立体声输入，这是调音台最基本的功能，所以它也称为混音台。

(3) 分配

声频信号输入调音台后，不单纯放大为主输出信号，其中，为了各种需要，还要将信号分配给多个电路或设备，如辅助输出（AUX OUT）、录音输出（REC OUT）、监听输出（MON OUT）、监听或独听输出（CUE、SOLO、PEL）等。

（4）音量控制

调音台的音量控制通常用推拉式电位器，称为衰减器（Fader），包括各输入单元的“通道衰减器”和总回路的“主衰减器”。

（5）均衡（EQ）

均衡即高、低音调节。调音台依档次不同而设有两段、三段至七段均衡器，同时又分为通道均衡器和主均衡器等。

（6）声像方位（PAN）

两路或四路主输出的调音台都设有“声像方位电位器”，它用于拾取、录制立体声节目，按照声源方位或乐曲艺术的要求而分配“声像方位”。

（7）监听或检测

一般调音台都设置耳机插孔，用耳机来监听，或外接监听功放，用扬声器监听，台面通常还设有指针式音量表或发光管式音量表，以便协同听觉的监听，以视觉对电平信号进行监测。

2．声音调整处理

（1）音量调整

音量调整也即调整录音信号的大小，通过调整声源的电平，实现不同节目内容对声音素材音量的要求。音量电平的控制是声音调整中的主要内容。

（2）音色调整

音调调整也称为音色调整、音质调整。在声音信号的传输过程中，其原有本色和特性会受到破坏。音调调整即通过频响电路，改变其频率特性，从而产生某些特殊效果。

（3）混响调整

声波碰到壁面会产生反射，从而形成直达声和多个反射声的混合声，即混响声。混响效果是可以控制的。混响调整由混响系统来实现，混响系统利用外部条件来改变声音效果。

10.2.3　录音技术

1．录音设备

数字录音机是比较重要的录音设备。其对信号的处理及存储是以数字形式进行的，其磁带所记录的格式分为 DASH、DAT、ADAT 及 Hi8 等多种记录格式。目前使用比较广泛的是 DASH 和 DAT 格式录音机。

（1）DASH 格式数字录音机

DASH 格式数字录音机和目前普通盒式模拟录音机一样，采用固定磁头，磁带在磁头上运动，其机械传动结构也和普通盒式录音机类似，但要比模拟式录音机精密。

（2）DAT 格式数字录音机

DAT 格式数字录音机采用脉冲编码调制，利用模数转换器将模拟信号转换为数字信号后，将“0”与“1”两种状态的电码通过磁带记录下来。DAT 格式数字录音机分为固定磁头数字录音机（S-DAT）和旋转磁头数字录音机（R-DAT），其中以旋转磁头数字录音机最为常见。图 10-8 所示的就是一台 DAT 格式的数字录音机。

图 10-8 DAT 格式数字录音机

2. 录音方法

(1) 单传声器录音法

单传声器录音法是用一个普通传声器或立体声传声器进行录音。常用单传声器拾取个体声源，如录制讲课、解说、独唱和独奏等音响。用这种方法录音时，根据不同的现场与厅室，按照造型艺术与拾音技术，确定传声器是否进入镜头，使用合适的传声器，选择最佳的拾音位置。

单传声器拾取群体声源时，将传声器放置在群体声源的比例平衡处，可以获得生动的深度感与层次感。例如：乐队演奏，传声器一般放置在乐队指挥的后上方。当群体声源的比例平衡不佳时，可对传声器位置进行调整。

(2) 主传声器录音法

主传声器录音法是用一个普通传声器或立体声传声器作为主录传声器，其他传声器作为辅助传声器的录音方法。常用这种方法拾取有主次之分的群体声源，如会议现场，在主席台上放置主录传声器，在观众中间放置辅助传声器。主录传声器的电平要大于而不能等于或小于辅助传声器，因为辅助传声器只是用来弥补个别声源的电平不足。当长混响远距离录音时，主录传声器在混响半径附近调整，拾取适当的混响声。主录传声器距离声源较远，为了获得良好的频率响应与信噪比，选择高灵敏度的传声器为宜。辅助传声器多半在混响半径以内，可加强直接声。辅助传声器距离声源较近，若选用高灵敏度传声器就容易造成失真。

(3) 多路传声器录音法

多路传声器录音法是用多个普通传声器或立体声传声器在各个层次均匀录音，传声器之间无主次之分，如圆桌会议，应在四个方向上放置传声器。当群体声源各种因素变化很大，需要调音与混音加工时，常用多路传声器拾音。例如：管弦乐伴唱，分别用多个传声器拾取演员歌声、管乐声、弦乐声和打击乐声等。

3. 录音工艺

根据节目的内容、形式或类型的不同，在声音制作过程中的录音程序和制作方法等也有所不同，但基本上可分为先期录音、同期录音、后期录音和混合录音。

(1) 先期录音

先期录音也称为“前期录音”，即指拍摄画面前单独进行录音的程序和方法。先期录音都是在演播室或录音间进行的，一般带有大段音乐、唱段的镜头，都要求先期录音，动画片中先期录音使用得比较多。有先期录音的镜头必须严格按照先期录音的规律进行剪辑，达到音画同步、节奏统一、气氛和谐的效果。

(2) 同期录音

同期录音也称为“现场录音”，在演播室或在现场拍摄画面的同时进行录音的工艺为同期录音。同期录音是最真实的声音，采用这种方法录制的人声、动作音响和背景气氛等与画面上的形象、动作配合紧密，情绪、气氛真实可信，而且它也具有可以缩短影片后期制作周期等很多优点。但如果拍摄期间的条件不好，如环境嘈杂、设备要求达不到、工作人员素质差等原因，往往会造成拍摄周期加长，反而耗费更多的人力、财力，因此必须选择理想的低噪声拍摄场地，使用能防止各种噪声干扰的话筒和话筒跟踪设备（如大型的巡航吊杆话筒）。

(3) 后期录音

后期录音又称为“后期配音”，是指画面拍摄后根据画面的内容和动作进行录音的方法。后期录音既包括配音演员配录语言和动作效果声、解说员配录解说词，也包括配录音乐。从艺术性来讲，在进行语言的后期配音时，很难把在拍摄现场表演时的激情再一次表现出来，加以配音与摄影的环境不同，所以后期配音的声音不如同期录音真实感人。但从技术角度来看，后期录音可以在声学条件比较讲究、录音设备质量比较高级的录音棚内进行，不受现场声学和环境条件的限制，也没有现场和摄影机噪声的干扰，所以简便易行。在译制片中的对白部分，由于语种的不同，只能采用后期录音。

4. 录音制作步骤

录音制作始终贯穿在整个数字视频制作过程之中，一般可分为四个步骤进行：

(1) 制作前的计划阶段

声音形象是数字视频作品中视听整体所不可缺少的，其构思开始于文学剧本编写，到分镜头剧本创作时，导演更为具体地落实各种声音的组成并提出要求，录音师在导演的指导下要根据节目内容和艺术要求对声音做出总体设计，确定声音制作的实施计划。

(2) 准备和预演阶段

为录音制作做准备，保证各个音频设备正常工作，并收集预演需要的音响资料和音乐素材。

(3) 制作阶段

在这一阶段里，通常要进行先期录音和同期录音工艺的声音制作。

1) 先期录音

先期录音一般都是将声源分割成若干相对独立部分进行多声道录音。以声源各部分的功能定位和录音后期制作时需要的条件作为分割原则，可以进行低音和中、高音的粗分，也可按乐器类进行细分，但拾音时要尽可能地拾取直接声。先期录音可以在同一时间里同期进行，也可以在不同时间里分期录，前者易保证各部分声源的同步，后者分离度高，后期制作有余地。以前多数的先期录音都是录制在录音带上，但随着数字录音技术的发展，会有越来越多的声音录制到音频工作站上，直接用于后期编辑。

2) 同期录音

同期录音也就是实况录音，画面和声音的制作一次完成，同时被录入录像机的磁带上。导演和录音师要随时监视画面和监听声音，做及时的调整。现场制作时，录音师要用耳机监听，特别注意环境噪声问题，要保证节目的声音信号有足够的强度去压倒噪声。这种录音方式对环境、设备有较高的要求，制作人员也较为紧张，但制作周期短，省掉了后期的许多麻烦。没有条件搞同期录音的情况下，也应该录下同期声作为后期配音的参考。

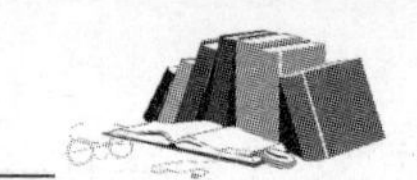

(4) 后期制作阶段

后期制作工作一般包括对口型配音、画外音或解说词的配音、音乐配音、音响效果配音以及最后的混录。

在外景拍摄现场，由于风声、汽车声等各种环境噪声很大，对白的直接录音效果很差，就常采用对口型的办法搞后期配音。录音人员在录像时一定要录上对白的同期声，在对口型配音前，让配音者反复地看和听，并复述几遍，使声音同画面上嘴部动作与口型紧密配合。配音时可以分段进行，利用录像机的插入编辑功能便可完成这项工作。

画外音或解说词的配音要简单得多，无须对口型，但也要掌握好说话的速度和间隙，使声音和画面内容基本对应。需要时，根据画面还可以修改画外音或解说词。

音乐配音时，主题音乐常出现在节目的开始、结束或节目各部分之间的转换，其目的是抓住观众注意力，给予他们刺激或打动内心。背景音乐也要考虑风格、情调和节奏，使它与节目内容相符。一般来说，没有必要在一个电视节目里从头到尾配上背景音乐，而且音量切忌过大，特别是在有对白和解说时。不同的音乐素材最好在有其他声音的情况下衔接，并且渐隐渐显，使观众感觉不到。教学片中的背景音乐更要特别小心地进行选择，以促进学习为标准。

音响效果要越接近真实越好，有的是采用已有的音响效果录音带去配音，有的则是要在演播室内监看着画面，模仿其动作发出声音并录在对应的声道上。

混录是节目后期制作中的最后工序，录制在配音带各声道上的声音经过调音设备的处理，完成最后的合成。有的合成一次完成，也有的需要多次才能完成。混录工作是较为复杂的，必须认真、细致地去完成。混录前，首先要检查分镜头剧本上所需要的声音有没有漏录的，并集中对已录的声音进行检查。试音时，把需要调整和运用声音组接技巧的地方记录下来，操作时要心中有数、果断处理并可先易后难；对应相同画面的声音种类繁多时，要先分别进行缩混，如把音乐和音响效果缩混在一个声道，把解说和对白缩混在另一声道上，然后进行合成。

10.3 Premiere Pro 中的声音编辑技术

10.3.1 使用时间线窗口进行音频剪辑

1. 音频素材剪辑

可以在音频轨道上使用 Premiere Pro CC 中各种对入点和出点进行设置与调整的工具进行剪辑，也可以结合监窗口中的素材剪辑子窗口进行素材的剪辑。图 10-9 所示的是一条音频轨道的基本组成。

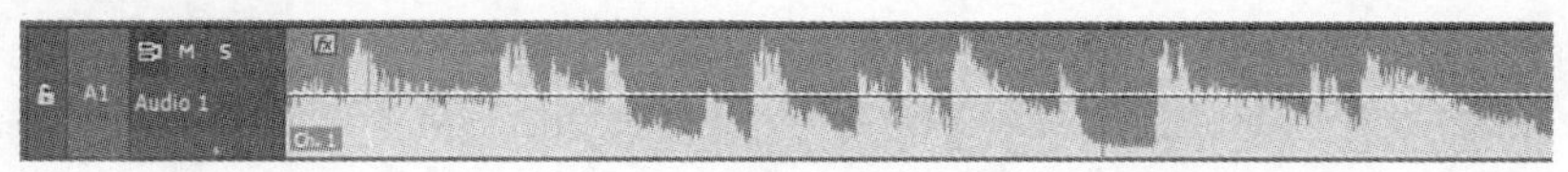

图 10-9 音频轨道的基本组成

1）单击图标，我们可以隐藏或者显示该音频轨道。当该音频轨道隐藏时，声音处于不可用状态。

2）单击图标，会在图标上出现图标。此时代表该音频轨道处于锁定状态，不能编辑；同时，该轨道的音频素材图标上有一层斜线。

3）单击图标，会出现如图 10-10 所示的对话框，从上到下意思为“显示剪辑关键帧”“显示剪辑声音”“显示轨道全部关键帧”“显示轨道声音”“隐藏关键帧”。默认情况下，关键帧处于不可用状态，一旦选中“显示剪辑关键帧”“显示剪辑声音”“显示轨道全部关键帧”“显示轨道声音”中的任意一个后，我们可以对此进行编辑。编辑方法与视频编辑方法相同。

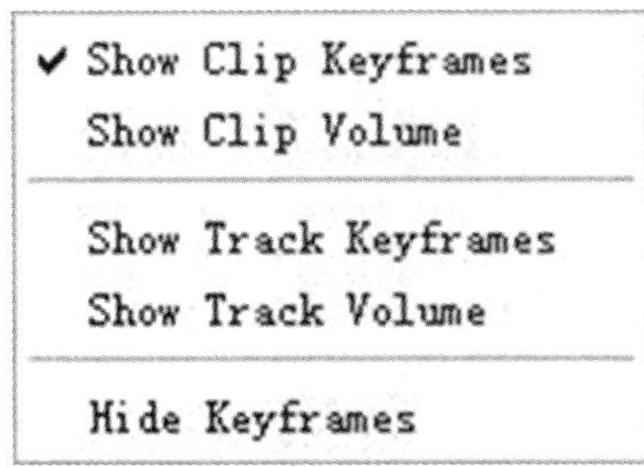

图　10-10

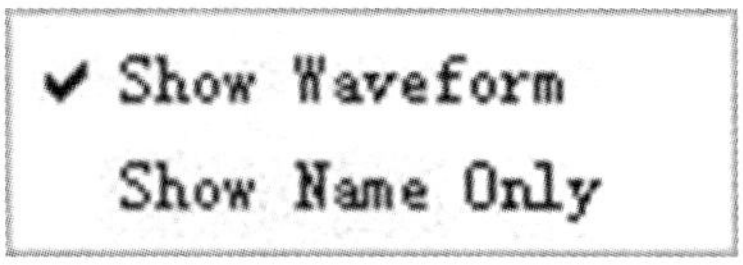

✔ Show Waveform
Show Name Only

图　10-11

4）音频素材有两种显示方式，在单击图标时，会出现如图 10-11 所示的对话框，从上到下依次是“波纹显示”“只显示素材名字”。“波纹显示”方式可以精确显示声音的高低等，方便音频素材的剪辑；“只显示素材名字”可以方便查看当前使用的音频素材。

2. 速度与持续时间的调整

1）将素材添加到时间线窗口上后，单击音频轨道上的小三角按钮，就可以展开音频轨道上的详细内容。

2）用右键单击时间线中音频轨道上的素材，从弹出菜单中选择 Speed/Duration 命令，可以对音频的速度和持续时间进行调整。

3）改变音调的播放速度会影响音频播放的效果，音调会因速度提高而升高、因速度的降低而降低，同时播放速度变化了，播放的时间也会随着改变。

3. 增益调整

在右键单击素材之后弹出的菜单中，还可以选择 Audio Gain 命令来调整音频的增益；也可以直接拖动对话框中的 dB 数值来调节素材的增益。如果设置不当，那么也可以单击其中的 Normalize 按钮让其恢复正常。

4. 关键帧调整

1）单击音频轨道左边的小三角按钮，将轨道的详细内容进行展开。

2）在音频轨道的详细内容中，可以显示和隐藏音频轨道的关键帧。

3）在素材的某个位置确定编辑线，然后单击轨道的增加/删除关键帧（Add/Remove Key frame）按钮，给该位置添加（或删除）关键帧。

10.3.2 使用混音器窗口进行音频编辑

混音器（Audio Mixer）窗口应用了调音控制台界面设计，便于用户对操作的理解，也能直观地表现音量，是编辑音频工作中的常用工具。可以通过 Windows 菜单中 Audio Mixer 或 Workspace/Audio 命令显示混音器窗口，如图 10-12 所示。

图 10-12　混音器窗口

1. 混音器窗口与时间线窗口的对应

用混音器窗口与用时间线窗口对音频素材进行编辑这两者之间并不矛盾，两个窗口的音轨之间是相互对应的。

2. 静音/独奏/录音（Mute/Solo/Record）选项的使用

是静音按钮，按下后显示，表示该音轨不发声。是独奏按钮，按下后其他普通音轨显示，表示只有该音轨发声。是录音按钮，仅在单声道和立体声普通音轨中出现，按下后可以实现轨道录音。

3. 使用混音窗自动模式实时调整音频素材

使用混音器窗口编辑声音的便捷之处是可以在播放声音的同时调节多轨音量大小（使用音量推子）和声音位置平衡（使用摆动旋钮或平衡调节器）

4. 改变音量

在每个普通音轨中，默认的音量变化为 0dB，可以增大到＋6dB，减小到负无穷。如果使用 Latch 模式、Touch 模式和 Write 模式中的一种自动模式来进行音量调整，调整后可以在时间线窗口中看到调整中自动记录下的音量关键帧。

5. 摆动和平衡调节

除音量调节外，使用混音器窗口还可以实时调整声音的摆动与平衡（声音的位置）。

（1）摆动（Pan）

摆动是双声道中的声道变化技术，又称为虚声源或感觉声源。双声道分为左声道和右声道，用左右分布的两个音箱分别播放两个声道的声音时，由于人的双耳效应，听者会根据同一声音在两个音箱中强弱不同而产生位置的感觉印象，俗称立体声。摆动技术就是调整一个音轨中的声音在左右两个声道中的均衡。

（2）平衡（Balance）

平衡是多声道中的声道变化技术，改变各声道之间的相对属性。如果主输出音轨设置为环绕声（5.1 声道），那么就可以在单声道与立体声的普通音轨中设置平衡（5.1 声道无法设置），最后通过主输出音轨得到平衡效果（主输出音轨不能进行平衡调整）。

使用时间线窗口也可以实现摆动和平衡的调整。选择 Show Key Frames 菜单中的 Show Track Key Frames，在 Track 弹出菜单中选择平衡器（Panner），再选择摆动（Pan）或平衡（Balance），创建摆动或平衡的控制关键帧与创建音量控制关键帧的方法相同。

10.3.3　音频转场特效

声音处理的效果和方法很多，如音质调整、混响、延迟和变速等。在 Premiere Pro CC 中对音频进行特效处理的方法主要是使用音频转场与音频特效滤镜两种方式。其中，音频转场有两种：Constant Power 和 Constant Gain。默认转场方式是 Constant Power，是将两段素材的淡化线按照抛物线方式进行交叉（如图 10-13 所示）。Constant Gain 则将淡化线线性交叉（如图 10-14 所示）。一般认为 Constant Power 转场更符合人耳的听觉规律，Constant Gain 则缺乏变化，显得机械。

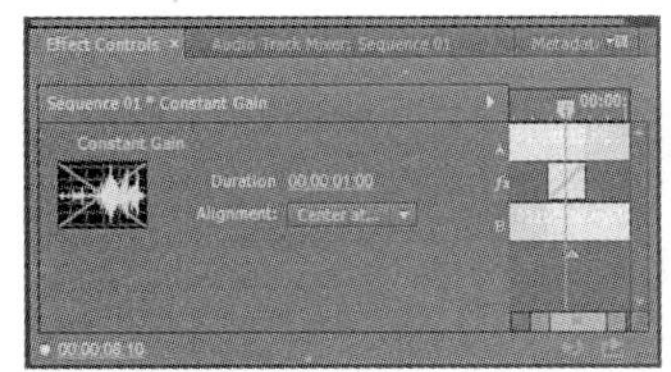

图 10-13　Constant Gain 转场

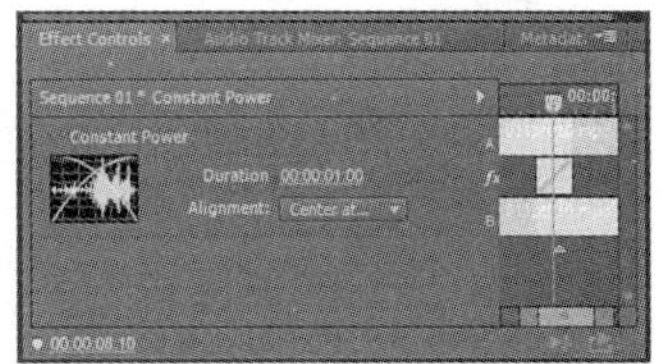

图 10-14　Constant Power 转场

10.3.4　音频滤镜特效

1. 音频滤镜的添加方法

除了与视频滤镜有相同的应用方法（使用鼠标将特效拖拽到素材上）外，音频滤镜还可以通过混音器窗口添加到素材上。在混音器窗口中，单击音轨左侧的小三角形，展开发送与效果控制面板。每个音轨最多可以添加五个效果，由于 Adobe Premiere Pro CC 按照添加的效果列表顺序处理，所以顺序变动会影响最终效果。

2. 声道控制滤镜

属于声道控制类的滤镜有 Balance（平衡）、Channel Volume（通道音量）、Fill Left

（填充左声道）、Fill Right（填充右声道）、Swap Channels（声音通道翻转）和 Invert（反相）。

声道控制类滤镜主要是对不同声道中的内容进行处理，其中，Channel Volume（通道音量）只能用于 5.1 环绕声音轨中，Balance（平衡）、Fill Left（填充左声道）、Fill Right（填充右声道）和 Swap Channels（声音通道翻转）只能用于立体声音轨中。

3. 动态调整

属于动态调整类的滤镜有 Dynamics（动态调整）、Multi band Compressor（多段压缩）、DeNoiser（降噪）和 Volume（音量）。

4. 音频调整

属于音频调整类的滤镜有 High Pass（高通滤波器）、Low Pass（低通滤波器）、Band Pass（带通滤波器）、Bass（低频调整）、Treble（高频调整）、Notch（去除指定频率）和 Pitch Shifter（变调）。

思考题

1. 数字视频作品中的声音主要有哪几种类型？其作用分别是什么？
2. 采访同期声在数字视频作品中有何作用？编辑时有何注意事项？
3. 音乐在数字视频作品中有何作用？编辑时应注意哪些问题？
4. 试举例分析音响在数字视频作品中的运用。编辑时有何注意事项？
5. 传声器的主要技术性能指标有哪些？
6. 调音台主要有哪些功能？
7. 常用的录音方法有哪几种？各有什么特点？

实践建议

在 Premiere Pro 中分别利用时间线窗口和混音器窗口对作品中的人物对白、采访同期声和音乐按照各自的剪辑要领进行剪辑。

第 11 章

数字视频的生成与输出

作品的输出是非线性编辑工作中的最后一个环节，输出的方法与技巧直接影响着作品的可欣赏程度。一个完整的视频作品的输出质量和编辑过程一样重要。从某种意义上说，数字视频作品输出格式的多样性体现了其超越传统影视之处。现在 Premiere 配合相应的第三方插件能够输出适合多种应用的媒体文件，具体的输出选择包括输出为影片格式、导出到 Web、导出到光盘以及回录到磁带等。本章将详细介绍数字视频的生成与输出所需要掌握的基础知识以及具体的操作。

学习目标

1. 掌握数字视频输出媒体选择的一般程序。
2. 了解各种输出媒体的特性。
3. 掌握 Premiere Pro 作品输出的方法与技巧。

11.1 数字视频输出的媒体选择

一般来说，数字视频节目的后期制作主要经过素材上载、非线性编辑与合成和作品输出这三个环节。其中，素材上载是指将拍摄的素材采集为计算机可识别的视频信号；非线性编辑与合成主要对采集的素材进行编辑、加工和处理，以获得较强的视觉冲击力和艺术效果；作品输出则是将制作完成的节目输出到某种媒体上。数字视频制作的一个很重要的特点就是作品发布的广泛多样性，除了传统的渠道即通过电视台进行发布，我们还可以将其刻录成光盘，发布在互联网上以及手机、MP4 等移动设备上。我们在面对这种多样性给我们带来的便利时，也为数字视频的输出增加了难度，一方面我们要熟知各种数字视频发布的目标媒体及其特点；另一方面，我们还要掌握输出到各种媒体的具体的方法技巧，因为输出的方法与技巧直接影响着影片的可欣赏程度。

11.1.1 确定媒体的使用目标

在进行媒体选择时，作为制作者首先要明确运用媒体的目的，意欲达到的要求，即确定媒体的使用目标：或为电视台制作节目，或为视频网站提供素材，或准备多媒体教学内容等。因此，在选择输出媒体时，首要任务就是确定其使用目标，然后进行有针对性地选择。

11.1.2 分析各种媒体的特点

一旦明确了媒体的使用目标，就要分析各种媒体的特点。编辑好的数字视频节目能够以多种媒体形式输出，不仅可以永久性地记录到某种介质上，而且还包括实时播放。常采用的输出媒体类型有以下几种：

1. 计算机文件

此处的计算机文件主要是指适用于本地播放的各种视频文件类型。这是因为本质上数字视频编辑最终输出的作品都是以某种形式的计算机文件存在的。输出为某种形式的计算机文件可以方便地用另一台计算机来查看，如果将项目输出为 Quick Time、Video for Windows 或者 MPEG 文件，则可以通过双击导出的视频在多数 MAC 和 PC 上播放。

2. 录像带

通过非线性编辑系统的非编卡，可将节目经 1384 接口输出到数字录像机，或直接通过复合、Y/C 或 Y/U/V 接口输出到模拟录像机，从而将视频节目输出到所有流行的模拟和数字磁带格式。这是联机非线性编辑最常用的输出方式，对连接非线性编辑系统的录像机和信号接口的要求与输入时的要求相同。为保证图像质量，应优先考虑使用数字接口，其次是分量接口、S-Video 接口和复合接口。

3. 光盘

光盘因其存储容量大、保存时间长和方便携带使用等特点，逐渐成为社会生活中重要的信息载体。一些企事业单位的形象宣传专题片和产品专题片等都以光盘作为重要的载体来进行分发。对数字视频节目采用不同的数据压缩方式、不同类型的光盘记录介质，也就产生了性能指标完全不同的 VCD 和 DVD 两种主要格式。随着光存储技术的发展，作为 DVD 光盘的下一代光盘格式的蓝光光盘（Blue-ray Disc，简称 BD）也将成为光盘载体的重要成员之一。

4. 计算机网络

因特网是输出视频节目的新媒体。得益于流媒体技术的发展，编辑好的视频节目可以输出网络视频数据流，在 Internet 上发布。计算机网络的飞速发展，特别是众多视频网站的出现，大大加快了数字视频的传播速度，同时拓宽了数字视频传播的范围。目前有很多视频编辑系统提供了一系列可快速并方便地将项目发行到网页上的工具，为个人视频作品架起通向广大观众的桥梁。

5. 移动视频设备

数字视频作品发布呈现多元化的一个新的趋势便是移动应用。智能手机、平板计算机以及之前就已经在市场上占据一定份额的 iPoD、MP4、PSP 等设备成了数字视频发布的新一代载体，手机电影和手机视频广告等受到了越来越多的传统影视传媒机构的关注。这类设备由于其便携、移动的特点为数字视频作品的传播开辟了一片崭新的领域。

11.1.3　确定输出媒体类型

在作品输出前最终确定媒体类型时，不仅要考虑上文已进行的媒体分析，还要分析相应的硬件配置，并对输出参数进行适当的设置，以获得高质量的视频效果。

对于电视台的节目制作，目前编辑好的节目多以录像带形式进行输出，有数字带也有模拟带，也有多个备份的，这要视具体情况而定。如果时间紧急，需要尽快将最新信息（如国际形势报道、国内时事、球讯等）传送给电视台播出，则往往在当地编辑好节目之后存储在硬盘上，再通过 Internet 传给电视台。

无论选择哪种媒体，在进行最终节目的输出时，都需要进行合理的参数设置。通常，在利用非线性编辑系统编辑节目前已经设置好项目参数，项目设置的内容将被复制到输出设置中，但是输出前需要再检查，确认是否是节目最终输出质量所要求的参数，必要时应该对输出项目参数进行重新设置。不同媒体输出时的注意事项如下：

1. 输出到录像带

用户使用的硬件必须能产生电视机现实的扫描速率和视频信号编码。它与计算机显示器产生的信号不同，用户计算机能否产生电视信号并提供正确的电缆连接取决于计算机和视频卡的类型，大多数标准的视频捕获卡能够产生 NTSC、PAL 或 SECAM 电视需要的扫描频率。由于传统电视行业采用隔行扫描方式显示画面，即两场扫描，场次序因播放系统和视频编辑系统而异，因此，在分离场时应该选择正确的场次序，避免运动的不平滑现象。

此外，还需要选择适合所选择录像带播放的帧格式，以保证不掉帧，使画面质量最大限度地保真。

2. 输出到光盘

以建立 CD-ROM 视频文件为例，考虑到播放视频的用户使用的硬件参差不齐，在规定输出参数时应该加以考虑，适当降低输出视频文件的数据速率。在输出过程中，可参照以下原则调整：

1）如果所选用的压缩与解压缩算法允许调整数据速率和质量系数，在不至于损失太多画面质量的前提下，尽可能降低数据速率和质量系数，求得数据速率与画面质量的最佳匹配。

2）只要画面的动态变化感觉不出太大的跳动，可尽量降低帧速率，而不必受限于电视标准的帧速率规定。

3）为了优化视频文件的观看质量，可以裁减画面，以较小的尺寸输出。

3. 输出到网络

当视频文件用于在网络上传输时，可以有多种选择：

(1) 用于局域网播放的视频

数据速率可以设置为 100kbit/s 或更高，具体速度与用户网络的速度有关。

(2) 用于 WWW 网上下载的视频文件

人们最关心的是下载文件耗时多少，因此视频文件的大小更重要。文件小，则下载时间短。如果使用流式传输技术，则用户不必等到整个文件全部下载完毕，而只需经过几秒或十几秒的启动延时即可进行观看，文件的剩余部分将在后台从服务器内继续下载，而且不需要太大的缓存容量。不过仍会受到用户网络带宽的限制，数据速率的指定应该根据网络的实际性能（即目标数据率）计算。

4. 输出到移动视频设备

移动视频设备都有自己专用的视频格式，其传输方式也不尽相同，因此在输出时要根据具体的移动设备的特点输出相应的格式。

在了解了数字视频输出的媒体选择的基本过程及各种媒体的特性之后，下面我们就详细介绍在 Premiere Pro 中如何利用其自带的编码器以及第三方编码软件完成各种类型作品输出的步骤。

11.2 项目预览

11.2.1 设置预览文件的存储路径

生成预览和实时预览在预览时都会生成预览文件，在 Premeire Pro CC 中选择 File/Project Setting/Scratch disks 命令，可以对预览文件的存储路径进行设置，如图 11-1 所示。

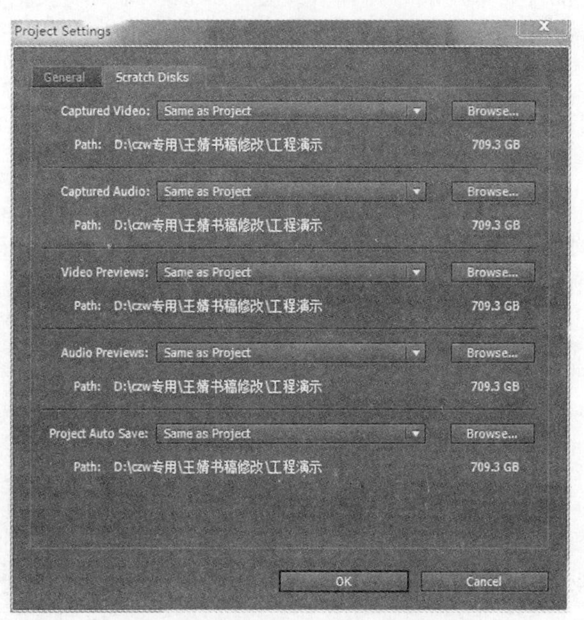

图 11-1 设置预览文件的存储路径

用户可以在视频预览（Video Previews）和音频预览（Audio Previews）选项中设置预览文件的保存路径。当选择“Same as Project”时，预览文件将与项目文件保存于同一路径中。若项目文件未被保存，则在退出 Premiere 后，预览文件及其保存的文件夹将被自动删除。

11.2.2　特效的渲染生成

在对节目完成编辑工作后，在时间线窗口中拖动工作区域条并使其覆盖要预览的区域，选择 Sequence/Render Work Area，或者激活 Timeline 窗口，按 Enter 键，将出现一个正在生成预览的进度条，如图 11-2 所示。

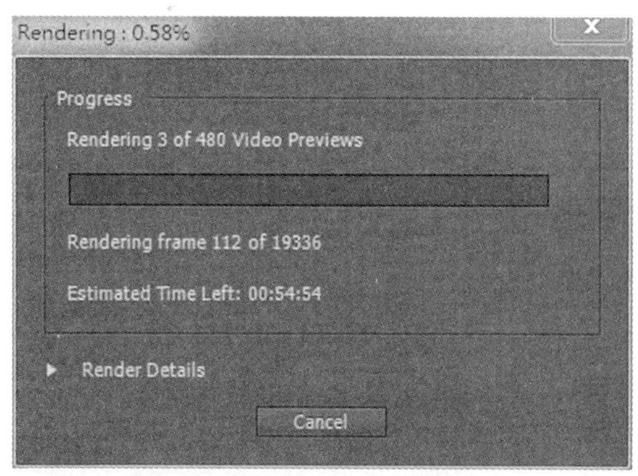

图 11-2　特效渲染进度条

11.3　项 目 输 出

在菜单 File/Export 弹出的选项中可以发现，可以将项目输出成在计算机中常用的视频电影文件（Movie）、静帧图像文件（Frame）和声音文件（Audio），也可以输出到磁带（Export to Tape），光盘（Export to DVD），或者使用其他插件（Adobe Media Encoder）进行特殊格式的输出。

11.3.1　输出为计算机文件

尽管在创建 Premiere Pro 项目的过程中，视频和音频设置在编辑的时候可能是最佳的，但对于特定的观察环境，它们并不能产生最佳的品质。因此，在输出时，要根据需要在将文件保存到磁盘上之前更改输出设置。

1. 可选的输出文件格式

(1) Video Formats（视频格式）

视频格式包括 Microsoft AVI、DV AVI、Animated Gif、MPEG、Real Media、Quick Time、Windows Media。输出后四种格式的文件需要使用“Adobe Media Encoder”插件。

(2) Audio-only Formats（音频格式）

音频格式包括 Microsoft AVI、DV AVI、MPEG、MP3、Real Media、Quick Time。输出 MPEG 和 Real Media 格式的音频文件，需要使用“Adobe Media Encoder”插件。

(3) Still-image Formats（静止图像格式）

静止图像格式包括 Filmstrip、FLC/FLI、Targa、TIFF 和 Windows Bitmap。

(4) Sequence Formats（序列图像格式）

序列图像格式包括 GIF Sequence、Targa Sequence、TIFF Sequence 和 Windows Bitmap Sequence。

需要指出的是，上述的文件格式并非都是作品最终发布的格式，有些属于 Premiere Pro，是为了便于其他软件进行文件交换所使用的格式，这类格式不在我们的讨论之列。

2. 输出视频文件

1) 执行以下操作之一：

在“时间轴”面板或节目监视器中，选择剪辑序列。

图 11-3

在“项目”面板、源监视器或素材箱中，选择剪辑序列。

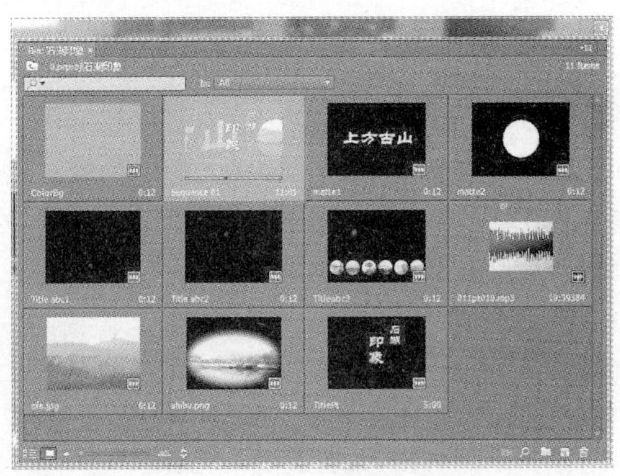

图 11-4

2) 执行以下操作之一：

选择“文件（File）”>“导出（Export）”>“媒体（Media）”。Premiere Pro 即会打开“导出媒体”对话框。

选择“文件（File）”＞“导出（Export）”。然后从菜单中选择“媒体”以外的一个选项。

3）（可选）在“导出设置”对话框中，指定要导出的序列或剪辑的“源范围”。拖动工作区域栏上的手柄。然后单击“设置入点”按钮和“设置出点”按钮。

图　11-5

4）裁切图像，请在“源”面板中指定裁切选项。

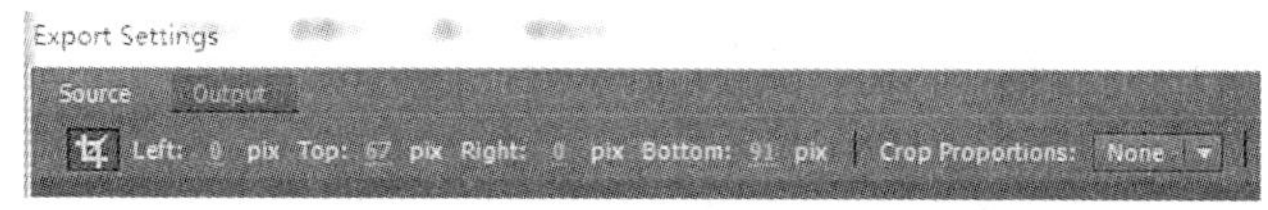

图　11-6

5）选择所需的导出文件格式。

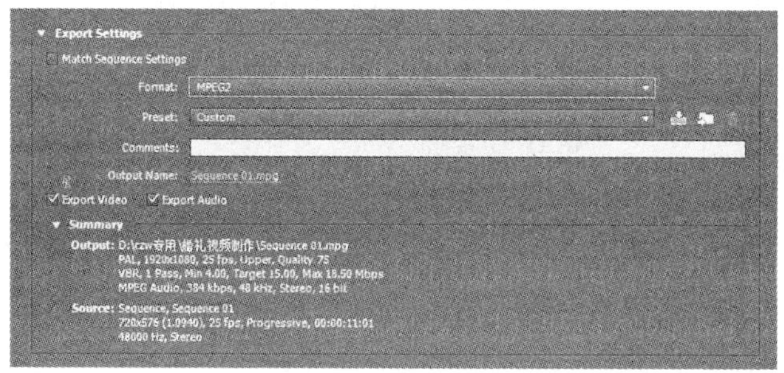

图　11-7

6）（可选）选择合适的目标回放方式、分发和观众的预设。

要自动从 Premiere Pro 序列中导出与该序列设置完全匹配的文件，请在“导出设置”对话框中选择“匹配序列设置”。

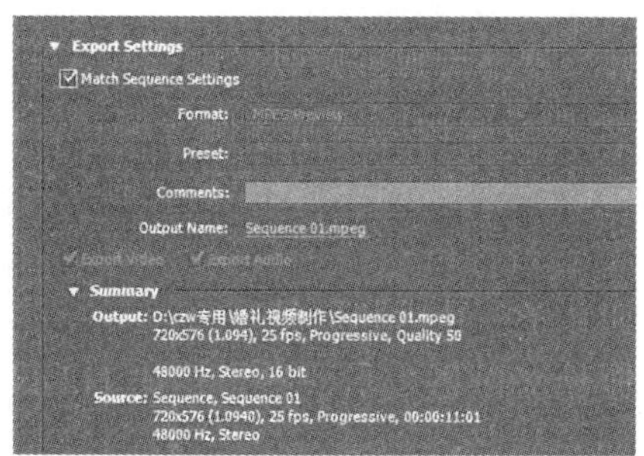

图　11-8

7）要自定义导出选项，请单击某一选项卡（如“视频”“音频”）并指定相应的选项。

1．视频（Video）设置

图 11-9 所示为视频（Video）设置窗口。

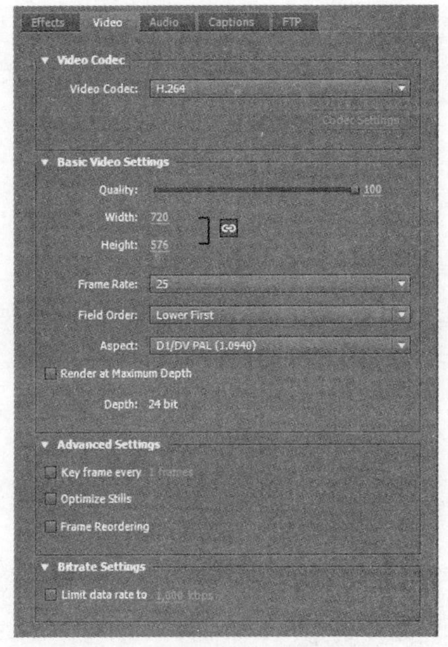

图 11-9　视频（Video）设置窗口

● 视频压缩（Video Codec）：选择与所输出文件格式相对应的各种编/解码方式。

● 颜色深度（Color Depth）：即颜色位数。选择编/解码器之后，对话框将显示那种编/解码器所允许设置的颜色深度，可以根据所输出文件的用途，选择合适的颜色深度。

● 帧尺寸（Frame Size）和帧速率（Frame Rate）设置：改变帧尺寸要以像素为单位，指定水平和垂直尺寸，输出尺寸的纵横比最好与素材一致，以避免失真。帧速率是指 Premiere Pro 每秒导出的帧数。

● 视频品质（Quality）设置：多数编辑器允许用户自由选择品质设置。

● 数据速率（Data Rate）设置：一般来说，用户可以指定数据输出速率。数据速率是指在回放导出的视频文件期间，每秒必须处理的数据。根据播放文件系统的不同，数据速率将发生变化。

● 场序（Field Order）设置：一般有无场、上场优先和下场优先之分。

● 再压缩（Recompress）设置：如果指定了数据速率，则选中 Recompress 复选框会帮助确保 Premiere Pro CC 将数据速率限制在指定值以下。如果选择 Always 选项，Premiere Pro CC 无论是否位于数据速率之下，都会重新压缩每一帧。

2．音频（Audio）设置窗口

图 11-10 所示为视频/音频（Audio）设置窗口。

● 音频压缩（Audio Codec）设置：可以从 Audio Codec 下拉菜单内选择一种压缩程序，对音频加以压缩。

图 11-10　视频/音频（Audio）设置窗口

● 采样速率（Sample Rate）设置：一般来说，采样速率越高，音频的品质也会越高，但渲染的时间和文件的尺寸也会相应程度地提高。样类型（Sample Type）设置：较高的位深也会使音频的品质更加出色，但渲染时间加长。

● 通道（Channels）设置：可以选择立体声（Stereo，包含两个通道）或者单声道（Mono，只有一个通道）。

在设置好关于输出视频的一些参数后，确定文件名和保存路径，单击保存（Save）按钮，就将项目输出为视频文件或序列图像文件。

8）执行以下操作之一：

① 单击“队列”。Adobe Media Encoder 会打开，且编码作业已添加到其队列中。

② 单击“导出”。Adobe Media Encoder 会立即渲染和导出相应项目。

默认情况下，Adobe Media Encoder 将导出的文件保存在源文件所在的文件夹中。

11.3.2　创建 Internet 媒体内容

流媒体广泛应用于 Internet 传输，它将视频及 3D 等多媒体文件经过特殊的压缩方式分成一个个压缩包，由视频服务器向用户计算机连续、实时地传送。在采用流式传输方式的系统中，用户不必像采用下载方式那样等到整个文件全部下载完毕，而只需经过几秒或十几秒的启动延时即可在用户的计算机上利用解压设备（硬件或软件）对压缩的视频、3D 等多媒体文件解压后进行播放和观看。此时，多媒体文件的剩余部分将在后台的服务器内继续下载。

与单纯的下载方式相比，这种对多媒体文件边下载、边播放的流式传输方式，不仅使启动延时大幅度地缩短，而且对系统缓存容量的需求也大大降低。

1. 顺序流式传输

顺序流式传输是顺序下载，在下载文件的同时用户可观看在线媒体，在给定时刻，用户只能观看已下载的那部分，而不能跳到还未下载的部分，顺序流式传输不像实时流式传输那样可以在传输期间根据用户连接的速度作调整。由于标准的 HTTP 服务器可发送这

种形式的文件，也不需要其他特殊协议，它经常被称作 HTTP 流式传输。顺序流式传输比较适合高质量的短片段，如片头、片尾和广告。

2. 实时流式传输

实时流式传输是指保证媒体信号带宽与网络连接匹配，使媒体可被实时观看到。实时流与 HTTP 流式传输不同，它需要专用的流媒体服务器与传输协议。实时流式传输总是实时传送，特别适合现场事件，也支持随机访问，用户可快进或后退以观看前面或后面的内容。

3. 流媒体输出编码术语

在进行流媒体输出时，无论输出哪种格式，一些编码术语都将频繁出现在各种对话框中。因此，有必要了解这些术语的基本含义，以便做出更好的选择与设置。

（1）Two-pass Encoding（二遍扫描编码方式）

二遍扫描编码方式将提高导出视频的数字品质。当使用二遍扫描编码方式时，实际上要处理视频两次。第一次编码器将分析视频，以便确定用哪种方式编码视频。在第二次扫描时，将使用第一次扫描所收集到的信息对视频进行编码。显而易见，二遍扫描编码方式耗费的时间要比一遍扫描编码方式耗费的时间长，但是导出视频的品质更高。

（2）Variable bitrate（可变位速率）

在回放剪辑的时候，可变位速率将使剪辑的位速率发生变化。当高动作场景需要更多位或者带宽时，编码进程将额外传输一些位。因此，对于动作变化的剪辑来说，与不变位速率（CBR）相比，可变位速率（VBR）可以提供更好的品质，而不变位速率在回放剪辑时不会改变位速率。

（3）keyframe（关键帧）

当使用一些编/解码器压缩视频时，可以将每一帧与其后续的帧进行比较，然后根据比较的结果只保存发生变化的信息。当信息发生变化时，编/解码器只有在必要的时候才保存视频的全帧。通常，将这种帧称为关键帧（Key Frame）。因此，使用关键帧的编/解码器可以减小导出视频文件的大小。通常情况下，关键帧设置是根据帧速率划分的。因此，如果帧速率为 30 帧每秒，那么每 30 帧可以看到一个关键帧，也就是说，每一秒（每 30 帧）创建一个关键帧。如果帧速率为 60 帧每秒，那么将每 2 秒创建一个关键帧。

（4）Metadata（元数据）

适用于 Web 视频剪辑的元数据是一些文本数据，这些数据是关于可以在万维网上搜索到的剪辑的信息。通常，元数据信息包括诸如标题、日期和作者等信息。Windows Media、Real Media 和 Quicktime 格式都允许在它们的文件中包含元数据类别。根据文件格式和 Web 格式化的不同，有时候，通过右击视频并选择 Properties（属性）选项，可以查看到有关视频剪辑的元数据。

4. 输出为 FLV 格式

我们可以通过 Premiere 的 Adobe Media Encoder 生成 FLV 格式，它是新兴的流媒体格式，一些热门视频网站（如土豆、优酷等）都采用这种格式，在线 MV 制作网站也采用这种格式。

图 11-11 所示为 Adobe Media Encoder 工作界面。在 Export Settings 的 Format 下拉列表中选择 FLV | F4V，设置好相应的视/音频参数，在 Other 选项卡中填入 FTP 相关信

息就可以将生成好的 FLV 视频上传到网站进行发布了。

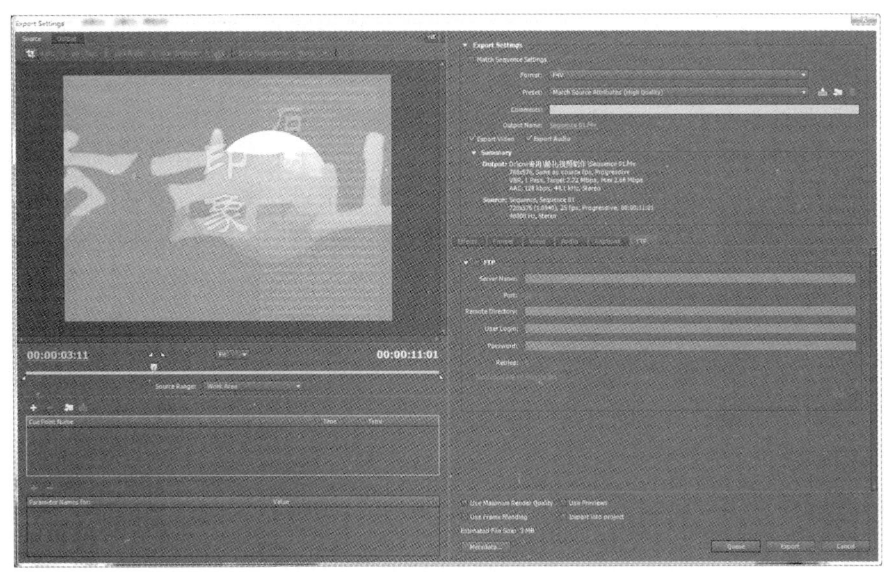

图 11-11　Adobe Media Encoder 工作界面

11.3.3　创建移动设备支持的视频

现在在 MP4 播放器、iPod 和智能手机等移动设备上看视频越来越普及。在 Premiere Pro CC 中编辑输出适于移动设备播放的视频时，其基本程序与输出为其他类型基本相似，但是应该根据移动设备的特点注意以下几点：

● 根据输出设备或输出类型来设置输出影片的帧速率。例如：在将 After Effects 中的广告片分发到移动设备上时，其呈现速率可能为 15 帧/秒（fps）；而分发到美国广播电视时，其呈现速率则为 29.97 fps。通常，应使用较低的帧速率。使用帧速率 22fps 时，可以很好地兼顾减小文件大小以及不降低品质这两个方面。

● 尽可能减少影片大小并删除任何多余的内容，尤其是空帧。可通过预编码来完成很多动作，以限制文件大小。其中的一些动作适用于拍摄技术；而其他动作（如使用 After Effects 中的运动稳定性工具或者应用杂色减少或模糊效果）是后期制作任务，有助于完成编码器的压缩部分。

● 将调色板与正确的移动设备匹配。通常，移动设备具有有限的色彩范围。通过在 Device Central 中进行预览，可帮助您确定所使用的颜色对于单个设备或一组设备是否为最佳颜色。

● 调整剪辑。灰度视图有助于比较数值。

● 使用 Adobe Media Encoder 中提供的预设。Adobe Media Encoder 中设计有几种用于导出到 3GPP 移动设备的预设。3GPP 预设大小包含以下标准：176×144（QCIF）、320×240 和 352×288。

● 合理地进行裁剪。通常的做法是在工作时采用标准 DV 项目设置，并输出到 DV、

DVD、Flash、WMV 和移动 3GPP 组合。请使用通常的预设，但在编码时解决 4∶3 或 16∶9 视频与移动 3GPP 的 11∶9 长宽比之间存在差异的问题。AME 裁剪工具允许使用具有任意比例的约束（使用方式与 Photoshop 裁剪工具相同），并将 11∶9 约束预设添加到现有的 4∶3 和 16∶9 中。

● 工作时使用的长宽比应与移动输出保持一致。新的项目预设（只适用于 Windows）可使这一过程变得非常简单。帧尺寸比最终输出大小大（工作时很难使用 176×144，如加标题），但它们与输出帧的长宽比相匹配以便于轻松地进行编码。每个 Windows 项目预设都是为未压缩的视频提供的，但大多数计算机可以在这些减小的帧大小和减半的帧速率下控制数据速率（此过程适用于仅将输出用于移动设备的项目）。以下两个帧长宽比为移动设备提供了大部分支持：4∶3（QVGA 和 VGA 等）和 11∶9（CIF、QCIF 和 Sub-QCIF）。这两个通用项目设置包含在 Adobe Media Encoder "Mobile & Presets" 文件夹中。

思考题

1. 数字视频输出媒体选择的一般程序是什么？
2. 如何确定数字视频输出媒体的类型？

实践建议

将前期制作好的视频项目进行输出，具体要求为：

1. 根据各种媒体的特性，结合具体的使用目标，分别选择不同的媒体类型进行输出。
2. 利用计算机、网络和手机等媒体设备查看输出效果。

附　录

结合实例

数字视频的制作作为一个生产过程，涉及了方方面面的要素，而且由于数字视频作品类型的多样性，各种类型作品之间的差异很大，因此，其制作过程的三阶段（构思创作阶段、前期拍摄阶段和后期制作阶段）划分也好，还是本书中的两阶段（创意设计阶段和制作实现阶段）划分也罢，都只是从大的方面将各种作品的通行制作过程进行的阶段划分，而在实际的制作过程中，其具体流程又有所不同。在本章，我们以三个不同的实例来看看一部数字视频作品的制作过程。

实例一　纪录片《过年》

《过年》所记录的是江西一个普通的农村家庭中成长起来的大学生回家乡过年的情景，

图 12-1　纪录片《过年》片段一

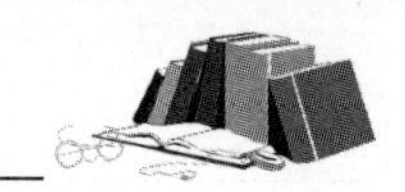

把江西民间的年俗以及这一家人的生存现状，在最家常的聊天、做饭和祭祖等场景中，一一铺陈开来，为我们描绘了一幅写实而生动的现代农村的亲情图卷。

本片的创作者，即本片中回乡过年的大学生，也是片中的第一人称叙述者。导演出生于江西上饶市玉山县的一个普通农民家庭，从儿时有记忆起，父母叔伯就一直在外打工，仅在过年时能见上一面，而他这一辈的兄弟姐妹十个都是由爷爷奶奶一手带大的。在这样特殊的生长环境下，导演对于过年便有着独特的记忆和感受。

导演在片中，把这种在农村普遍存在的情状结合自己的个人体验纪录和提炼，试图让更多的人来关注农村在外务工人员的艰辛与无奈，以及留守人员（特别是留守老人和儿童）亲情缺失与内心孤独的现状。

图 12-2　纪录片《过年》片段二

1. 分镜头剧本（节选）

镜号	景别	内容	解说词	音乐音响
1	全	火车站内人们提着行李赶火车时的慌忙景象	字幕：2011.1.18 今年2月2日晚是除夕	现场声
2	全	火车开动		火车声
3	中	火车开动		火车鸣笛声
4	近	火车车厢内人看窗外		
5	全	火车行驶中，沿途的风景	回家前，爸妈已经知道今天我会到家	火车行驶声
6	全	广州火车站人山人海排队景象	而远在广东打工的表弟们就没这么幸运了	现场嘈杂声

续表

镜号	景别	内容	解说词	音乐音响
7	全 近景	火车内人们收拾行李，望着窗外回家的人们急切的表情	今年他们只能在那边过。	火车开动声
8	中 近景	爷爷坐在家里烤火，六神无主地看看窗外，拨弄了火盆		
9	全	奶奶在井边洗衣服		
10	中景	奶奶晒衣服	"以前还不是一样洗，小燕的啊、柳青的、你的、正丰的……"	
11	近景	正丰的采访	"回家时的心情非常放松……"	
12	小全	表弟半夜到玉山，叫了个三轮车，回家的路上，外面刚下起小雨	浙江打工的表弟 坐在家乡熟悉的摩托三轮车上 冒雨赶回家	三轮车开动声
13	全	小作坊全景，小姑和姑父在弄豆腐	小姑父家祖传下来的做豆腐手艺	现场声
14	近景	小姑在添火	到了两个儿子这 估计就要失传了	
15	近景	小姑父在压制白豆腐	大儿子上了大学 小儿子辍学上外头打了工	
16	特写	沸腾的豆浆		
17	近景	表弟帮忙装摆豆腐		
18	全	小作坊全貌	其实这样的不眠夜对小姑一家来说 一年到头也算是再平常不过的了	
19	近景	行进中的三轮车	到家之后我们的首要事情 就是去看爷爷奶奶	开车时的颠簸声
20	全	桥	这条路是我们小时候上学的必经之路	
21	大全	桥底下的小河与远山，小时候最喜欢的路上的风景	现在每次走在这条路上都能看到小时候上学我们结伴成群的影子	溪流声
22	特	溪流		
23	全	河边洗衣的大婶		
24	近	正权采访，讲爷爷奶奶	"小时候，我们兄弟姐妹十个都是由爷爷奶奶带大的……"	
25	全	奶奶门前的夕阳		
26	小全	爷爷在门前劈柴火	爷爷奶奶现在住的老屋	现场声
27	小全	老屋的墙，老枣树	是因当时修建水库而从山里迁移出来后所造	音乐

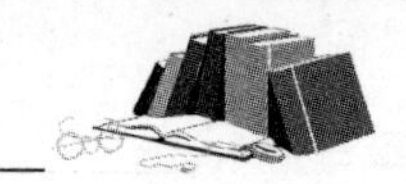

续表

镜号	景别	内容	解说词	音乐音响
28	全	老屋全景，农耕回家的人	迄今已有四十余载了	
29	全	老屋内景	而今儿女们成家之后便相继搬出了这栋老宅	
30	小全	爷爷奶奶在老厨房里烧饭	后来父辈们又迫不得已地把我们这一代扶养成人	
31	近景	爷爷添火	十个小孩全由两老人带着	
32	近景	奶奶做菜		
33	特写	火苗	自己进城打工	
34	近景	父亲的采访，讲爷爷奶奶	“得到爷爷奶奶的理解，我们这辈人才能出去打拼事业……”	
35	全	我们兄弟几个聚在奶奶房间看电视	两老人家说，这老宅夏天住着凉快，不想搬	电视声
36	小全	堂弟玩电动汽车	每年回家， 我们这些小孩都喜欢到这来相聚 因为我们大部分的美好记忆都在这儿度过	
37	全	门前落日		音乐
38	全	田间小路		
39	全	远处的树林		
40	特	树叶风中摇曳	这里的一草一木都能让我们回忆起自由自在的童年	
		……		

2. 创意设计思路

在选定以“过年”作为线索事件后，导演理所当然地将自己最熟悉的家作为目标家庭，而在把关注的眼光投向“农村普通家庭的亲情阙如”这一大致的主题方向后，对于制作一个影视作品而言，急需落定的是表现体裁以及具体拍摄内容对象的问题。

拍摄主旨确定后，体裁是首先可以定下来的，就该选题而言，由于涉及的场景比较集中，而人物比较复杂，人物行为可控性差，加之事件小而零散，故事片体裁首先可以排除，而相较专题片而言，纪录片的灵活性和随机性更强，更看重事件的真实性和客观性，主观叙事性弱，所以是该题材最适宜的体裁形式。

确定以纪录片为体裁后，具体的拍摄内容就变得相对难预期了。在可预想到的常规人物与事件下，存在着许多突发性事件的可能，惟其如此，在开始着手前，作为最熟悉选题状况的人和该设计的导演，首先要在固定常规的事件和人物中选取典型的事件和人物作为目标表现的内容与对象，而对于可能发生的突发性事件，则要做好充分的心理准备。

在明确这一前提后，导演经过与团队成员的讨论，首先定下了四点内容作为确定拍摄的主要内容和典型人物：

① 将“赶火车，在爷爷奶奶家集合，帮小姑、小姑父赶集卖豆腐，除夕中午的团圆饭，祭祖，除夕晚上小家庭的年夜饭，年初一集合在爷爷奶奶家拜年，串门走亲戚，各自陆续离开”作为确定要拍摄的常规事件。

② 对父亲、舅舅、哥哥、堂弟、表弟几个处在不同年龄层及不同的生活状态的家庭成员作深度采访。

③ 爷爷、奶奶的聊天记录。

④ 将表现重点放在爷爷奶奶家，对外婆外公家作次要描述。

3. 制作实现

(1) 前期策划

在对主题、体裁、目标对象及主要拍摄内容有了一个总体性的把握和安排之后，导演便可开始进入实际的前期策划阶段。

在这一阶段，对于纪录片制作而言，导演虽然不需要拿出完整的架构和文字脚本（否则会流于摆拍，使得影片整体不真实、不客观、不自然），但对具体要拍摄哪些场景、内容和人物则需要了然于心，为了提高拍摄效率和效果，将这些内容按什么样的顺序排布、详略如何分配、人物采访问题如何设置等，都需要导演在这一阶段计划和解决。

结合本片的具体情况，导演经过对选题的详细分析和消化，最终确定了本片的叙事风格、模式和结构，也最终完成了本片的初步策划与架构：

1) 叙事风格的形成

a. 对于事件的自然发展过程不加干预，特别是在采访段落，尽量不刻意引导被访者说出自己希望的言语。

b. 影像风格以手持 dogma 风格为主、长镜头为主，以加强影片的纪实性。

c. 对实际发生的事件有所选取，而并非不管是否有用一概加以纪录。

d. 充分利用与拍摄对象熟悉的优势，使其在镜头前避免尴尬或做作，尽量自然地展现其日常行为。

2) 叙事模式的形成

结合本选题的实际情况，最后决定采用以客观纪录式为主，辅以少量解说词与部分人物采访的叙事模式。之所以选择这样的叙事方式，是从以下几个方面考虑的：

以客观纪录式为主，是因为本片涉及的事件比较细小而零散，人物众多且行为模式并不统一，整体不具备较强的主题性或戏剧性，不适合用主题性或故事性较强的叙事方式。

而之所以没有全部采用客观纪录的模式，而是适当加入解说词，一方面是因为所描述的家庭人物众多，如果不加以介绍，则会导致观众因无法理清人物关系而影响观看；另一方面则是因为家中成员交流多采用方言，交流的话题家庭性和地域性强，如果没有解说词，则会因为对话没有上、下文帮助理解而让人感觉语焉不详。总而言之，解说词的加入能帮助观众更好地理解本片主旨，但加入比重需严格控制，做到画龙点睛而非画蛇添足。

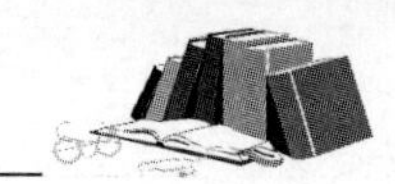

在叙事过程中加入采访片段，也有以下两点考虑：首先，由于影片本身事件发展寻常而缓慢，不存在很强的逻辑线索，段落与段落之间的衔接较为困难，加入采访可帮助结构和转场；其次，深度采访能帮助观众了解片中人物的内心世界和真实想法，深化影片主题思想，再加之编导本身对人物了解颇深，使得人物的言谈更为真实可信。

3）叙事结构的形成

本片采用线性叙事结构，在外部采用过年这一事件的时间发展顺序为线索，与此同时，始终将“过年团圆”这一精神内核贯穿其间，使杂乱、无逻辑的单个事件与个人串联，并用情绪的连贯性来紧密联系事件与事件、人物与人物，活用人物采访作为结构因素，强化影片的内在逻辑性，同时构筑叙事的节奏感。

4）采访问题设置

鉴于采访在本片中的作用，以及导演对人物本身的了解，将采访问题设置如下：

父亲

① 先简单介绍老爸您在温州所做的事情吧？（所做工作，生活状况及思想状态）

② 每年回家过年的心情是怎样的？今年又是怎样的？

③ 跟我讲讲上次妈妈买票的整个过程吧？

④ 您对我们两兄弟还有全家人（主要是老人）有没有想说的话？（教训、祝福或说说对谁的看法或提些建议都可以）

⑤ 其他的您觉得有意思的事情也可以说说。

舅舅

① 今年在安徽那边做得怎么样？

② 除了做现在的工作之外，有没有想过其他赚钱方式？

③ 每年回家过年是什么样的心情？今年又是怎么的？

④ 对家里的老人和小孩有什么最想说的话？

哥哥

① 为何当初工作之后中途辞职，执意要考研？

② 考完研了回家过年是怎么一个心情？（比如说以后工作了就没这么好的机会回家玩儿了，每次家里过年给你的最好及最坏的感受是什么）

③ 考虑我们家里的情况，你觉得我们这代面临着怎样的压力，肩负着怎样的责任？

④ 给家人及兄弟姐妹一些想说的箴言、建议。

表弟

① 为什么中途辍学了？是什么让你不想上学了？辍学这么大的决定你是怎么跟你爸妈交代的？

② 这次回家过年有没有特殊的感受？（与以往过年不一样的心情也可以）

堂弟

① 对于我们这个大家庭这几年来的这些变故，你有什么想法？

② 假如你现在有能力，你会为表哥周运做些什么？

③ 你觉得家人在你心目中占有怎样的地位？

(2) 中期拍摄

由于纪录片的特殊性，在这一阶段，解说词还未形成（因为需要真实记录，所以纪录片不存在传统意义上的分镜头稿本），导演要根据已形成的架构和确定的影像风格做好拍摄方案，即明确具体拍摄的场景、人物和内容。

1) 场面及人物的选取与调度

① 往返火车上的场景

该车次是从南京发往赣州，跨越江苏、上海、浙江、江西四个省市，经停小站非常多，而且有半数是像玉山这样的县级小站，这就使得乘客中外出务工人员的比例很大，站票非常多，像这样拥挤的车厢，带着大包小包回家过年的农民工或学生是该趟列车的主要乘客，非常具有典型性，也充分体现影片主旨。

② 留守家中的家人们日常的劳作镜头

由于到家时间较早，其他在外地的家人未归，家中还未开始置备过年事宜，在此时抓紧时间捕捉一些在家中的留守人员的日常生活，也能从侧面体现出他们在家中期待家人归来的心情。由于留守家人日常的行为非常多杂，需要筛选其中真正具有典型性和表意性的内容，导演在选取对象和事件上也颇有一番考量：

a. 在侧重上以纪录爷爷奶奶的日常劳作为主，因为他们是过年这一大事件的主体人物。

b. 适当纪录小姑一家制卖豆腐的情况：一是考虑到此次表弟会回家过年，是可以跟拍到的人物，所以从后续上考虑必须要有铺垫镜头；二是制卖豆腐的场景属于区别感很强的场面，在画面上比较容易出效果。在跟拍小姑一家时，抓拍到了他们在集市卖豆腐的场景，因为赶集是农村特有的风俗习惯，非常具有特色，且虽然片子以过年为主题，但实际要表现的是当代农村生活的风貌，所以这一场景的表现力度是比较强的，效果较好；在拍摄过程中，恰逢大姑与侄子和远在广东不能回家过年的表弟视频的场景，立即决定抓拍，还捕捉到了侄子因为多日未见表弟，感到陌生，害怕地大哭的画面，真实中带有一定的戏剧性，是比较成功的抓拍镜头。

③ 过年前后家人陆续回归，在家置备过年的镜头

家中在年前的准备事宜有二：一是赶集置办年货，二是清扫房屋。这两者因事件的逻辑需求而需要纪录，但因为过程简单单一，故不是纪录的重点，拍摄的镜头不多。

④ 过年的中心事件纪录镜头

过年的中心事件在拍摄前就已经安排妥当，实际也拍摄得较为顺畅，选取的场景既有日常性的年夜饭、看春晚等，也有具有农村特色的祭祖、点炮仗、走亲戚等，详略也由此安排，以典型性的事件为主、日常性的事件为辅，镜头内容选择的原则是以体现出一家人过年的热闹欢乐为本。

⑤ 年后家人陆续离开，老人继续留守的镜头

这一部分的拍摄任务较轻，因为没有必要一一赘述家人的离开，此处重点应该放在对留守老人的表现上，在场景选取上要力求突出年前、年中与年后的对比落差，但又要注意不能太过刻意，这就给镜头的选择增加了难度。导演在此处选择拍摄了爷爷奶奶在家人走后最日常的娱乐行为——看电视，而选择这一场景的理由如下：

a. 这是爷爷奶奶独自在家时唯一的娱乐方式，而这种娱乐方式表现得非常静默，与之前家人在时爷爷奶奶快乐地聊天的热闹场面对比度大，真实性和自然性很高。

b. 在他们观看电视的场景中，选取他们收看天气预报的片段也是经过考虑的：

i. 天气预报对农民而言是非常重要的，是每日必看的节目，具有很强的农村特色。

ii. 关注子女们所在地的天气情况，是爷爷奶奶关心我们的独特方式，却也是让他们觉得和子女在一起的微妙的情感寄托。

2）主要人物采访

采访问题之前已经预设好，由于对家庭成员的性格和境遇比较了解，导演在设置问题时并没有千篇一律，而是对每个不同的被访者设计了不同的问题，这样的设置一方面使得问题更有针对性，另一方面也能使采访内容涉及的方面更为全面。

3）解说词与分镜头剧本的撰写

在所有拍摄完成后，导演可开始着手进行解说词的撰写。

《过年》文稿

2011.1.18
苏州火车站

K527 次列车 苏州——玉山
历时 9 个小时
途经江苏 上海 浙江 江西四个省市

2011.1.19 凌晨 3 点 38 分
列车到达玉山车站

江西省 玉山县 四股桥乡 山头坂村

从我记事起 父母就一直在外打工
我们这一辈十个堂表兄弟姐妹 都是由爷爷奶奶一手带大的

我们家祖上都生活在三清山山脚下的一个小村子里
直到爷爷奶奶那一辈 因为要修建水库的缘故 才举家迁入现在的村子
这座老屋便是当时由爷爷亲手建起来的
到现在也有四十多个年头了
屋子虽老 却是我们童年的乐园

(正权采访)
现如今 我们十个兄弟姐妹早已经陆续离开老屋
分散在全国各地
或打工 或上学 或工作
只有过年 我们才能重新聚到一起
但这一年一次 难得的相聚 也并非是一定保证的
像今年
远在广东打工的表弟
就因为工厂不放年假 只能独自在他乡过年了
但不管怎样 只要我们中有人能回家过年
爷爷奶奶就会像我们小时候那样
从过年的前一周开始打扫屋子
洗干净过年才穿的好衣服
杀鸡宰猪 置办年货
屋里屋外地张罗起来
而等一切都准备妥当
他们才能真正地 从一年的忙碌中休息下来
等着我们 回家 过年

(正丰采访)
2011.1.25 日凌晨
在浙江打工的表弟回家了

小姑父家祖传的做豆腐手艺
在乡里 是小有名气的
他家做的豆腐香滑嫩白
熏制的豆干咸香惹味
炸好的豆泡更是香气四溢
对于爱吃豆制品的玉山人而言
这些都是年集上的俏货
所以 年前正是小姑一家一年中最忙的时候
为了赶制赶集要卖的各类豆腐制品
小姑和小姑父甚至无暇跟刚到家的表弟打上一声招呼

2011.1.31
能回家过年的亲人们陆续到家了

离过年还有两天
今天一大早

大家便都聚到爷爷奶奶家的老宅里
陪爷爷奶奶叙叙家常
也为迎接新年 做最后的一些准备

（爸爸采访）
赶集 是玉山人过年前最喜欢的休闲活动之一
每家每户过年用的吃食 还有鞭炮 香纸等年货
都能在集市上买到
小姑家的豆腐摊位
今天的生意也是格外红火

2011.2.2
除夕

11 点 20 分
团圆饭

除夕那天
我们家的惯例
是先在爷爷奶奶家吃一顿由奶奶亲手炮制的团圆午饭

玉米粉蒸的粉蒸肉
我们这里独有的 用芋粉包的芋饺
小姑家拿来的豆干 用爷爷种的小辣椒清炒
从小到大 虽然这顿年夜饭的内容并没有多大的变化
但它依然是我们一年到头最心心念念的一餐美食

15 点 40 分 祭祖
团圆饭后的祭祖仪式
每年都是爷爷主持的
小时候总是嫌祭祖的时间太长
按捺不住想要偷跑出去玩儿
如今家中 只有最小的堂弟还不谙世事
总是在一旁给忙着准备祭品的爷爷捣乱

17 点 20 分 家中 和小姨一家过年

2011.2.3 拜年

外婆家离我家很近
大约只有两三里路
每年都是我们走亲访友的第一站
今年 除了常年在家开防盗门窗店的大舅一家
一直在安徽打工的小舅也回来了

小舅和我们两兄弟年纪相差不大
从小就喜欢带着我们哥俩到处玩儿
小时候 一到夏天
他就会带着我们到外婆家后面的这条小河塘里游泳
为此 没少给我外婆和妈妈念叨

（小舅采访）
下午 14 点 15 分 大姑带着侄子祖希来串门

（正权采访）
2011.2.6
年后回来的大姐一家要回义乌

2011.2.8
叔叔婶婶回赣州去了

2011.2.10
爷爷奶奶家

（爸爸采访）

解说词撰写完成后，则可根据拍摄的素材，结合解说词内容，写出一个大致的分镜头剧本。需要特别指出的是，此分镜剧本与传统故事片的分镜意义和作用不同，纪录片的分镜头剧本产生于拍摄之后，起到的是指导后期剪辑的作用。

镜号	景别	内容	解说词	音乐音响
41	中	表弟从厨房端菜到客厅		现场声
42	全	一桌的菜，堂弟坐在桌边	我们最喜欢吃奶奶做的粉蒸肉	
43	特	奶奶烧菜的表情	那时候很久才能吃一次，因为小孩多	
44	中景	奶奶起勺	所以大家总是抢着吃	

续表

镜号	景别	内容	解说词	音乐音响
45	全	爷爷加柴火 奶奶炒菜	估计这样也是爷爷奶奶最开心的回忆了 而如今除了过年 平日里奶奶的蒸肉总是热完一次又一次	
46	全景	播放中的电视机		电视播放声
47	近景	奶奶跟我们聊爸爸小时候的事儿	“你爸小时候在外面玩儿，不小心被草堆压住了，幸好曾祖父救了他，不然现在也没有你们了，哈哈哈”	
48	全	农贸集市现场	字幕：2011.1.31 离过年还有两天	
49	中景	小姑父卖豆腐的摊儿	能到家的基本都在家了 在家里忙不会感觉到累 更多的是一种享受	
50	近景	表弟们和姑父忙碌着卖豆腐		
51	特	卖豆腐的手		
52	全	集市上热闹的场景	而不能回来的亲人们	
53	近景	正丰在家整理旧照片	心里只能藏着份无奈	电视里春运播报
54	近景	大姑跟表弟的儿子与表弟视频		现场声
55	特	幼小可爱的侄子看着电脑屏幕		
56	特	电脑屏幕里的表弟		
57	特	大姑伤感的表情及侄子年幼无知的神态		
58	近景	正权采访讲周运	“周运性格非常刚烈，坚强……”	
59	全	奶奶家热闹的吃饭场景	字幕：2011.2.2 过年	现场声
60	小全	爷爷搬桌子		远处的爆竹声
61	全	叔叔 堂弟准备祭祖物品		现场声
62	中	爷爷拜访祭品	每年拜祭祖先都由爷爷主持	
63	特写	堂弟点鞭炮		

续表

镜号	景别	内容	解说词	音乐音响
64	近景	爷爷点蜡烛点香	香烛台上的香火不断的跟换	
65	全	爷爷祭拜鞠躬	我们为亲人祈福 希望来年大家都能平安健康	
66	特写	蜡烛火光		
67	全	妈妈和面准备包饺子的材料	年夜饭是这一年到头捯饬时间最长的一顿饭	现场声
68	特	和面的手		
69	全	爷爷奶奶在厨房准备年夜饭		
70	近景	嫂嫂在桌边包饺子	这种饺子是我们这特有的	
71	特写	包好的饺子摆在桌上	饺子皮的材料是红薯粉和蒸熟的芋头	
72	全	爷爷奶奶在厨房里准备年夜饭	口感非常柔软	
73	小全	家人燃爆竹		
74	全	一家人围在圆桌边吃年夜饭		现场声
75	近景	烟花		爆竹声
76	小全	春晚直播片段		电视上
77	全	烟花爆竹		
78	大全	外婆家附近的自然景观	字幕：2011.2.3 拜年	
79	中	去外婆家的路上	外婆家离我们家很近	音乐《难忘的一天》
80	特写	路边的灯笼	只有两三里的路程 所以每年是我们走亲访友的第一站	
81	全	路边的灯笼		
82	近	外婆在厨房做饭		现场声
83	全	大家坐在外婆门前聊家常		
84	近景	聊着天的外公		
85	特写	舅舅跟小表妹		
86	全景	小舅带我们回到小时候常玩儿的地方，回忆往事	除了聊些家常 也聊我们这几代心中的些许梦想	
87	中	小舅拜祭土地爷，表情严肃		
88	近景	正丰，小舅采访	正丰："考研失利，找工作……" 小舅："一直想自己搞事业，但是缺钱的现实以及家庭需要"	

续表

镜号	景别	内容	解说词	音乐音响
89	全	大家一起上二爷爷家拜年		现场声
90	近	给二爷爷红包		
91	近景	爷爷为半枯的枣树去除坏死的那半		
92	特	爷爷布满老茧的手与老树皮		
93	全	叔叔准备回赣州，这次开车去	温馨的时光总是非常短暂 亲人一个个又相继回去工作	现场声 音乐
94	近	姐姐和侄女挥手	其实很不舍 但似乎又责无旁贷	
95	全	爷爷奶奶送走他们		
96	近景	小舅采访 讲外出打工的无奈		
97	全	爷爷奶奶房间窗户，屋内传出电视声音	这时候我们大家都还在路上 爷爷奶奶早早地守候在电视旁	电视声（天气预报）
98	小全	爷爷奶奶在房内看电视	等着他们每天必看的天气预报	音乐起
99	近景	电视在播放天气预报		
100	中	火车车厢内乘客无奈地望着窗外		
101	全	爷爷奶奶看电视		
102	近景	父亲采访 为什么在外打拼		

（3）后期制作

● 后期软件

后期用到的软件主要有用于影片剪辑的 Adobe Premiere Pro CC、图像处理软件 Adobe Photoshop Pro CC、音频录制处理软件 Cool Edit Pro 2.0 以及影视合成软件 Adobe After Effect Pro CC。

● 素材导入

摄像机实现数字化后，素材导入变得十分方便，不再需要通过传统的采集卡进行采集，直接从 SD 卡或 P2 卡中拷贝到计算机中，再导入 Premiere 即可。根据拍摄素材的场景和内容，在 Premiere 的项目面板中建立素材文件夹，以内容关键词命名，将素材分门别类地归入文件夹，便于剪辑时查找。

● 粗剪

素材导入完成后，依照分镜头剧本要求，将所拍摄素材依次在时间线上排列正确，完成粗剪工作。

● 配音

使用 Cool Editor 进行解说词配音的录制，根据本片风格要求，语速较缓，情感充沛而深沉。

● 精编

将配音导入 Premiere 中，并将其铺于音轨上，根据解说词的内容和长度，进行进一步的精编。

有了粗编的基础，在这一阶段，只需根据解说词的实际内容和长度对素材进行适当的调整。继而导入背景音乐，再根据背景音乐的节奏和情绪，对整体剪辑进行最后的把控，便可顺利完成正片的编辑工作。

● 字幕

在正片剪辑完成后，需要做的便是加入片头、片尾字幕以及解说词字幕。

考虑到整个片子的氛围，导演在处理片头字幕时，选择了较为中国风的手写体，其出现的位置和方式则配合火车站的实景和同期声（汽笛、人流声等），有节奏感地穿插其中，显得相得益彰，如图 12-3 所示。

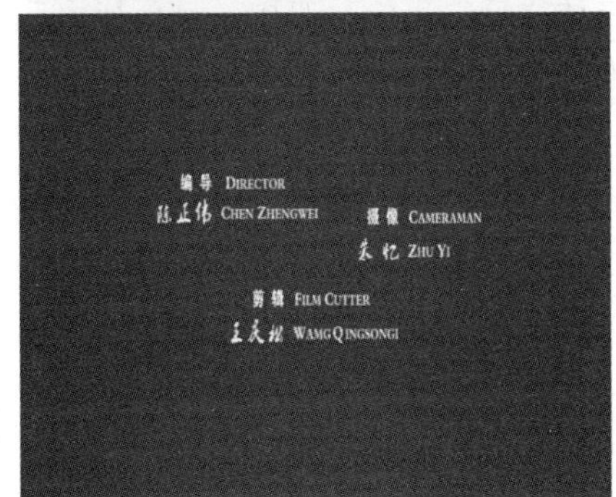

图 12-3　纪录片《过年》片头字幕

影片中的字幕放在后期制作的最后，可以通过 Photoshop 中的图层或者 Premiere 自身的 Title Design 来完成，如图 12-4 所示。

图 12-4　纪录片《过年》解说词字幕

4. 创作体会

纪录片不同于故事片，其重点在于情感的真实性和影像风格的写实性，换而言之，要做好一部纪录片，要把重点放在策划和拍摄的阶段，特别是前期策划阶段。

由于纪录片不存在传统意义上的剧本和分镜头稿本（否则会流于摆拍，这便失去了制作纪录片的意义，违背了纪录片的本质），拍摄和后期便都依赖于前期策划，值得一提的是，纪录片的前期策划并不等同于文稿（解说词）的撰写，纪录片解说词的写作往往是在拍摄完成，甚至是粗编完成之后，而这一点则是初学者较易犯的一个错误——他们往往认为没有解说词，就无法明确拍摄内容——而事实是，在没有进行拍摄之前，所撰写的解说词往往是导演想象中理想化的构思，实际能否拍摄到相应的画面内容并不能确定，带着不切实际的想象去拍摄，其结果只可能事与愿违；倘若硬要摆拍出解说词中的内容，则会变成生硬造假，不符合纪录片即兴的特点和纪实的性质。所以，将解说词和分镜头剧本的写作延后至素材拍摄完毕，一方面是为了保证素材的真实性；另一方面也保证了解说词对于内容的贴合度，根据实际拍摄到的内容，解说词才能发挥补充画面信息，提升主题情感的作用。

而解说词撰写的延后，并不意味着我们可以随性地进行拍摄，漫无目的地拍摄只会浪费人力、物力，并导致后期制作时的困扰（海量的没有逻辑的素材，很难有效地集结成一个完整而逻辑清晰的影片）。惟其如此，在策划阶段，导演真正要做的是确定主题，并形成架构。

架构是纪录片的整体叙事结构，明确了影片的主线、分块以及每一分块的具体内容，是在导演进行过前期调研和预采访之后得出的，架构一旦形成，我们就会明确所要拍摄的具体内容，再根据内容确定必要的场景、事件和人物，最终指导我们完成拍摄任务。

有了架构的指导，拍摄便有章可循、有据可依，但需注意的是，纪录片的拍摄中会发生许多意想之外的突发情况，作为导演，是否能敏感地捕捉到有用的信息，及时拍下难以重来、不可复制的珍贵画面，也是创作一部成功的纪录片的关键，而这一点则需要通过一定的创作实战来积累经验。

相对于策划和拍摄，纪录片的后期制作任务要相对简单，它不需要过多的戏剧化剪辑和特效包装，保持朴实自然的风格，是大部分纪录片的要求，但适宜的配乐，则会在一定程度上增强情感的力度。《过年》一片，选择了马友友的大提琴曲作为主题音乐，在大提琴低沉而悠长的旋律中，我们很快就进入到导演营造的银灰色的乡愁之中，音乐在这里就起到了画龙点睛的作用。

无论是制作纪录片还是故事片，我们都要抓住创作体裁和题材自身的特点，依据其必要的创作流程和规律行事，也只有依照科学的工作流程，养成良好的工作习惯，才能创作出成功的作品。

实例二　DV剧情片——《雪球》

作为视频创作爱好者的你，是否经常都有创作的冲动？校园生活的点滴、现代大学生的个性化思想与生活是不是都能激起你创作的欲望和念头？既然如此，不要再犹豫了，赶紧整理整理思路，争取设备和人员的支持，撰写剧本，组建剧组，准备开拍吧。

DV剧情片是当代大学生数字视频创作的一个主要片种，也是最接近电影生产流程的作品种类，下面我们就看看DV剧情片的创作过程。

一般来说，一部DV剧情片的生产从创意产生到最终的作品发布大致经历如图12-5所示的环节。

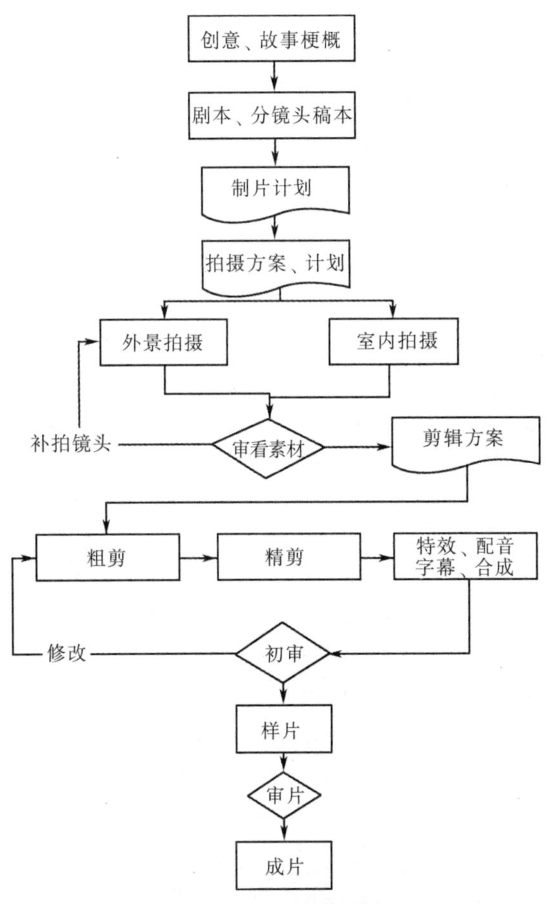

图12-5　DV剧情片制作流程

一、前期创意策划、筹备阶段

（一）创意的产生与故事梗概

一部DV剧情片的创意来源多种多样，可能是对现实生活的感悟，可能是灵感的偶尔闪现，还可能是……无论创意来源于哪里，已经不重要了，重要的是如何围绕创意架构一个能够吸引观众的故事。所以说，DV剧情片创作的开始便是产生创意并将其转化为一个大致的故事。

《雪球》所描述的是一所被包围在七个怪诞的漩涡之中的学校里发生的事情，不断地循环，永无休止。吞人的厕所、来路不明的室友、五楼窗外漂浮的脸、跑道上尾随的背后人……或许混乱，或许环环相扣，一个年轻的摇滚乐手，一个误入局中的乖乖学生，是活命还是做梦？是放弃还是追究到底？在一个个看似联系的局里居然还隐藏着最为关键的第八个怪诞，它引出的又会是什么？是真相？还是……

生活就像滚雪球，不管是轨迹还是大小，不管是怎样突然还是不知不觉地渐变，我们

图 12-6　DV 短剧《雪球》片段一

也只是掺揉在了雪里的细沙。

（二）剧本与分镜头稿本

一部好的短片首先需要有一个好的剧本，然后经由前期拍摄以及后期处理最终成片。好的创意仅仅是一个开端，虽然重要，但也许永远只是一个创意。虽然我们承认有不少导演在没有剧本的情况下进行创作，但是我们并不赞成这种做法。剧本实际上是一种贯穿于创作过程始终的创作思维方式，是运用剧本元素来进行叙事的创作过程。剧本应由导演和编剧商议撰写。剧本一般没有严格的格式要求，下面是《雪球》的剧本节选。

黑屏，只有一个白点（片名雪球）在屏幕四处缓慢地闪；背景是诡异的音乐。中间闪

图 12-7 DV 短剧《雪球》片段二

片格尔玛的演出镜头和马义的镜头（几帧的长度）（淡出）

场景一：幕上飞快地打下“山水大学诡异事件的档案”（No. 37）（淡入淡出）

档案 No. ○○

山水大学学生处

诡异事件档案记录

时间：20XX 年 X 月 X 日

事件：勾人的厕所

［目击者口述］我（小丫）和某某（小雅）下了体育课经过教7楼2楼洗手间，小雅说要洗把脸，于是我在门口等，许久不见动静，我推开门却发现小雅她在那个厕所里……天啊，手……

调查结果：无

被害人：失踪

相关解释：无

列入机密：封存

场景二：（淡入淡出）教7楼女厕所

两个女生（小丫和小雅）在走廊中谈笑走来。两人手持羽毛球拍，身穿运动衫，走到一个厕所门前。

［小雅］等会，我到洗手间洗把脸。

［小丫］小心啊，听说教7楼有个鬼厕所呢。

［小雅］没事，都骗人的。

走了进去。小雅拧开水龙头洗脸，喊门外小丫。

［小雅］小丫，这里面安静着呢，哪有什么怪东西啊！

门外没有人回应。小雅接连叫了几声依然没有反应。忽然听得背后的一个厕所门有响声。回头，厕所中有一扇隔间的门来回扇动，小雅四周看看，并没有风。

门继续在扇动，小雅好像着了魔，走上前去。还有两步远的时候，门却忽然停止响动。

小雅顺着门缝看去，门突然关上，发出巨响，吓了小雅一跳。小雅后退，想想，转身就走。此时身后紧闭的门又吱呀打开了。小雅慢慢回头，慢慢走上前去，突然一个箭步上前，拉开门。门内空无一物。小雅长出一口气。抬腿走了进去，上厕所。从另一个视角看，半掩的隔门后，无数只手簇拥着向后退去的小雅。这时，门“砰”地关上了。

场景三：黑屏，只有一个白点在屏幕四处缓慢地闪；背景是诡异的音乐。（淡入淡出）

档案 No.〇〇

山水大学学生处

诡异事件档案记录

时间：20XX年X月X日

事件：跑道尾随事件

［目击者口述］我（戴戴）凌晨六点在操场跑步，总感觉背后有人跟随，回头没有人。可我知道她如影随形……今天我决心看到她！……我看到了……

调查结果：无

被害人：心理障碍

相关解释：无

列入机密：封存

……

分镜头稿本是导演在文学剧本的基础上，确定了拍摄场景之后，按自己对未来电影画面和场面调度的设想，写出用于拍摄的参考脚本。分镜头稿本必须依照一定的格式来撰写。

表 12-1 为《雪球》中“卫生间”一场戏的分镜头稿本。

表 12-1

镜号	技巧	时间	景别	内容	特效	备注
1		3	中	电脑屏幕上飞快地打出“山水大学诡异事件的档案”（No. 37）	淡入 淡出	
2		5	远	两个女生嬉戏 有一个走近厕所		
3	推 仰	2	全 至中	厕所门		
4	跟	6	中全	两个女孩聊天背影　进厕所洗手　说有鬼一女孩不信		
5		3	全	进厕所　喊　“小丫……”		从厕所向外拍摄
6		1	特	开水龙头　洗手		
7		4	中近	对镜看脸　“这里干净着呢” 突然感觉有声音　疑惑　没有 又低头　又听到回头看		
8		2	远	一个门在吱呀		
9		2	中	定睛看		
10		3	远	一个门在吱呀		
11		4	中远	女孩走进门　叫“小丫”　没回应		
12	推	3	远 至 近	门吱呀		
13	……	……	……	……		

（三）制片计划

有了分镜头稿本就如同建造高楼大厦有了设计图纸一样，但是如同建造大厦一样，仅仅有设计图纸是不够的，如果是商业电影，这时面临的肯定是投资方等现实的问题，而作为大学生 DV 短片的创作，只是如何与志同道合的同学组成一个创作团体的问题了，但是无论是哪一种情况，开机拍摄前的详细制片计划都是十分重要的，下面的表格给出了一个制片计划的一般格式，表格 12-2 中列出了制片计划中需要考虑的各方面因素。当然对于大制作，制片计划中的要素显然远远不止表中所列的内容。

表 12-2　制片计划

<table>
<tr><td rowspan="3">片型</td><td>剧情片</td><td>√</td></tr>
<tr><td>专题片</td><td></td></tr>
<tr><td>MV</td><td></td></tr>
<tr><td>片名</td><td colspan="2">《雪球》</td></tr>
<tr><td colspan="3">制片计划</td></tr>
<tr><td colspan="3">1. 引言
鬼在哪里？鬼在心里。这是老早就明白的俗话，一点也不新鲜。但既然知道，为什么还有这么多恐惧？因为我们并没有弄清楚，到底“鬼”在谁的心里。不单纯在哪一个人的心里，在一个群体的心里。我们对未知或是事情真相那些过分热衷和传播，已然造成了一只不断膨胀的“鬼”。这就是“雪球”的由来。造成的时候，快意而新鲜，似乎充满隐秘的乐趣，反噬的时候，我们是被自己的恶意迷失了。易卜生找到一个答案：群鬼。空虚、混乱的生活是我们自己造成的，那些昏迷的状态某种程度让我们上瘾不能自拔，谣言越来越大，谣言的制造者、传播者、接受者裹挟在其中，代价是迷失得无影无踪。解决的方法，傻子阿甘总能顶住时间的洗礼，而所谓“聪明”的人，对不起，也许复杂的迷局事实上只有一个简单到简陋的启动插头。
只不过，在这个故事里，我们将嘲弄进行到底。我们自己嘲弄自己。
主创人员：谭伟民、崔晓元、吴素雷、路蓉、杨万源、王怡径然
设备：松下摄像机、利拍脚架、1300W 新闻灯、反光板、场记板、话筒、非编系统
制作流程：主创人员讨论会—拍摄—素材采集—粗编—精编—发布
详细预算：3660 元
宣传策略：老校区首映、苏州高校各校区展映、送媒体机构发布</td></tr>
</table>

表 12-3　主创人员

职位	姓名	单位	经历
导演	谭伟民	文学院 06 届学生 苏州某报社记者、编辑	《新程剧社》社长 《短路》导演；《三级 1/8》导演
制片人	杨毅	传媒学院 07 届学生	《新程剧社》社长 《短路》策划；《从头再来》导演
摄像	吴素雷	同上	摄影爱好者
美工	杨万源	同上	
录音	沈波	传媒 06 级学生	《双子座》剪辑
编剧	谭伟民	文学院 06 届学生	
剪辑	崔晓元	传媒学院 06 届学生	
场记	王怡径然	广电 05 级学生	

表 12-4　项目预算

项目	费用（元）	备注
DV 带	300	10 盒 PQ 带；必需
道具	350	必需
场地	300	拍摄外景时，借取某些特殊场地的费用开支
外景交通	200	拍摄外景时的交通费用以及突发情况下的打的费用
通信	350	由于人员分散，主要演职人员需电话沟通
外景工作餐	600	拍摄外景时，演职人员餐饮费用
后期剪辑		
成片	550	制作并赠送学院领导、演职人员以及相关单位的成片费用
宣传	400	海报、剧照、宣传画、横幅
总计	3050	考虑到不可预见因素，乘以 1.2 的风险系数，总预算为 3660 元

二、制作实现阶段

（一）前期拍摄

1. 拍摄准备

DV 剧情片的创作并非是一个完全线性的过程，整个创作可以多头并进，在正式拍摄前，各成员都有一些工作要完成。例如：本片的制片人要联系好设备、几个拍摄场地的可行性，落实团队的交通、伙食等生活问题，还要设法取得赞助商的支持；美工和摄像师要熟悉拍摄场景，明确将来的机位以及构图；演员需到现场进行排练（此工作是非常需要的，因为正式拍摄时带着大量的人员、设备，没法给演员太多的时间来熟悉表演动作）。总之，做好拍摄前的各项准备工作会使我们的拍摄工作得以顺利地进行。

2. 拍摄计划表

表 12-5 为本短剧的拍摄计划表。

表 12-5　拍摄日程计划表

<table>
<tr><th>日期</th><th>场景</th><th>内容地点</th><th>备注</th></tr>
<tr><td rowspan="2">5 月 24 日</td><td>17、20、29</td><td>教学楼 C6</td><td rowspan="2"></td></tr>
<tr><td>1、2、3、4、5</td><td>宿舍 1 号楼</td></tr>
<tr><td rowspan="2">5 月 25 日</td><td>18、33、35、21</td><td>11 教、大阶梯</td><td rowspan="2">携灯光</td></tr>
<tr><td>36、38、40</td><td>行政楼地下防空洞</td></tr>
<tr><td rowspan="3">5 月 26 日</td><td>31、34、37</td><td>网师园</td><td rowspan="3"></td></tr>
<tr><td>19、28、32</td><td>废弃的游泳馆</td></tr>
<tr><td>8、9、10、30</td><td>老校区田径场</td></tr>
<tr><td>5 月 27 日</td><td>7、14、15、23、25、27</td><td>老校区</td><td></td></tr>
<tr><td rowspan="2">5 月 28 日</td><td>6、11、16、13、29</td><td>新校区</td><td rowspan="2">夜、室内、置景</td></tr>
<tr><td>12、24、22、26、39</td><td>多功能排练厅</td></tr>
<tr><td>6 月 1 日、2 日</td><td>补拍</td><td></td><td>视素材审核情况定</td></tr>
</table>

拍摄前，每次都要完成以下几个工作：

● 检查设备状况，包括镜头、摄像机各开关所处位置、三脚架、电池、磁带、场记板、话筒、反光板和道具等。

● 明确各成员在当天的任务。

● 部署意外情况下的应急方案。

3. 拍摄中的主要问题

(1) 画面构图

为保证拍摄计划的按时进行，每个镜头都应该严格按照既定方案进行。现场实在不能按照原计划构图的，由美工和摄像提出意见，导演决定最终方案。

在影视制作中，尤其是在前期的拍摄中，需要对镜头的表现技巧非常熟悉，什么样的镜头技巧表现什么样的主题内容，都要熟知于心。本片绝大部分镜头是固定镜头，但由于运动镜头比较符合人们观察事物的视觉习惯，因此推、拉、摇、移、跟、甩等运动拍摄技巧也被大量运用。以渐次扩展或者集中、逐一展示的形式表现被拍摄物体，其时空的转换均由不断运动的画面来体现，完全同客观的时空转换相吻合。在表现固定景物或人物的时候，运用运动镜头技巧还可以改变固定景物为活动画面，增强画面的活力。而且，影片中有时需要使用晃动镜头，大部分通过手持拍摄，造成晃动、真实的影像风格。

(2) 摄像用光

由于场地和光照条件经常发生变化，因此，在拍摄过程中，要随时注意白平衡的正确设置。即使在计划中某片段的画面需要偏色，在拍摄时还是要保证颜色的正确还原。这是因为在最后成片时，导演对偏色部分的片段改变色调是很有可能的事情。

在实地拍摄过程中，照明条件是时常要考虑的问题。基于本片的风格，大部分场景需要在昏暗的环境中表现，而为了保证画面质量，需要现场布光，这是一个比较重要的环节。虽然利用后期手段可以处理曝光参数，但从工作效率来说，尽可能在前期就把照明问题解决。一般摄像机都有自动曝光和手动曝光两种选择。自动曝光的一个好处是摄像机可以随时根据光线的变化来自动调整曝光值，但如果是从暗处突然移到非常明亮的地方，则自动曝光会给人一种镜头忽明忽暗的感觉，严重影响画面美感。所以，大部分情况下应选择手动曝光，以便于自主地对曝光进行控制。并且，不能忽视反光板的作用，在逆光条件下，反光板可以起到很好的补光效果。

(3) 现场拾音

一般摄像机自带的话筒是可以解决现场的拾音任务，但在嘈杂的现场或拍摄距离较远的情况下，其效果就会大打折扣。因此，出发前应该带好强指向性话筒，在拍摄现场用此类话筒录音时，要注意不在镜头中“穿帮”，并且保证有足够的录音电平。

(4) 场记

本书第五章我们说过，在拍摄过程中，有一个环节是非常重要的，那就是场记。场记，顾名思义，就是现场记录，它既指代现场记录的工作，同时也指担任这一工作的人员。场记必须通过细致、周到的工作来保证导演计划的实施，同时也为导演的继续拍摄以及补拍、剪辑、配音提供准确的数据和资料。该片场记单的格式如下：

表 12-6　场记单格式

场名：　　年　月　日										第　页	
场次	镜号	条数	内容	景别	带号	时码	备注	录音	拍摄		
								质量	选用	质量	选用

（二）后期编辑

后期编辑采用非线性编辑的方法，用到的软件主要有用于影片剪辑的 Adobe Premiere Pro 2.0、图像处理软件 Adobe Photoshop、音频录制处理软件 Cool Edit Pro 2.0 以及影视合成软件 Adobe After Effect，其基本流程是素材采集—粗剪—精剪，具体如下：

1. 素材采集

素材的采集通过 Premiere 来进行，采集前，在采集调板中选择“Scene Detect”（场景检测），采集完毕后，共有 300 多个镜头。由于在拍摄过程中严格做好了场记工作，每个镜头的拍摄都通过场记板开始，并且拍摄时根据导演的要求已经分好了镜头场次，因此这 300 多个镜头和场记本的镜头号就吻合起来了。

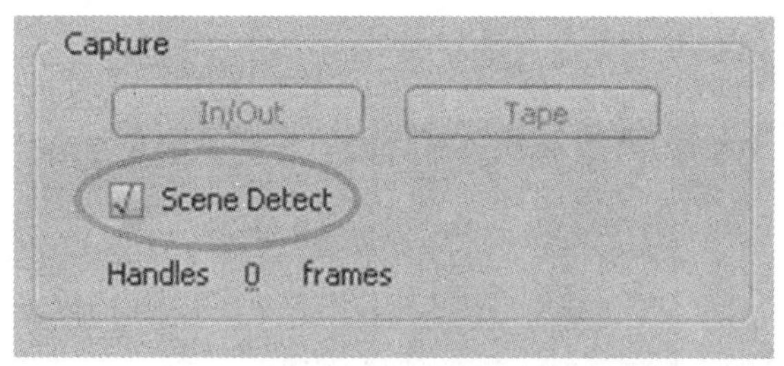

图 12-8　场景检测对话框

根据场记记录的镜头编号来检查采集的镜头，不需要的就可以删除了，这样不仅节省了硬盘空间，并且在某种程度上对后期工作也起到了一定的帮助作用，至少对素材内容的把握有了依据。

2. 粗剪

采集完成后，将所有镜头按照场次镜头号依次在时间线上排列正确，开始粗剪，根据导演的要求，影片的节奏要紧凑，粗剪结束，时间线总时长已经缩短至 75 分钟左右。

3. 精编

从素材采集到粗剪，一切进行得都很顺利。接下来的精编将是决定影片质量好坏的一个关键步骤。此过程要求电视画面的剪辑符合镜头组接原则，在内容、动作、空间景别以及影调、色调方面都有正确的表现，表现出影片的整体节奏感，使影片具有鲜明的特色以及完整性。

（1）确定主题思想

素材在通过精剪之后能准确、鲜明地体现影片的主题思想，做到结构严谨和节奏鲜明；从物理制约中解放，自由控制时间和空间，结合演出意图构成剧情，大大增强了影视片的艺术表现力和感染力，并确定作品的最终面貌。如何把握好准确的剪辑点，剪下完美的一刀，对影片的成型和最终质量有着至关重要的影响。不同的剪辑点，哪怕是几帧的误差，表现出来的思想也许就大不一样了。

剪辑本身就是一个剧中动作分解和组合的再创作，在熟悉剧本内容和拍摄的原始素材（即镜头画面与声音）的同时，根据导演的创作意图，牢牢掌握“戏剧动作”的分解与组合的规律，对影片的蒙太奇形象进行最后的艺术加工与定型工作。所以说，剪辑师在一定程度上也扮演着导演的角色。

导演要求影片中处处透露“怪味”，从最初的“第一章”到后来的“第七章”，再到最后的“另一章”，出现的七个奇怪的裂纹字分别是“门”“后”“众”“身”“生”“假”“面”（如图 12-9 所示），这七个字做成断裂破烂的样子会让观众产生好奇心，促使观众接着看下去，这七个字是不规则排列的，有的是正的，有的是倒的，还有的是歪的，更有的甚至是上下各露一半出来，给人一种神秘感，试问谁不想一看究竟呢？而这七个字当初却是被定为“厕跟死重活假面”，这样的七个字明显没有前者富有深意。前者连在一起是一句颇具哲学的话“门后众身生假面”，意思就是说，“很多人在背地里会做些‘假戏’，以达到某种目的”。这七个字已经不是普通的代表章节的单单字面上的含义，它代表了更深层次的意义，更加显得有代表性，也更加让人深思。

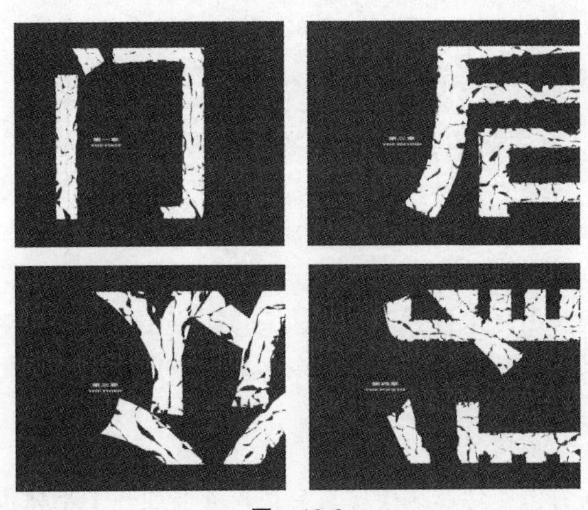

图 12-9

（2）画面镜头的组接

从镜头画面的调度来说，影片节奏总体紧凑，无累赘感，看过之后让人感觉很自然。画面的色调也是经过多次调试后采用的高对比度设置，开始为迎合新奇的偏黄基调和制造恐怖效果的偏蓝基调都被否定，高对比度使画面的质感更强，人物更加突出，使观众能够更好地融入到影片的气氛当中。

影片中令人头疼的是有两处要做成MTV效果，其中前一个MTV是经过四次拍摄，每次让演员跟着背景音乐演唱，通过摄像机不同的机位、角度和推拉，拍摄了素材，剪辑的时候，通过Premiere的多机位剪辑功能，把演员的现场口型和歌曲对上，留下需要的镜头（如图12-10所示）。而其中的一个难点就是对口型，当对着计算机屏幕看着一遍遍相差不大的画面，一旦时间稍长，对镜头的辨别能力会下降，为保证影片质量不受影响，需要稍事休息后再进行剪辑作业。

图　12-10

而后一个MTV则只拍了两遍，这样导致了剪辑时素材不够，要么是口型对不上，要么就是直接没有能用的画面去配。后来，将MTV中加上倒叙的故事情节，不但使影片整体节奏上更具优势，而且也填补了MTV中的空场镜头。因为这段MTV是整部影片中最抒情的一段，在格尔玛回忆的同时，穿插了一些前一个MTV的镜头，但采用的是黑白色调添加噪波的旧电影再慢速的方式，发挥了Avril抒情歌的需要作用。

每一部影视作品都由若干个画面、段落组合而成。影视片中若干不同内容的画面要通过合理的剪辑，构成一个个完整的蒙太奇段落。对影视创作者而言，单个画面是词汇和短句，而画面的剪辑技巧则是语法和修辞。创作者要掌握画面剪辑的技巧，让观众从连贯的画面中，从视觉形象和听觉形象中，清楚明白地了解到事情发生发展的过程，又能感受到人物的命运，接受创作者所要表达的情理。《雪球》整部片子的结构给人的感觉还是比较清晰明朗的，而整片的节奏也是比较轻快的。这和良好的剪辑是分不开的。

(3) 特效处理

影片的节奏和整体风格确定之后，一些地方是需要进行特效处理的，有为画面自身添加特效的，也有为镜头之间的转场添加特效的，还有是对声音进行特效处理的，下面以本片的片头为例来介绍对画面的特效处理。

片头其实本来是一幅蓝天白云的画面，对其进行抠像，将蓝天全数抠除，只留下白云，再垫上黑色，如此看来，诡异之中又添了一份神秘，还有一种前卫的感觉，给人的视觉冲击力也比较大。

● 导入蓝天白云的素材

图 12-11　片头字幕

在时间线的第二轨上添加一段蓝天白云的素材，根据影片的节奏和背景音乐，调整好该素材在时间线上的长度与速度，如图 12-11 所示。

● 抠像

“抠像”一词是从早期电视制作中得来的。英文称作“Key”，意思是吸取画面中的某一种颜色作为透明色，将它从画面中抠去，从而使背景透出来，形成二层画面的叠加合成。这样在室内拍摄的人物经抠像后与各种景物叠加在一起，形成神奇的艺术效果。正因为抠像的这种神奇功能，抠像成了电视制作的常用技巧。在早期的电视制作中，抠像需要昂贵的硬件支持，且对拍摄的背景要求很严，需在特定的蓝背景下拍摄，光线要求也很严格。如今的硬件特技已能轻松地做到了，但价格却使人望而生畏，是许多中小单位不能承受的。如今的非线性编辑软件大都能做抠像特技，而且对背景的颜色要求也不十分严格，Premiere 是通用的非线性编辑软件，巧妙地应用其中的 Key 功能并与其他特技配合同样能达到较好的抠像效果（如图 12-12 所示）。

图　12-12

为素材添加色键特效 Video Effects ｜ Keying ｜ RGB Difference Key，对于蓝色背景的画面来说，一般可以使用 Blue Screen Key 来实现背景的去除，不过本案中要实现一种诡异的效果，因此采用 RGB Difference Key，可以更灵活地调整参数。

在特效控制调板中，使用吸色管选取天空的蓝色区域，然后调整“Similarity”（相似值），在调整的过程中，可以看到画面的最终效果。

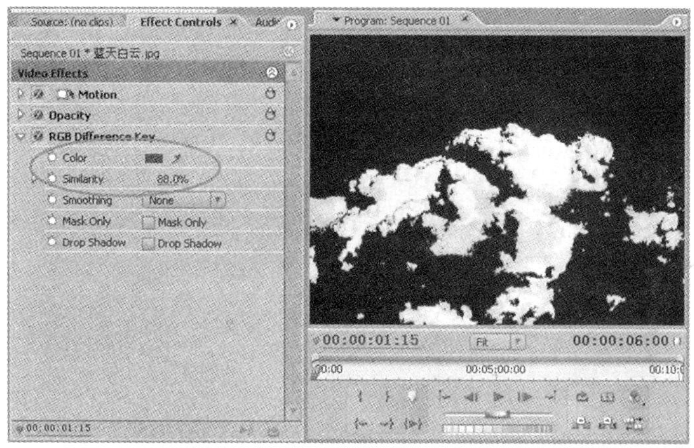

图 12-13

● 调整色阶

蓝色背景去除后，可以看到画面还有淡淡的蓝色，这和本片风格不符。如何去除这些残留的颜色呢？一般使用者会想到使用“Tint”特效，一方面可以使画面变成黑白画面，另一方面还可以保留画面的灰度。但正是这些灰度使得画面的效果不理想，权衡之下，使用了“色阶调整”特效。视频滤镜“色阶调整”效果将画面的亮度、对比度及色彩平衡（包括颜色反相）等参数的调整功能组合在一起，可用来改善输出画面的画质和效果。

为素材添加 Video Effects | Adjust | Level，在特效控制调板中，单击 Level 单词右侧的小按钮弹出“色阶调整”对话框，可以看到带有直方图的“输入色阶”调整部分，使用直方图下面的 3 个滑块，或在 Input Levels（级别输入）文本框中输入具体的数值，来调整各颜色取用情况。假如需要增加亮度，应该将白色三角形向左移动，反之将白色三角形向右移动；假如需要加重图像阴影，应该将黑色三角形向右移动，反之将黑色三角形向左移动；假如需要调整灰色的层次，应该适当移动灰色三角形。本例为使整个画面出现黑白两极的表现形式，可以将右侧的白电平向中间靠拢（如图 12-14 所示）。

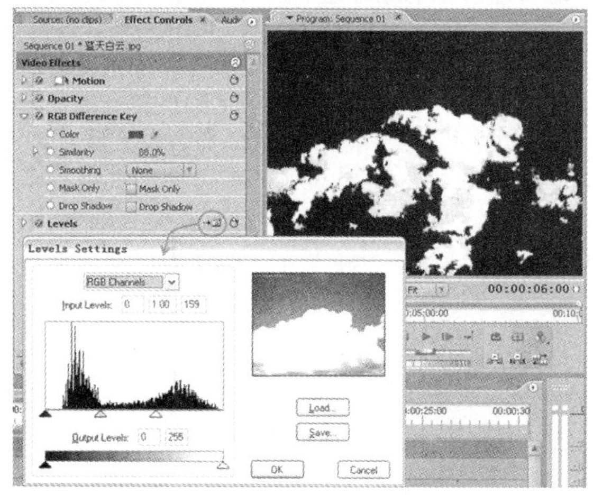

图 12-14

单击“OK”，效果就完成了（如图 12-15 所示）。

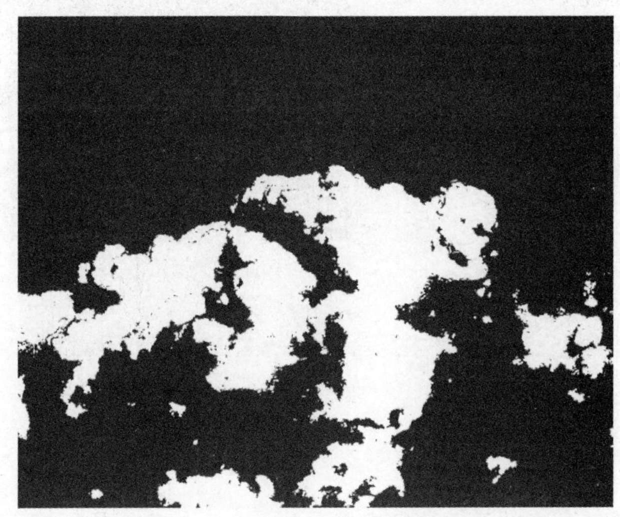

图 12-15

调整色阶是颜色处理的一部分，颜色处理主要是对颜色组成的三要素进行处理，即色相、饱和度及亮度的处理，在 Premiere 中还有很多色彩处理的工具。本影片中很多带有恐怖意味的片段都进行了颜色的校正，以此来增强恐怖效果。

图 12-16　颜色校正效果

（4）音响、音效

精剪完成后，将要进行的是一些效果音的添加。由于影片带有恐怖元素，音效的合理使用直接关系到影片的质量，一系列的画面在没有加上音效之前所表达的可能是另外一种意境，一旦加上音效，恐怖元素就被激活，并得到一系列的反应，观众也许会在这一系列的反应中感受到一丝恐惧，体会出导演、演员带来的某种程度上的思想和意义。

总的来说，一部影片要达到良好的效果，其中的音响音效占据了很大一部分影响力，不论是煽情的，还是恐怖的，或者只是一个背景音乐，用得好与不好将直接影响到整部影片的结构与节奏，所以音响音效也是在影视制作中的一大注意点。在添加音效的过程中也会出现某些音效找不着的情况，可以利用软件制作音响效果，或是自己录制，将几种现有的但不是很理想的音效剪辑成一个真正想要的。

影片的声音标准化工作也是一个影视后期工作中不可小视的步骤，它虽然和拍摄现场的拾音有着很大关系，但后期的工作也对其有着重大的音响，如果现场的拾音噪声太多，适当地利用 Cool Edit 对其进行降噪，或者后期重新配音，再加上当时现场的环境效果。在剪辑时需要注意声音电平的高低问题，要保证所有的音频都出在一个电平上，不能出现声音有削波失真或者电平太低的情况，并且对于电平最高的地方，应使其调整到峰值削波的临界点。

4．字幕

影片中的字幕放在后期制作的最后，可以通过 Photoshop 中的图层或者 Premiere 自身的 Title Designer 来完成，字幕的出现要与声音同步，即声画同步，如图 12-17 所示。

图　12-17

使用 Photoshop 制作字幕的要求是前期的文字稿本和分镜头必须完善。在文字稿本和分镜头已经确定的基础上，片中的人物台词解说也随之确定，也就是在拍摄的时候，相应的脚本应该已经完全确定。这样在后期加字幕的时候，就按照脚本来完成。用 Photoshop 中的图层制作字幕可以节省很多时间，因为在图层里添加字幕可以预先设定好，不必每个字幕都去设定格式和位置。而在 Premiere 里面，直接用 Title 来添加字幕往往会遇到字体格式、位置等问题，这样在 Photoshop 中利用图层完成所有字幕后，直接拖到 Premiere 里的字幕轨上就可以了。具体操作如下：

● 启动 Photoshop，新建文档，在弹出对话框中，“预设”为“胶片和视频”，“大小”选择“PAL D1/DV”，如图 12-18 所示。这是 Adobe 针对 PAL 制式电视节目预设的一种图片方案，其大小为 720×586，采用长方形像素运算，比值约为 1.067。

图　12-18

● 按字幕顺序创建文字层，白色字加黑边，如图 12-19 所示。

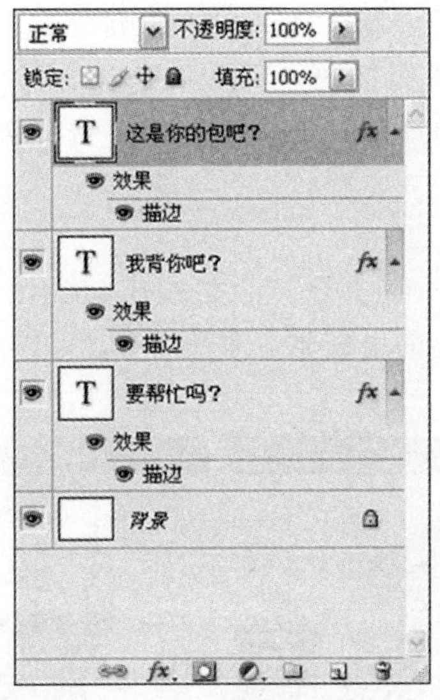

图 12-19

在创建文字层的时候，由于各层的字体大小、格式、颜色以及图层样式都是一致的，因此，在创建好第一层文字并设置好各种属性后，可以将该文字层复制一层“副本层”，然后用后一段的字幕替换掉“副本层”的文字，第二层文字就完成了，依次类推，大大缩短了制作字幕的时间。

● 字幕在 Photoshop 中完成后，保存为 PSD 格式文件。

● 在 Premiere 中导入在 Photoshop 中完成的 PSD 格式的字幕文件，由于要保留各图层，因此，导入时在弹出的对话框中“Import As”下选择“sequence”，如图 12-20 所示。

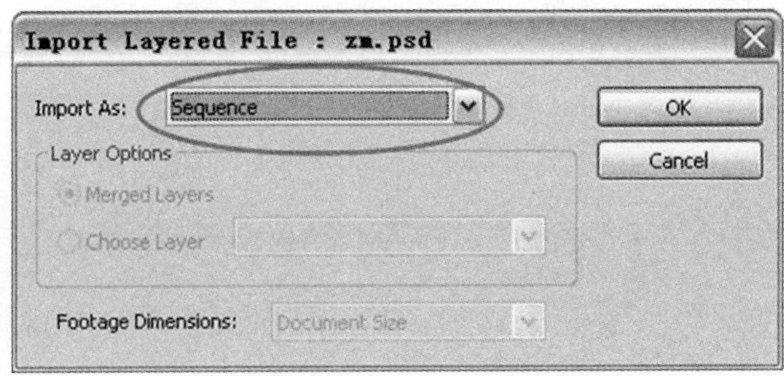

图 12-20

● 由于 Photoshop 和 Premiere 兼容性极强，导入的文字 PSD 图片就以文件夹的形式出现在 Premiere 的项目调板中。如果发现字幕有错，则可以在 Photoshop 中修改后保存该字幕文件，Premiere 中的字幕随之也会更新，如图 12-21 所示。

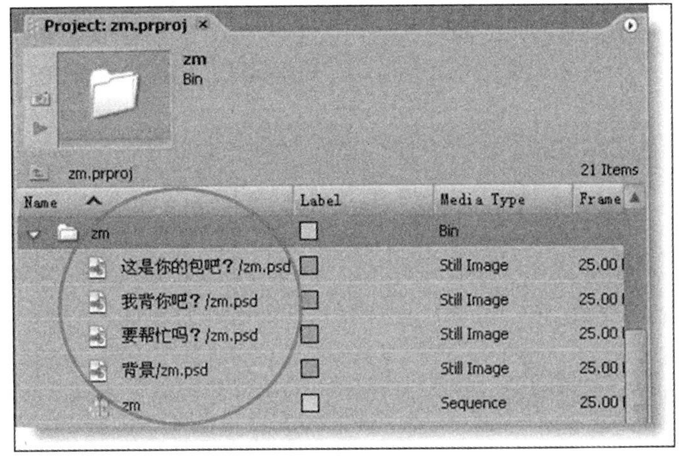

图　12-21

另外，字幕时间长短的问题，要根据片中人物的对白时间来划分，不要把字幕的时间拉得太长，也不要过短，应在能让观众可以看清为宜。

5. 最后审核

前面工作都完成以后，后期工作的最后一步就是准备最后成片生成前的检查，检查的内容包括：

● 影片的整体节奏，这一点是影片的关键。最后调整把握一下影片的节奏在生成成片之前是必需的。

● 镜头间的衔接，杜绝接口出现“黑场”的情况发生。

● 音频的检查包括背景音和音响音效的连贯性，始末的起伏。除了为满足影片效果特意要求外，要尽量避免“戛然而起”和“戛然而止”的情况发生。

● 检查字幕，以避免错别字的出现。

要取得更好的审核效果，可以先预生成一部片子来，然后由影片的主创人员一起看一遍，记录下片中尚有争议的地方，讨论决定后统一进行修改。

三、创作体会

在影片后期的镜头剪辑中，不应只局限于镜头的顺序排列，而应在原有镜头的基础上，根据剧情、人物和戏剧冲突，用省略的手法将生活中的时空变为艺术的影视时空，增强影片的戏剧性，从而使故事情节更加生动、更加吸引人，这也是对蒙太奇、对镜头的又一次再创造。从这一点来看，在影片后期的剪辑中蒙太奇的运用是相当重要的。蒙太奇的产生来源于生活，在影视艺术中，以镜头与镜头之间的剪辑产生新的蒙太奇含义。从词义上来解释，蒙太奇与剪辑在艺术创作上是同义词。

剪辑能使原有的单一的蒙太奇因素变成不同的蒙太奇形象和概念，产生较强的戏剧性，增加可视性，然而剪辑并不是影视创作的全过程。它只是蒙太奇形象的再创作，是在文学剧本、导演创作意图和摄像造型语言的基础上，对蒙太奇形象进行再加工、再塑造和再完善，赋予它最终的完成形态，这就是蒙太奇在后期剪辑中的作用。

对于剪辑来说，在技术操作上初学者一学就会，然而要想成为一名优秀的剪辑师并不是那么容易的事，而是要下苦工夫，在时间中认真钻研技法，熟练地掌握各种剪辑技巧、手法，将其上升到理论中去，再从理论回到实践中，这样从实践到理论，再从理论到实践，从而产生新的蒙太奇理论和概念，这样才能更好地利用蒙太奇为影片剪辑服务。

在整个影片制作过程中，就后期剪辑工作而言，工作量是比较大的，这期间不光是为了熟悉镜头，熟悉故事情节的平仄以及和导演的沟通，更多的是对镜头之间的磨合，在了解故事情节结构的前提下，对镜头进行蒙太奇的再创作。

在后期剪辑工作过程中，本着对影视后期剪辑的兴趣，应将导演传达的影片的创作意图和剪辑风格与剪辑者自身对影片的理解相结合，有时能创造出更好的编辑效果。作为后期剪辑师，所要做的当然不止这些，还要从影片的类型和表达的主旨思想出发，将各个画面、声音、字幕相互配合，形成一个浑然的整体，有时在专注地剪一场戏的时候，常常会因为一个蒙太奇的完美运用或是一段音画的无缝配合而觉得异常兴奋。

在剪辑中会遇到一些意想不到的问题，例如剪辑时发现了四五个 BUG 镜头，但由于重拍的可能性已经微乎其微，于是就靠后期将其掩盖。例如窗户玻璃上的反光，瓷砖的反光，道具的错位等等。此时可以用特效或是转场将其掩饰住，如调整亮度、对比度和色相，使得反光和人影减淡。利用别处的空场音将杂声或是人声、风声替换等。

就后期制作而言，应熟练掌握多款影视制作软件，一方面可以处理较为复杂的特殊效果，另一方面可以尽可能地提高后期编辑的工作效率。

实例三　MV——《翅膀》

现代视觉艺术与现代听觉艺术的完美结合，构筑了一个极具魅力和吸引力的视听世界，MV 就是这样一种视听兼容的现代艺术。现代社会使生活艺术化，艺术大众化、生活化，MV 文化无疑就是艺术生活化的最显著标志。MV 的艺术特征和审美特质主要表现在：声画意（歌词）的相互依赖和对位，曲意的视像化——外化，超短的时空结构，而意境创造则可说是 MV 创作的最高美学追求。由此我们说，MV 是影视作品中艺术要求最高的，而且也是最具有难度和挑战性的一种独特的种类。

一、创意说明

《翅膀》原是由林俊杰演唱的一首抒情歌曲，此次由“翅膀组合”三人演唱。在 MV 的创意中，首先要把握的是音乐的内涵与风格，《翅膀》这首歌的创作灵感是来自林俊杰与交往 3 年的女友分手时有感而发所写下的作品，这段刻骨铭心的爱情，在双方无法承受远距离的恋情之下，虽然相爱却理性地结束。整个 MV 作品的基调确定为忧伤，但又并非忧伤到沉沦。由于 MV 的创作是为参加江苏省首届网络大学生歌手大赛，所以在创意时除了要体现音乐作品的内涵，也彰显了“翅膀组合”成员各自独特的一面。在创意表现上就确立了采用双线结构，演唱者在室内的演唱与以校园为主的外景画面相互穿插，这样既有一种在舞台吟唱的现场感，又有外景拍摄人物表演的写意性，力求使整个作品的创意能够最大限度地彰显作品的内涵。以下是作品片段。

图 12-22　MV《翅膀》片段

二、制作实现

（一）拍摄

作为一个完全由在校学生完成且创作时间比较紧张的 MV 作品，拍摄中碰到的困难可想而知。首先由于外景拍摄场景的局限性较大，摆在摄像前面的问题就是如何处理背景，在拍摄中大量使用长焦、小景深，使背景问题得到了较好的解决。室内拍摄时，选择钢琴作为道具，从开始的钢琴引入到最后三位歌手贴琴而立，符合曲中的前奏，而且整体上增加了一份艺术气息。

拍摄时，由于设备的局限，无法使用多台机器同时拍摄，只好使用一台摄像机营造出多机位的效果。经过协商，三位歌手演唱了多遍，并且每一次的动作尽可能相似。当然，三位歌手各自的动作也在舞美的指导下各具特色。

室外拍摄时，大量借助前景，使画面层次分明。同样的动作采用不同焦距、不同方位拍摄，从而制造出动感效果。三位歌手有动有静、有微笑、有忧伤，画面组合中有单人、有三人，九组镜头使歌手各自的风格也得到了较好的体现。

（二）编辑合成

MV 的编辑目的是塑造完整的视听形象，根据创意设计，按照蒙太奇思维方式组接镜头是编辑的基本程序，但是在 MV 的编辑中，这种蒙太奇组合不是简单的“贴画面”，而是要充分挖掘每个镜头的内在张力，形成视觉集合与听觉感知的最佳匹配，这也是 MV 编辑的重要准则。

MV 的编辑合成与拍摄是紧密联系的。虽然在前期的创意与拍摄阶段中整个创作小组不断讨论总结，但在编辑时仍然发现存在以下几个问题：

● 室内拍摄时曝光过度，人物脸部高光明显。

● 室内与室外亮度反差过大。

● 室内单机分机位拍摄，虽经导演调整，各机位动作仍有一部分相差较大。

经过小组再次分析，这几个问题在拍摄中几乎是不可避免的：室内采用现场灯光，至少有三种色温夹杂在一起；灯光照度明显不足，必须不断调整光圈；室外环境雾气很重，无形中增加了画面整体亮度。在编辑合成时，通过数字特效的应用来解决上述问题，如整体增加柔光效果，解决亮度反差过大，同时通过柔光处理，整个画面的朦胧感增强，通过校色将全片基调调整成高调的橙黄色，符合舞台演出效果与整个歌曲忧伤的风格。可以说，在编辑中特效的应用起到了一举两得的作用，一方面拍摄中的缺陷或不足得到了有效的弥补，另一方面达到了特效应用将技术与艺术紧密结合起来的要求，很好地架构了画面，塑造了风格化的视听形象，实现了 MV 创意的要求。

此外，为了解决单机模拟多机位拍摄中的不足，在编辑中主要使用无技巧转场而非特效转场来巧妙地解决。一是用特写转场来解决各机位动作相差较大的缺陷，二是利用双线式结构的特点，在室内与室外之间作出合理切换。

三、创作体会

MV 的创作是一项难度较大、要求较高的工作。MV 创作首要的问题是要从美学和传播层面对作品的风格进行判断与把握，使抽象的听觉形象在具体的视觉形象支撑下立体丰满。MV 的时空交织、音画协调和虚实相生的特点如何在具体的创作过程中进行把握是创作者面临的实际而又难度较大的问题。在本作品的创作中，由于创作群体是清一色的在校学生，与专业群体相比尚存在不小的差距，但是整个小组都尽力地去演绎作品，尽可能使作品体现 MV 的艺术特色。在创作中，无论何种数字视频作品的创作都受到各种现实条件的制约，如：在这部学生作品中创作时间有限；拍摄场景选择的局限；拍摄器材设备的数量不足；歌手为普通在校学生而非专业演员，其艺术表现力有限等等，这些都给创作带来困难和挑战，而创作就是一个突破困难、迎接挑战的过程，这种过程带给创作者的体验和经历是一笔非常宝贵的财富。

参考文献

[1] 张晓锋. 电视制作原理与节目编辑 [M]. 北京：中国广播电视出版社，2004.

[2] 卢锋. 数字视频设计与制作技术 [M]. 2 版. 北京：清华大学出版社，2011.

[3] 米勒森，欧文斯. 视频制作手册 [M]. 4 版. 李志坚，译. 北京：人民邮电出版社，2011.

[4] 傅正义. 电影电视剪辑学 [M]. 北京：中国传媒大学出版社，2005.

[5] 张晓锋. 当代电视编辑教程 [M]. 2 版. 上海：复旦大学出版社，2010.

[6] 刘惠芬. 数字媒体——技术・应用・设计 [M]. 北京：清华大学出版社，2008.

[7] 陈念群. 数字媒体创意艺术 [M]. 北京：中国广播电视出版社，2006.

[8] 肯・丹西格. 电影与视频剪辑技术：历史、理论与实践 [M]. 5 版. 吴文汐，译. 北京：清华大学出版社，2012.

[9] 何苏六. 电视画面编辑 [M]. 2 版. 北京：中国广播电视出版社，2008.

[10] 谢红焰. 电视画面编辑 [M]. 北京：中国传媒大学出版社，2013.

[11] 丹尼艾尔・阿里洪. 电影语言的语法 [M]. 陈国铎，等，译. 北京：北京联合出版公司，2013.

[12] 孟群. 电视节目制作技术 [M]. 2 版. 北京：中国传媒大学出版社，2012.

[13] 赫伯特・泽特尔. 电视制作手册 [M]. 7 版. 北京：北京广播学院出版社，2004.

[14] 任金洲，高波. 电视摄像 [M]. 3 版. 北京：中国传媒大学出版社，2012.

[15] 傅正义. 实用影视剪辑技巧 [M]. 北京：中国电影出版社，2006.

[16] 王蕊，李燕临. 电视节目摄制与编导 [M]. 2 版. 北京：国防工业出版社，2008.

[17] 张静民. 电视节目策划与编导 [M]. 广州：暨南大学出版社，2007.

[18] 丹・格斯基. 微电影创作：从构思到制作 [M]. 刘思，译. 上海：文汇出版社，2012.

［19］王长潇，李法宝. 多维视野中的 DV 影像传播［M］. 北京：中国传媒大学出版社，2006.

［20］Adobe 公司. Adobe Premiere Pro CS6 中文版经典教程［M］. 北京：人民邮电出版社，2014.

［21］王志军. 数字媒体非线性编辑技术［M］. 北京：高等教育出版社，2005.

［22］郭发明，尹小港. 中文版 Premiere Pro CC 完全自学手册［M］. 北京：海洋出版社，2013.

21世纪特殊教育创新教材·理论与基础系列

特殊教育的哲学基础 方俊明 主编 36元
特殊教育的医学基础 张 婷 主编 32元
融合教育导论 雷江华 主编 28元
特殊教育学 雷江华 方俊明 主编 33元
特殊儿童心理学 方俊明 雷江华 主编 31元
特殊教育史 朱宗顺 主编 36元
特殊教育研究方法（第二版） 杜晓新 宋永宁等 主编 39元
特殊教育发展模式 任颂羔 主编 33元
特殊儿童心理与教育 张巧明 杨广学 主编 36元

21世纪特殊教育创新教材·发展与教育系列

视觉障碍儿童的发展与教育 邓 猛 编著 33元
听觉障碍儿童的发展与教育 贺荟中 编著 36元
智力障碍儿童的发展与教育 刘春玲 马红英 编著 32元
学习困难儿童的发展与教育 赵 微 编著 32元
自闭症谱系障碍儿童的发展与教育 周念丽 编著 32元
情绪与行为障碍儿童的发展与教育 李闻戈 编著 32元
超常儿童的发展与教育 苏雪云 张 旭 编著 31元

21世纪特殊教育创新教材·康复与训练系列

特殊儿童应用行为分析 李 芳 李 丹 编著 29元
特殊儿童的游戏治疗 周念丽 编著 30元
特殊儿童的美术治疗 孙 霞 编著 38元
特殊儿童的音乐治疗 胡世红 编著 32元
特殊儿童的心理治疗 杨广学 编著 32元
特殊教育的辅具与康复 蒋建荣 编著 29元
特殊儿童的感觉统合训练 王和平 编著 45元
孤独症儿童课程与教学设计 王 梅 著 37元

自闭谱系障碍儿童早期干预丛书

如何发展自闭谱系障碍儿童的沟通能力 朱晓晨 苏雪云 29.00元
如何理解自闭谱系障碍和早期干预 苏雪云 32.00元
如何发展自闭谱系障碍儿童的社会交往能力 吕 梦 杨广学 33.00元
如何发展自闭谱系障碍儿童的自我照料能力 倪萍萍 周 波 32.00元
如何在游戏中干预自闭谱系障碍儿童 朱 瑞 周念丽 32.00元
如何发展自闭谱系障碍儿童的感知和运动能力 韩文娟，徐芳，王和平 32.00元
如何发展自闭谱系障碍儿童的认知能力 潘前前 杨福义 39.00元
自闭症谱系障碍儿童的发展与教育 周念丽 32.00元
如何通过音乐干预自闭谱系障碍儿童 张正琴 36.00元
如何通过画画干预自闭谱系障碍儿童 张正琴 36.00元
如何运用ACC促进自闭谱系障碍儿童的发展 苏雪云 36.00元
孤独症儿童的关键性技能训练法 李 丹 45.00元
自闭症儿童家长辅导手册 雷江华 35.00元
孤独症儿童课程与教学设计 王 梅 37.00元
融合教育理论反思与本土化探索 邓 猛 58.00元
自闭症谱系障碍儿童家庭支持系统 孙玉梅 36.00元

特殊学样教育·康复·职业训练丛书（黄建行 雷江华 主编）

信息技术在特殊教育中的应用 55.00元
智障学生职业教育模式 36.00元
特殊教育学校学生康复与训练 59.00元
特殊教育学校校本课程开发 45.00元
特殊教育学校特奥运动项目建设 49.00元

21世纪学前教育规划教材

学前教育管理学 王 雯 45元
幼儿园歌曲钢琴伴奏教程 果旭伟 39元
幼儿园舞蹈教学活动设计与指导 董 丽 36元

实用乐理与视唱 代　苗 35元

学前儿童美术教育 冯婉贞 45元

学前儿童科学教育 洪秀敏 36元

学前儿童游戏 范明丽 36元

学前教育研究方法 郑福明 39元

外国学前教育史 郭法奇 36元

学前教育政策与法规 魏　真 36元

学前心理学 涂艳国、蔡　艳 36元

学前现代教育技术 吴忠良 36元

学前教育理论与实践教程 王　维 王维娅 孙　岩 39.00元

学前儿童数学教育 赵振国 39.00元

大学之道丛书

哈佛：谁说了算 [美] 理查德·布瑞德利 著 48元

麻省理工学院如何追求卓越 [美] 查尔斯·维斯特 著 35元

大学与市场的悖论 [美] 罗杰·盖格 著 48元

现代大学及其图新 [美] 谢尔顿·罗斯布莱特 著 60元

美国文理学院的兴衰——凯尼恩学院纪实 [美] P. F.克鲁格 著 42元

教育的终结：大学何以放弃了对人生意义的追求 [美] 安东尼·T.克龙曼 著 35元

大学的逻辑（第三版） 张维迎 著 38元

我的科大十年（续集） 孔宪铎 著 35元

高等教育理念 [英] 罗纳德·巴尼特 著 45元

美国现代大学的崛起 [美] 劳伦斯·维赛 著 66元

美国大学时代的学术自由 [美] 沃特·梅兹格 著 39元

美国高等教育通史 [美] 亚瑟·科恩 著 59元

美国高等教育史 [美] 约翰·塞林 著 69元

哈佛通识教育红皮书 哈佛委员会撰 38元

高等教育何以为"高"——牛津导师制教学反思 [英] 大卫·帕尔菲曼 著 39元

印度理工学院的精英们 [印度] 桑迪潘·德布 著 39元

知识社会中的大学 [英] 杰勒德·德兰迪 著 32元

高等教育的未来：浮言、现实与市场风险 [美] 弗兰克·纽曼等 著 39元

后现代大学来临? [英] 安东尼·史密斯等 主编 32元

美国大学之魂 [美] 乔治·M.马斯登 著 58元

大学理念重审：与纽曼对话 [美] 雅罗斯拉夫·帕利坎 著 35元

学术部落及其领地——知识探索与学科文化 [英] 托尼·比彻 保罗·特罗勒尔 著 33元

德国古典大学观及其对中国大学的影响 陈洪捷 著 22元

大学校长遴选：理念与实务 黄俊杰 主编 28元

转变中的大学：传统、议题与前景 郭为藩 著 23元

学术资本主义：政治、政策和创业型大学 [美] 希拉·斯劳特 拉里·莱斯利 著 36元

什么是世界一流大学 丁学良 著 23元

21世纪的大学 [美] 詹姆斯·杜德斯达 著 38元

公司文化中的大学 [美] 埃里克·古尔德 著 23元

美国公立大学的未来 [美] 詹姆斯·杜德斯达 弗瑞斯·沃马克 著 30元

高等教育公司：营利性大学的崛起 [美] 理查德·鲁克 著 24元

东西象牙塔 孔宪铎 著 32元

学术规范与研究方法系列

社会科学研究方法100问 [美] 萨子金德 著 38元

如何利用互联网做研究 [爱尔兰] 杜恰泰 著 38元

如何为学术刊物撰稿：写作技能与规范（英文影印版） [英] 罗薇娜·莫 编著 26元

如何撰写和发表科技论文（英文影印版） [美] 罗伯特·戴 等著 39元

如何撰写与发表社会科学论文：国际刊物指南 蔡今忠 著 35元

如何查找文献 [英] 萨莉拉·姆齐 著 35元

给研究生的学术建议 [英] 戈登·鲁格 等著 26元

科技论文写作快速入门 [瑞典] 比约·古斯塔维 著 19元

社会科学研究的基本规则（第四版） [英] 朱迪斯·贝尔 著 32元

做好社会研究的10个关键 [英] 马丁·丹斯考姆 著 20元

如何写好科研项目申请书

[美] 安德鲁·弗里德兰德 等著 28元

教育研究方法：实用指南 [美] 乔伊斯·高尔 等著 98元

高等教育研究：进展与方法 [英] 马尔科姆·泰特 著 25元

如何成为论文写作高手 华莱士 著 32元

参加国际学术会议必须要做的那些事 华莱士 著 32元

如何成为卓越的博士生 布卢姆 著 32元

21世纪高校职业发展读本

如何成为卓越的大学教师 肯·贝恩 著 32元

给大学新教员的建议 罗伯特·博伊斯 著 35元

如何提高学生学习质量 [英] 迈克尔·普洛瑟 等著 35元

学术界的生存智慧 [美] 约翰·达利 等主编 35元

给研究生导师的建议（第2版）

[英] 萨拉·德拉蒙特 等著 30元

21世纪教师教育系列教材·物理教育系列

中学物理微格教学教程（第二版）

张军朋 詹伟琴 王 恬 编著 32元

中学物理科学探究学习评价与案例

张军朋 许桂清 编著 32元

21世纪教育科学系列教材·学科学习心理学系列

数学学习心理学 孔凡哲 曾 峥 编著 29元

语文学习心理学 李 广 主编 29元

化学学习心理学 王后雄 主编 29元

21世纪教育科学系列教材

现代教育技术——信息技术走进新课堂

冯玲玉 主编 39元

教育学学程——模块化理念的教师行动与体验

闫 祯 主编 45元

教师教育技术——从理论到实践 王以宁 主编 36元

教师教育概论 李 进 主编 75元

基础教育哲学 陈建华 著 35元

当代教育行政原理 龚怡祖 编著 37元

教育心理学 李晓东 主编 34元

教育计量学 岳昌君 著 26元

教育经济学 刘志民 著 39元

现代教学论基础 徐继存 赵昌木 主编 35元

现代教育评价教程 吴 钢 著 32元

心理与教育测量 顾海根 主编 28元

高等教育的社会经济学 金子元久 著 32元

信息技术在学科教学中的应用 陈 勇 等编著 33元

网络调查研究方法概论（第二版） 赵国栋 45元

教师资格认定及师范类毕业生上岗考试辅导教材

教育学 余文森 王 晞 主编 26元

教育心理学概论 连 榕 罗丽芳 主编 42元

21世纪教师教育系列教材·学科教学论系列

新理念化学教学论（第二版） 王后雄 主编 45元

新理念科学教学论（第二版） 崔 鸿 张海珠 主编 36元

新理念生物教学论 崔 鸿 郑晓慧 主编 36元

新理念地理教学论（第二版） 李家清 主编 45元

新理念历史教学论（第二版） 杜 芳 主编 33元

新理念思想政治（品德）教学论（第二版）

胡田庚 主编 36元

新理念信息技术教学论（第二版） 吴军其 主编 32元

新理念数学教学论 冯 虹 主编 36元

21教师教育系列教材.学科教学技能训练系列

新理念生物教学技能训练（第二版） 崔 鸿 33元

新理念思想政治（品德）教学技能训练（第二版）

胡田庚 赵海山 29元

新理念地理教学技能训练 李家清 32元

新理念化学教学技能训练 王后雄 28元

新理念数学教学技能训练 王光明 36元

王后雄教师教育系列教材

教育考试的理论与方法 王后雄 主编 35元

化学教育测量与评价 王后雄 主编 45元

21世纪教师教育系列教材.初等教育系列

小学教育学 田友谊 39元

新理念小学数学教学论 刘京莉 38元

小学语文教学论 易进 39元

小学教育研究方法 王红艳 42元

初等教育课程与教学论 罗祖兵 42元

心理学视野中的文学丛书

围城内外——西方经典爱情小说的进化心理学透视 熊哲宏 32元

我爱故我在——西方文学大师的爱情与爱情心理学 熊哲宏 32元

21世纪教学活动设计案例精选丛书（禹明 主编）

初中语文教学活动设计案例精选 23元

初中数学教学活动设计案例精选 30元

初中科学教学活动设计案例精选 27元

初中历史与社会教学活动设计案例精选 30元

初中英语教学活动设计案例精选 26元

初中思想品德教学活动设计案例精选 20元

中小学音乐教学活动设计案例精选 27元

中小学体育（体育与健康）教学活动设计案例精选 25元

中小学美术教学活动设计案例精选 34元

中小学综合实践活动教学活动设计案例精选 27元

小学语文教学活动设计案例精选 29元

小学数学教学活动设计案例精选 33元

小学科学教学活动设计案例精选 32元

小学英语教学活动设计案例精选 25元

小学品德与生活（社会）教学活动设计案例精选 24元

幼儿教育教学活动设计案例精选 39元

全国高校网络与新媒体专业规划教材

文化产业概论 尹章池 38元

网络文化教程 李文明 39元

网络与新媒体评论 杨 娟 38元

数字媒体导论 尹章池 39元

网络新媒体实务 张合斌 39元

网页设计与制作 惠悲荷 39元

突发新闻报道 李 军 39元

视听新媒体节目制作 周建青 45元

21世纪教育技术学精品教材（张景中 主编）

教育技术学导论（第二版） 李 芒 金 林 编著 33元

远程教育原理与技术 王继新 张 屹 编著 41元

教学系统设计理论与实践 杨九民 梁林梅 编著 29元

信息技术教学论 雷体南 叶良明 主编 29元

网络教育资源设计与开发 刘清堂 主编 30元

学与教的理论与方式 刘雍潜 32元

信息技术与课程整合（第二版） 赵呈领 杨 琳 刘清堂 39元

教育技术研究方法 张屹 黄磊 38元

教育技术项目实践 潘克明 32元

21世纪信息传播实验系列教材（徐福荫 黄慕雄 主编）

多媒体软件设计与开发 32元

电视照明・电视音乐音响 26元

播音主持 26元

广告策划与创意 26元

21世纪教师教育系列教材・专业养成系列（赵国栋主编）

微课与慕课设计初级教程 40元

微课与慕课设计高级教程 48元

微课、翻转课堂和慕课设计实操教程 150元

网络调查研究方法概论（第二版） 49元